Joseph Dongho

Structures de Poisson logarithmiques

Joseph Dongho

Structures de Poisson logarithmiques

Invariants cohomologiques associés et pré-quantification

Presses Académiques Francophones

Impressum / Mentions légales
Bibliografische Information der Deutschen Nationalbibliothek: Die Deutsche Nationalbibliothek verzeichnet diese Publikation in der Deutschen Nationalbibliografie; detaillierte bibliografische Daten sind im Internet über http://dnb.d-nb.de abrufbar.

Information bibliographique publiée par la Deutsche Nationalbibliothek: La Deutsche Nationalbibliothek inscrit cette publication à la Deutsche Nationalbibliografie; des données bibliographiques détaillées sont disponibles sur internet à l'adresse http://dnb.d-nb.de.

Coverbild / Photo de couverture: www.ingimage.com

Verlag / Editeur:
Presses Académiques Francophones
ist ein Imprint der / est une marque déposée de
OmniScriptum GmbH & Co. KG
Heinrich-Böcking-Str. 6-8, 66121 Saarbrücken, Deutschland / Allemagne
Email: info@presses-academiques.com

Herstellung: siehe letzte Seite /
Impression: voir la dernière page
ISBN: 978-3-8381-4496-2

Zugl. / Agréé par: Angers 2012

ŋđe n̆gōūŧê ă maă aážemfack

Remerciements

Je remercie les Professeurs Jean-Claude Thomas et Bitjong Ndombol qui ont éveillé mon intérêt pour la topologie algébrique et m'ont fait connaître le LAREMA où cette thèse a été effectuée de Décembre 2007 à Décembre 2011.

Toute ma gratitude va au Professeur Volodya Roubtsov qui m'a accueilli au laboratoire et a accepté d'encadrer mes travaux. Pendant toute cette période, j'ai bénéficié de sa continuelle attention, de la qualité de ses explications et aussi de ses conseils avisés. Il a su braver les problèmes créés par la distance et le fossé numérique qui nous séparaient quand j'étais au Cameroun. Même ses maladies et ses vacances ne l'empêchaient pas de lire mes projets. Je l'en remercie sincèrement.

Je remercie également tous les membres du LAREMA qui par leurs multiples exposés ont donné du potentiel à ma culture mathématiques.
Je dis un merci particulier aux Professeurs Loeb Jean-Jacques et Loïc Chaumont pour toutes les facilités administratives et leur diligence dans le traitement de mes dossiers. Je leurs serais éternellement reconnaissant.

Je remercie particulièrement le Professeur Jean-Michel Granger qui approuva en Décembre 2007 mon inscription en thèse au LAREMA et qui malgré ses occupations trouvait toujours un temps pour apporter des explications à mes questions. Il est resté durant tout ce temps attentif à mes préoccupations ; se privant parfois de ses obligations quotidiennes pour trouver des réponses à mes lacunes. Son bureau m'était toujours ouvert. Il m'arrive de me demander s'il n'est pas mon autre directeur de thèse ! Aussi je loue Dieu de le lui rendre au centuple.

Je remercie également le Professeur Michèl Nguiffo Boyom qui captiva mon attention envers la géométrie à travers son inoubliable exposé sur la KV-algèbre en Décembre 2006 à l'Université de Dschang. Même malade, il a lu tous mes projets et m'a transmis ligne après ligne les corrections nécessaires. Je le remercie pour son invitation et l'accueil qu'il m'a réservé le 18 Novembre 2010 à l'IMMM. Aussi je loue Dieu de le lui remettre au centuple.

Je remercie le Professeur Armando Treibich pour l'intérêt qu'il a porté à ces travaux et pour avoir accepté la tâche de rapporteur. Je lui suis particulièrement reconnaissant pour ses explications au sujet des solitons elliptiques des équations KP. Grâce à lui je crois avoir compris les notions de variétés de Krichever et de revêtement tangentiel. Je n'oublierais jamais nos discussions de Lille ainsi que l'accueil chaleureux que sa famille m'avait réservé. Je loue Dieu de le lui rendre au centuple

Agradezco al Profesor Luis Narvaez Macaro por sus trabajos múltiples sobre los divisores libres y para haber aceptado a pesar de los plazos abreviados traer esta tesis. Muchas gracias señor Profesor

Je remercie mes camarades doctorants ; je pense particulièrement à Bardet Alexandre et Suzanne Cawston pour m'avoir aidé à corriger ce texte. Je remercie tous les frères de l'Eglise Evangélique pour leur soutien sans faille et leurs multiples prières.

Je remercie les organisateurs du projet SARIMA et les responsables d'Egide. Je tiens à remercier particulièrement Marie-Claude Sance-Plouchart, Agnès Gomez, Annick Mallet et Sylvie Vincente, Lydia Guet, Emilie Bomal, Nicole et Brigitte pour leurs multiples interventions durant ces travaux. Je remercie tous les personnels de l'ambassade de France au Cameroun pour les multiples visa accordés.

Je tiens également à exprimer mes remerciements envers le Président Daniel Martina, les Recteurs Oumarou Bouba et Edward Oben Ako pour leurs soutiens continus. Je remercie les professeurs Eugène Okassa, Saibou Issa, Temgoua Albert Pascal, François Wamon, David Bekole, Norbert Noutchegueme, les Docteur Abdourahman, Nkuimi, Lele, Tagne Pelap, Tiya, Tchangang, Mbakop, Cheka et tous les membres du département de Mathématiques de l'Université de Yaoundé I, mes collègues de l'ENS de Maroua et du Lycée de Yoko.

Merci aussi à ma tendre épouse Annie Noelle Donfack, à mon oncle Telezem Jean-Marie et son épouse, aux papas Tagne Zeufack Célestin, Fumdock Joseph, Djoumessi Mathias, aux mamans Nguimmo jeanne, Odette, Sabine, au frère Mbongo et à la soeur Odette pour leurs prières continues.

Je garde un souvenir inoubliable de Madame Olga qui sans cesse m'encourageait et me permettait de retrouver l'affection familiale et maternelle qui me manquait en ces temps de neige passés à Angers. Tu es pour moi plus qu'une mère. Je remercie Héléna, Katia et Volodya pour m'avoir accepté comme frère et non comme étranger. Je vous souhaite un avenir meilleurs et comblé de grâces.

Je remercie enfin mes enfants Fumdock Veudris, Maguimtsa Maiva, Azemfack Clara cecile, Tsafack Bercoff, Mawamba Roubtsov, Mbag Ndjouet Djeri et Nessegah pour leurs prières sans cesse à mon égare.

Table des matières

Chapitre 1

Introduction générale

Sommaire

1.1 Le sujet de la Thèse.

Soit X une variété complexe de dimension finie n et D un diviseur réduit de X d'équation $h = 0$ où h est le germe d'une fonction holomorphe. On note $\mathcal{O}_X$ le faisceau des germes de fonctions holomorphes sur X. Une structure de Poisson holomorphe sur X est la donnée d'un crochet $\{-,-\}$ qui assigne à un couple (f, g) de germes de fonctions holomorphes en un point x de X un germe $\{f, g\}$ de fonction holomorphe en x vérifiant les propriétés suivantes [Polishchuk 1997] :

- $\{-,-\}$ est bilinéaire antisymétrique,
- $\{f,\{g,h\}\}+\{g,\{h,f\}\}+\{h,\{f,g\}\}=0$ (identité de Jacobi),
- $\{f,gh\}=\{f,g\}h+\{f,h\}g$ (règle de Leibniz).

Il revient au même de définir un champ de 2-vecteurs [Vaisman 1994], [Weinstein 1983] que l'on peut écrire dans un système de coordonnées locales

$$\begin{aligned} P &= \frac{1}{2}\sum_{1\leq i,j\leq n} P_{ij}(x)\frac{\partial}{\partial x_i}\wedge\frac{\partial}{\partial x_j} \\ &= \sum_{1\leq i<j\leq n} P_{ij}(x)\frac{\partial}{\partial x_i}\wedge\frac{\partial}{\partial x_j} \quad \text{avec} \quad P_{ij}=-P_{ji} \end{aligned}$$

et qui vérifie l'identité de Jacobi

$$\sum_{1\leq i<j\leq n}(P_{il}\frac{\partial P_{jk}}{\partial x_l}+P_{jl}\frac{\partial P_{ki}}{\partial x_l}+P_{kl}\frac{\partial P_{ij}}{\partial x_l})=0$$

pour $1 \leq i,j,k \leq n$. On définit alors le crochet de Poisson holomorphe par

$$\{f,g\} := \langle P, df \wedge dg\rangle = \sum_{1\leq i<j\leq n} P_{ij}(x)(\frac{\partial f}{\partial x_i}\frac{\partial g}{\partial x_j} - \frac{\partial g}{\partial x_i}\frac{\partial f}{\partial x_j}).$$

De telles structures induisent [Vinogradov & Krasil'shchik 1975] un homomorphisme $\mathcal{O}_X$-linéaire $H : \Omega_X \to Der_X(\mathcal{O}_X)$ telle que $H(df)(g) = \{f,g\}$. H est appelée application hamiltonienne associée à P. Le hamiltonien associé à tout germe de fonction holomorphe f relativement à P est le germe de champ de vecteur défini par

$$X_f = H(df) = \sum_{i=1}^{n} \{x_i, f\}\frac{\partial}{\partial x_i}.$$

Par ailleurs, un germe de champ de vecteurs δ est dit logarithmique le long de D (voir [Saito 1980]) si $\delta(h) \in h\mathcal{O}_X$. On note $Der_X(\log D)$ le faisceau de germes de champ de vecteurs logarithmiques le long de D. On montre que $Der_X(\log D)$ est stable pour le crochet de Lie de champ de vecteurs.
Une structure de Poisson holomorphe P dans X sera dite logarithmique le long de D si le hamiltonien associé à tout germe de fonction holomorphe f est une section de $Der_X(\log D)$. De telles structures de Poisson sont une généralisation des structures de Poisson induites par des structures logsymplectiques. Nous rappelons que si en outre la dimension de X est pair, une 2-forme méromorphe ω est dite logsymplectique sur X si elle est logarithmique fermée et non dégénérée. Ainsi, si ω est une 2-forme logsymplectique sur X alors pour tout germe de fonction holomorphe f et g, le crochet

$$\{f,g\} = \omega(X_f, X_g)$$

où $i_{X_f}\omega = -df$ est de Poisson. On l'appelle crochet de Poisson logsymplectique. Les structures logsymplectiques sont utilisées à des fin diverses dans les références [Treibich & Verdier 1993], [Goto 2002] et [Nato 1993].

1.2 Le but de la Thèse.

Nos objectifs sont :

- introduire les notions d'algèbre de Poisson et variété de Poisson logarithmique,
- remplacer dans le processus de préquantification l'espace des phases classiques par une variété de Poisson logarithmique,
- introduire les cohomologies de Poisson logarithmique et s'en servir pour étudier la préquantification de ce type de variété.

Du point vue mathématique, préquantifier une variété symplectique (X,ω) c'est établir une correspondance φ entre l'algèbre de Lie $(\mathcal{F}(X) \subset \mathcal{C}^\infty(X), \{-,-\})$ des observables classiques et l'ensemble des opérateurs auto-adjoint sur un espace de Hilbert $\mathcal{H}$ (à construire), où $\{-,-\}$ désigne la structure de Poisson induite par ω.

Autrement dit, φ doit rendre commutatif le diagramme d'algèbres de Lie-Rinehart suivant.

$$\begin{array}{ccccccccc} 0 & \longrightarrow & \mathcal{F}(X) & \xrightarrow{m} & \mathrm{Diff}_1^+(\Gamma(L)) & \xrightarrow{\sigma} & Der_X & \longrightarrow & 0 \\ & & \uparrow & & \uparrow{\scriptstyle\varphi} & & \uparrow & & \\ 0 & \longrightarrow & \mathbb{R} & \longrightarrow & (\mathcal{F}(X),\omega) & \longrightarrow & \mathcal{H}am(\mathcal{F}(X)) & \longrightarrow & 0. \end{array} \tag{1.1}$$

Donc (voir [Urwin 1992])

$$\varphi(a)s = \nabla_{v(a)}s + 2i\pi as \tag{1.2}$$

où ∇ désigne la connexion sur un fibré en droite complexe $p : L \to X$ et $\mathrm{Diff}_1^+(\Gamma(L))$ le module des opérateurs différentiels d'ordre inférieur ou égal à 1 sur le module des sections de L.

1.3 Outils et méthodes de travail.

Ayant modifié la nature des espaces de phases il convient d'apporter des modifications, soit sur les techniques usuelles soit de les conserver et modifier les outils. Nous optons pour la dernière méthode. Pour cela, nous introduisons la notion de cohomologie de Poisson logarithmique, grâce à laquelle nous mesurons l'obstruction à l'existence de $\mathcal{H}$.
Nous repartissons le travail comme suite

1.3.1 Construction du module des différentielles formelles logarithmiques.

Partant d'un idéal propre $\mathcal{I}$ engendré par une partie $\mathcal{S} = \{u_1, ..., u_p\}$ d'une algèbre commutative et unitaire $\mathcal{A}$ d'unité $1_{\mathcal{A}}$, nous considérons le $\mathcal{A}$-module engendré par $\Omega_{\mathcal{A}} \cup \{\frac{du_i}{u_i}, i = 1, ..., p\}$, où $\Omega_{\mathcal{A}}$ désigne le $\mathcal{A}$-module des différentielles de Kähler de $\mathcal{A}$. Nous le notons $\Omega_{\mathcal{A}}(\log \mathcal{I})$ et l'appelons module des différentielles de Kähler logarithmiques le long de $\mathcal{I}$. Nous rappelons qu'une dérivation δ sur $\mathcal{A}$ est dite logarithmique le long de $\mathcal{I}$ si $\delta(\mathcal{I}) \subset \mathcal{I}$. On désigne par $Der_{\mathcal{A}}(\log \mathcal{I})$ le $\mathcal{A}$-module des dérivations logarithmiques le long de $\mathcal{I}$. Par construction, $Der_{\mathcal{A}}(\log \mathcal{I})$ est une sous algèbre de Lie de $Der_{\mathcal{A}}$. Nous considérons le sous module $\widehat{Der_{\mathcal{A}}(\log \mathcal{I})}$ de $Der_{\mathcal{A}}(\log \mathcal{I})$ formé des δ tels que $\delta(u_i) \in u_i\mathcal{A}$ pour tous $u_i \in \mathcal{S}$. Nous l'appelons module des dérivations logarithmiques principales le long de $\mathcal{I}$. Nous montrons (Lemme 2.1.4) que $\widehat{Der_{\mathcal{A}}(\log \mathcal{I})}$ est le dual de $\Omega_{\mathcal{A}}(\log \mathcal{I})$.

1.3.2 Structures de Poisson logarithmiques et cohomologie de Poisson logarithmique.

Une fois les différentielles formelles logarithmiques construites, nous introduisons les structures de Poisson logarithmiques. Pour cela, nous rappelons qu'une structure logsymplectique sur une variété complexe X de dimension $2n$ est la donnée d'une section ω de $\Omega^2_X(\log D)$ (faisceau des germes de 2-forme différentielle logarithmique le long d'un diviseur réduit D de X), satisfaisant les propriétés suivantes :

$$\omega \quad \text{est fermée} \tag{1.3}$$

$$\omega^n = \omega \wedge ... \wedge \omega \neq 0 \quad \text{dans} \quad H^0(X, \Omega^{2n}([D])). \tag{1.4}$$

La condition (1.4) montre que pour tout germe f de fonction holomorphe sur X, il existe un unique champ de vecteur logarithmique δ_f tel que $\imath_{\delta_f}\omega = df$. On considère alors le crochet $\{f, g\}_\omega = \omega(\delta_f, \delta_g)$.
A l'aide des propriétés (1.3) et (1.4), on montre que $\{-,-\}_\omega$ est une structure Poisson holomorphe logarithmique le long de D. Nous revisitons la notion d'algèbre de Lie-Rinehart et introduisons celle d'algèbre de Lie-Rinehart logarithmique. En bref, une structure d'algèbre de Lie-Rinehart $\rho : L \to Der_{\mathcal{A}}$ est dite logarithmique le long de $\mathcal{I}$ si $\rho(L)$ est un sous module de $Der_{\mathcal{A}}(\log \mathcal{I})$. Nous montrons que toute structure de Poisson logarithmique principale induit sur $\Omega_{\mathcal{A}}(\log \mathcal{I})$ une structure d'algèbre de Lie-Rinehart logarithmique ; ceci par le biais de son application hamiltonienne. Pour ce, nous construisons sur $\Omega_{\mathcal{A}}(\log \mathcal{I})$ une structure d'algèbre de Lie prolongeant la structure de Lie-Poisson induite sur $\Omega_{\mathcal{A}}$. Cette structure se définit sur les générateurs de $\Omega_{\mathcal{A}}(\log \mathcal{I}) - \Omega_{\mathcal{A}}$. Par

$$[a\frac{du}{u}, b\frac{dv}{v}] = \frac{a}{u}\{u, b\}\frac{dv}{v} + \frac{b}{v}\{a, v\}\frac{du}{u} + abd(\frac{1}{uv}\{u, v\}). \tag{1.5}$$

On construit ainsi une représentation de $\Omega_{\mathcal{A}}(\log \mathcal{I})$ par les dérivations logarithmiques le long de $\mathcal{I}$. La cohomologie de cette représentation s'appelle cohomologie de Poisson logarithmique. Nous montrons que cette cohomologie est isomorphe à la cohomologie de De Rham logarithmique laquelle est isomorphe à la cohomologie de Poisson associée lorsque la structure de Poisson logarithmique considérée découle d'une structure logsymplectique. Au moyen de quelques exemples, nous montrons qu'en général les cohomologies de Poisson et celles de Poisson logarithmiques sont différentes.

1.3.3 Préquantification logarithmique.

Tout d'abord, nous remplaçons dans le schéma de préquantification de Dirac, la variété symplectique par une variété logsymplectique (X, D, ω). Ceci nous pousse à étudier l'extension du faisceau $\mathcal{H}^\omega_X$ des germes de champs de vecteurs logarithmiques globalement hamiltoniens relativement à ω. Nous remplaçons la deuxième ligne du diagramme (1.1) par

$$0 \longrightarrow \mathbb{C}_X \longrightarrow (\mathcal{O}_X, \omega) \longrightarrow \mathcal{H}^\omega_X \longrightarrow 0$$

et la première par

$$0 \longrightarrow \mathcal{O}_X \xrightarrow{m} \mathrm{Diff}^+_1(\log D) \xrightarrow{\sigma} Der_X(\log D) \longrightarrow 0$$

où $\text{Diff}_1^+(\log D)$ désigne le faisceau de germes d'opérateurs différentiel logarithmiques le long de D. En conservant la formule (1.2), nous nous servons de la cohomologie De Rham logarithmique pour étudier l'intégralité des formes logsymplectiques. Nous introduisons la notion de dérivation contravariante logarithmique à l'aide de laquelle nous définissons la notion de classe de Chern Poisson logarithmique. Nous nous en servons pour introduire la notion de préquantification logarithmique. Nous démontrons un théorème d'intégralité des structures de Poisson logarithmique au moyen de la cohomologie de Poisson logarithmique associée. En bref, si (X, D, Υ) est une variété de Poisson holomorphe logarithmique, $p : L \to X$ un fibré en droites complexes sur X et $\Gamma(L)$ son module de sections, une dérivation logarithmique contravariante $D^{\log}$ sur $p : L \to X$ est une application $\mathbb{C}$-linéaire $\Omega^1_X(\log D) \to End_{\mathbb{C}}(\Gamma(L))$ telle que :

$$D^{\log}_\alpha(fs) = fD^{\log}_\alpha s + (\tilde{H}(\alpha)f)s \tag{1.6}$$

pour tout $\alpha \in \Omega^1_X(\log D)$ et $s \in \Gamma(L)$. Nous remarquons que si ∇ est une connexion logarithmique sur $p : L \to X$, alors $D_\alpha = \nabla_{\tilde{H}(\alpha)}$ est une dérivation contravariante logarithmique sur $p : L \to X$.

1.4 Les résultats principaux.

Présentons à présent les résultats essentiels de cette Thèse.

Tout d'abord, considérant sur $X = \mathbb{C}^2$ la forme $\omega = \dfrac{dy}{x}$ méromorphe le long du diviseur $D = 2Y$ où $Y = \{(0, y), y \in \mathbb{C}\}$, nous montrons la nécessité d'imposer comme hypothèse supplémentaire du Theorème 1.1 de [Saito 1980] la condition selon laquelle la fonction de définition du diviseur doit être à carré libre.

Suivant les diverses parties du travail, nous avons obtenu les résultats suivants :

Construction des algèbres de Poisson logarithmiques.

Pour tout idéal propre $\mathcal{I}$ d'une algèbre commutative unitaire $\mathcal{A}$ engendrée par $\mathcal{S} = \{u_1, ..., u_p\}$ nous posons

$$\widehat{Der_{\mathcal{A}}(\log \mathcal{I})} = \{\delta \in Der_{\mathcal{A}}(\log \mathcal{I})\delta(u_i) \in u_i\mathcal{A}\}.$$

C'est le module des dérivations logarithmiques principales le long de $\mathcal{I}$. On montre au chapitre 2 (Lemme 2.1.4) que :

Lemme 1.4.1 *$\widehat{Der_{\mathcal{A}}(\log \mathcal{I})}$ est le dual de $\Omega_{\mathcal{A}}(\log \mathcal{I})$.*

Par ailleurs, nous savons que toute structure de Poisson $\{-, -\}$ logarithmique sur $\mathcal{A}$ le long de $\mathcal{I}$ induit une application $H : \Omega_{\mathcal{A}} \to Der_{\mathcal{A}}$ définie par $H(df) = \{f, -\}$ appelée application hamiltonienne qui est un homomorphisme de $\mathcal{A}$-modules. De plus, on montre (voir Lemme 2.1.8) que

Lemme 1.4.2 *L'application hamiltonienne H associée à une structure de Poisson logarithmique est à image dans $Der_{\mathcal{A}}(\log \mathcal{I})$.*

On en déduit aussi le Lemme 2.1.9 suivant

Lemme 1.4.3 *Soit* $\mathcal{S} = \{u_1, ...u_p\}$ *une suite d'éléments de* $\mathcal{A}$ *relativement première; i.e* $(u_i) \neq (u_j)$ *et* $u_i \notin (u_j), u_j \notin (u_i)$ *pour tout* $i \neq j$. *Soit* $\{-,-\}$ *une structure de Poisson logarithmique principale le long de* $\mathcal{I} = \langle \mathcal{S} \rangle_{\mathcal{A}}$.
Alors

$$\frac{1}{u_i}\{u_i, -\} \in \widehat{Der_{\mathcal{A}}(\log \mathcal{I})} \quad et \quad \frac{1}{u_i u_j}\{u_i, u_j\} \in \mathcal{A}.$$

On en déduit que :

Corollaire 1.4.4 *Si* $\{-,-\}$ *est une structure de Poisson logarithmique principale le long d'un idéal* $\mathcal{I}$ *engendré par une suite finie d'éléments de* $\mathcal{A}$ *relativement première, alors l'application Hamiltonienne associée* H *se prolonge en un homomorphisme de* $\mathcal{A}$*-modules*

$$\tilde{H} : \Omega_{\mathcal{A}}(\log \mathcal{I}) \to \widehat{Der_{\mathcal{A}}(\log \mathcal{I})}. \tag{1.7}$$

On montre en plus que $\tilde{H}$ est un homomorphisme d'algèbre de Lie lorsqu'on équipe $\Omega_{\mathcal{A}}(\log \mathcal{I})$ du crochet défini au Lemme 3.1.16.

Construction de la cohomologie de Poisson logarithmique et quelques exemples de calcul.

La construction de cette cohomologie a reposé sur le théorème suivant.

Théorème 1.4.5 *Toute structure de Poisson logarithmique principale le long d'un idéal* $\mathcal{I}$ *d'une* R*-algèbre* $\mathcal{A}$ *induit sur* $\Omega_{\mathcal{A}}(\log \mathcal{I})$ *une structure de Lie-Rinehart. Autrement dit, pour toute structure de Poisson logarithmique principale le long d'un idéal* $\mathcal{I}$, $(\Omega_{\mathcal{A}}(\log \mathcal{I}), \tilde{H}, [-,-])$ *est une algèbre de Lie-Rinehart*

Nous déduisons de ce théorème, que toute structure de Poisson logarithmique induit une représentation de $\Omega_{\mathcal{A}}(\log \mathcal{I})$ par des dérivations logarithmiques. Nous appelons donc cohomologie de Poisson logarithmique la cohomologie associée à cette représentation. Nous notons H^k_{PS} le $k^{\text{ième}}$-groupe de cohomologie de Poisson logarithmique. Ici la lettre P fait référence à Poisson alors que la lettre S fait référence à Saito. Nous désignons par H^k_P le $k^{\text{ième}}$ groupe de cohomologie de Poisson. Nous montrons que la structure de Poisson définie par $\{x, y\} = x$ est logarithmique principale le long de l'idéal $x\mathbb{C}[x, y]$ et ses groupes de cohomologies sont :

Proposition 1.4.6 *Les groupes de cohomologie de Poisson de* $\{x, y\} = x$ *sont :* $H^0_P \cong \mathbb{C}$, $H^1_P \cong \mathbb{C}$ *et* $H^2_P \cong 0_{\mathcal{A}}$.

On montre aussi que ses groupes de cohomologies de Poisson logarithmiques sont :

$$H^0_{PS} \cong \mathbb{C}, H^1_{PS} \cong \mathbb{C} \quad \text{et} \quad H^2_{PS} \cong 0_{\mathcal{A}}.$$

On remarque que ces deux groupes sont isomorphes. Ceci est dû au fait que la structure de Poisson $\{x, y\} = x$ est logsymplectique de forme logsymplectique associée

$\omega_0 = \frac{dx}{x} \wedge dy$.
Par ailleurs, nous montrons que $\{x, y\} = x^2$ définit une structure de Poisson logarithmique le long de $x^2\mathbb{C}[x, y]$, laquelle n'est pas logsymplectique car la 2-forme associée est $\frac{dx}{x^2} \wedge dy$ qui n'est pas logarithmique le long de $x^2\mathbb{C}[x, y]$. Par contre, nous montrons que ses groupes de cohomologies de Poisson et de Poisson logarithmique sont isomorphes et donnés par :

Proposition 1.4.7 *Les groupes de cohomologie de Poisson logarithmique de* $\{x, y\} = x^2$ *sont :*

$$H^1_{PS} \cong \mathbb{C}[y] \oplus \mathbb{C}_1[x]; H^2_{PS} \cong \mathbb{C}[y], H^0_{PS} \cong \mathbb{C}.$$

Il s'ensuit que le faite d'être logsymplectique n'est pas une condition nécessaire d'égalité entre les deux groupes de cohomologie.
Nous montrons aussi que la structure de Poisson ($\{x, y\} = 0, \{x, z\} = 0, \{y, z\} = xyz$) dans $\mathcal{A} = \mathbb{C}[x, y, z]$ est logarithmique le long de $xyz\mathbb{C}[x, y, z]$ et que son troisième groupe de cohomologie de Poisson logarithmique est un sous groupe de son troisième groupe de cohomologie de Poisson.

Théorème 1.4.8 *Le crochet* $\{x, y\} = \{x, z\} = 0$ *et* $\{y, z\} = xyz$ *définie sur* $\mathcal{A} = \mathbb{C}[x, y, z]$ *une structure de Poisson logarithmique principale le long de* $\mathcal{I} = xyz\mathcal{A}$. *De plus*

(1) son troisième groupe de cohomologie de Poisson est

$$\begin{aligned} H^3_P \cong \mathbb{C}[y] \oplus z\mathbb{C}[z] \oplus x\mathbb{C}[x] \oplus xy\mathbb{C}[y] \oplus xy\mathbb{C}[x] \oplus \\ xz\mathbb{C}[x] \oplus xz\mathbb{C}[z] \oplus yz\mathbb{C}[y] \oplus yz\mathbb{C}[z] \end{aligned}$$

et

(2) son troisième groupe de cohomologie de Poisson logarithmique est

$$H^3_{PS} \cong \mathbb{C}[y] \oplus z\mathbb{C}[z] \oplus x\mathbb{C}[x] \tag{1.8}$$

En somme, nous pouvons conclure qu'en général les groupes de cohomologie de Poisson logarithmique sont non triviaux et distincts de ceux de Poisson associés. Leur non trivialité leur permet dans une certaine mesure de jouer le rôle de classifiant d'invariants.

Application de la cohomologie de Poisson logarithmique.

Après une étude de la condition d'intégralité des formes différentielles logarithmiques, nous nous servons de la cohomologie de Poisson logarithmique pour étudier la préquantification des structures de Poisson logarithmiques.
Soit X une variété complexe de dimension finie et D une hypersurface reduite de X d'équation $h(z) = 0$. Le résultat suivant caractérise les 2-formes logarithmiques fermées à résidu holomorphe qui sont intégrales.

Théorème 1.4.9 *Soit ω une 2-forme fermée logarithmique le long d'un diviseur D de X.*
Les propriétés suivantes sont équivalentes :

(a) $\omega = \dfrac{dh}{h} \wedge \psi + \eta$ *est intégrale.*

(b) $res(\omega)$ *est exacte et il existe* $[\omega_0] \in H^2(X, \mathbb{C})$ *intégrale telle que* $[\omega_0] = [\eta]$.

Si en plus D est libre et vérifie les propriétés suivantes

- $h = h_1 \dots h_p$,
- $D = \bigcup_{i=1}^{p} D_i$, D_i est normal $i = 1, ..., p$,
- $D_i \pitchfork D_j \quad i \neq j, i, j = 1, ...p$ pour $i \neq j, \quad i, \quad j = 1, ..., p$,
- $dim_{\mathbb{C}} D_i \cap D_j \cap D_k \leq n - 3$ pour $i \neq j \neq k \neq i \quad i, j, k = 1 \dots p$.

Alors

Proposition 1.4.10 *Une variété de Poisson logarithmique (X, D, Υ) est log préquantifiable s'il existe un champ de vecteurs logarithmique δ et une 2-forme logarithmique ω intégrale telle que*

$$\Upsilon + \partial_D \delta = \tilde{H}(\omega). \tag{1.9}$$

On en déduit que

Corollaire 1.4.11 *Une variété de Poisson logarithmique (X, D, Υ) est log préquantifiable s'il existe un champ de vecteurs logarithmique δ, des fonctions holomorphes $R^i, i = 1, ..., k$ et une 2-forme ω_0, holomorphe sur X et intégrale telle que*

$$\Upsilon + \partial_D(\delta - \sum_{i=1}^{k} \frac{R^i}{h_i}(\tilde{H}(dh_i))) = H(\omega_0) \tag{1.10}$$

1.5 Nouveautés.

Sur les formes différentielles logarithmiques.

Nous avons souligné ; à la sous section 2.2.2 la nécessité d'imposer la condition selon laquelle la fonction de définition du diviseur doit être à carré libre.
Nous avons aussi construit le module des différentielles formelles logarithmiques le long d'un idéal $\mathcal{I}$ et nous avons caractérisé son module dual lorsque $\mathcal{I}$ est engendré par un nombre fini d'éléments de l'algèbre sous-jacente.

Sur les structures de Poisson logarithmiques et invariants cohomologiques.

Au terme de cette étude, nous sommes parvenu à mettre sur pied la théorie de Poisson logarithmique. De plus, nous avons montrer que dans le cas des structures de Poisson logarithmiques principales, l'application hamiltonienne associée est à image dans le module des dérivations logarithmiques et qu'elle se prolonge sur le module des différentielles formelles logarithmiques. Dans ce cas, nous avons construit sur le module des différentielles formelles logarithmiques un crochet de Lie prolongeant celui de Lie-Poisson induit sur le module des différentielles formelles. Nous avons exploité ces propriétés pour ériger l'application hamiltonienne induite par les structures de Poisson logarithmiques en structure d'algèbre de Lie-Rinehart sur le module des différentielles formelles logarithmiques. Grâce à cette dernière, nous construisons le complexe de Poisson logarithmique et calculons quelques groupes de cohomologies associés. Nous avons montré sur des exemples que ces groupes de cohomologies sont en générales différents des groupes de cohomologies de Poisson associées bien qu'ils coïncident lorsque la structure de Poisson est induite par une structure logsymplectique. Grâce à cette nouvelle cohomologie, nous avons introduit la notion de préquantification logarithmique avec laquelle nous avons démontré un résultat de préquantification de telles structures via la notion de dérivation contravariante logarithmique.

1.6 Perspectives.

Sur les algèbres de Poisson logarithmiques.

Nous avons introduit la notion de variété de Poisson logarithmique et de cohomologie de Poisson logarithmique. Il sera intéressant d'étudier les propriétés algébriques des algèbres de Poisson logarithmique en remplaçant le diviseur par un idéal quelconque d'une algèbre associative donnée. Nous avons commencé cette étude au Chapitre 2, mais nous nous sommes limités au cas des structures de Poisson logarithmiques principales. Il sera particulièrement intéressant d'étudier le cas général des structures de Poisson dont le crochet est une bidérivation logarithmique. Par ailleurs, Nous avons construit dans le cas où l'idéal $\mathcal{I}$ est engendré par une suite finie d'éléments de l'algèbre, le module dual de celui des différentielles formelles logarithmiques. On pourra regarder le cas général où $\mathcal{I}$ est un idéal quelconque. On pourra aussi regarder l'analogue logarithmique du théorème de Hoschschild-Kostant-Rosenberg dans [Hoschschild *et al.* 1962].

Sur les formes différentielles logarithmiques.

La question que l'on ne peut se permettre d'oublier est celle de savoir comment sont les formes différentielles logarithmiques le long des diviseurs non réduit ? On pourra donc dans un proche avenir se pencher sur ce sujet avec pour objectif :

- la recherche d'analogues aux divers résultats prouvés dans [L. Narváez Macarro 1996], [Calderón-Moreno & Narváez Macarro 2005b], [Calderón-Moreno 1998], [Calderón-Moreno & Narváez Macarro 2005a], [Granger & Schulze 2006], [Granger *et al.* 2009] ...
- la caractérisation des diviseurs libres associés.

Sur la quantification.

La quantification géométrique est subdivisée en deux grandes étapes, la première étant la préquantification [Vaisman 1994]. Nous nous sommes focalisés sur cette dernière étape. L'étape de polarisation au moyen de la cohomologie de Poisson logarithmique reste inexplorée. Par ailleurs, il serait intéressant de regarder l'impacte de la cohomologie de Poisson logarithmique sur la quantification par déformation.

Chapitre 2

Sur les structures de Poisson logarithmiques.

Sommaire

Introduction

Ce chapitre est consacré à la construction d'algèbres de Poisson logarithmiques et de variétés de Poisson logarithmiques. Pour cela nous construisons le module des différentielles formelles logarithmiques et étudions quelques unes de ses propriétés. Suivant les cas, nous nous référons à : [Braconnier 1977], [Krasil'shchik 1988], [Lichnerowicz 1977], [Vaisman 1994], [Vinogradov & Krasil'shchik 1975] et [Polishchuk 1997].

2.1 Algèbres de Poisson logarithmiques.

Dans cette partie, on désignera par :

- $\mathcal{A}$ une algèbre associative commutative, unitaire et intègre sur un corps k de caractéristique 0,
- $\mathcal{I}$ un idéal de $\mathcal{A}$,

- $\mathcal{U}$ le groupe multiplicatif des unités de $\mathcal{A}$,
- $Der_{\mathcal{A}}$ le $\mathcal{A}$-module des dérivations de $\mathcal{A}$,
- $\Omega_{\mathcal{A}}$ le module des différentielles de Kälher de $\mathcal{A}$.

2.1.1 Dérivations logarithmiques.

Cette notion est amplement utilisée en géométrie algébrique. Nous nous référons à la formulation utilisée dans [Calderón-Moreno & Narváez Macarro 2005a]. Nous nous en servons pour introduire le module des dérivations logarithmiques principales dont l'analogue géométrique correspond au champ de vecteurs logarithmiques tels que définis dans [Saito 1980].

Définition 1 *On appelle dérivation logarithmique le long d'un idéal $\mathcal{I}$ de $\mathcal{A}$ tout élément D de $Der_{\mathcal{A}}$ tel que $D(\mathcal{I}) \subset \mathcal{I}$.*

On note $Der_{\mathcal{A}}(\log \mathcal{I})$ l'ensemble des dérivations de $\mathcal{A}$ logarithmiques le long de $\mathcal{I}$.

Lemme 2.1.1 *$Der_{\mathcal{A}}(\log \mathcal{I})$ est une sous algèbre de Lie de $Der_{\mathcal{A}}$.*

Soit $\mathcal{S} = \{u_1, ..., u_p\}$ un sous ensemble à p éléments de $\mathcal{A} - \mathcal{U}$.
On suppose qu'en plus $\mathcal{I}$ est engendré par $\mathcal{S}$ et on désignera par $u\mathcal{A}$ l'idéal de $\mathcal{A}$ engendré par $u \in \mathcal{S}$.

Définition 2 *$\mathcal{S}$ est relativement premier si étant donnés deux éléments distincts u et v de $\mathcal{S}$ on a :*

(a) (u) et (v) sont premiers,

(b) (u) et (v) sont premiers entre eux.

On suppose dans tout ce qui suit que $\mathcal{S}$ est relativement premier.
Posons
$\widehat{Der_{\mathcal{A}}(\log \mathcal{I})} := \{D \in Der_{\mathcal{A}}(\log \mathcal{I}), D(u_i) \in u_i\mathcal{A} \quad \text{pour tout} \quad u_i \in \mathcal{S}\}$.
On a le lemme suivant

Lemme 2.1.2 *$\widehat{Der_{\mathcal{A}}(\log \mathcal{I})}$ est une sous algèbre de Lie de $Der_{\mathcal{A}}(\log \mathcal{I})$.*

Définition 3 [1] *Les éléments de $\widehat{Der_{\mathcal{A}}(\log \mathcal{I})}$ sont appelés dérivations logarithmiques principales le long de $\mathcal{I}$.*

2.1.2 Différentielles formelles logarithmiques.

Posons $\mathcal{M}_{\mathcal{A}}$ la catégorie des $\mathcal{A}$-modules.

Proposition 2.1.3 *L'endofoncteur $Der(\mathcal{A}, -)$ de $\mathcal{M}_{\mathcal{A}}$ est représentable.*

1. Ces dérivations dépendent uniquement des éléments de $\mathcal{S}$.

<u>Preuve</u>. D'après la propriété universelle du produit tensoriel $\mathcal{A} \otimes \mathcal{A}$ l'application

$$\begin{array}{rcl} m : \mathcal{A} \otimes A & \to & \mathcal{A} \\ (a, b) & \mapsto & ab \end{array}$$

induite par le produit de $\mathcal{A}$, est un homomorphisme de k-algèbres. On pose $\ker(m) = I$ et on montre que I est un $\mathcal{A}$-sous module de $\mathcal{A} \otimes \mathcal{A}$ engendré par $\{a \otimes 1_{\mathcal{A}} - 1_{\mathcal{A}} \otimes a, a \in \mathcal{A}\}$. Les modules quotients $B = \mathcal{A} \otimes \mathcal{A}/I^2$ et $\Omega_{\mathcal{A}} = I/I^2$ sont donc bien définis.
D'autre part $a = m(1 \bigotimes a)$ pour tout $a \in \mathcal{A}$. Donc m induit un isomorphisme $\mathcal{A} \otimes \mathcal{A}/I \simeq \mathcal{A}$ qui à son tour induit un épimorphisme $\tilde{m} : B \to \mathcal{A} \to 0$. On a donc la suite exacte courte suivante

$$0 \to \Omega_{\mathcal{A}} \to B \to A \to 0.$$

Par ailleurs, les morphismes

$$\lambda_1 : \mathcal{A} \to B, a \mapsto a \otimes 1 + I^2 \lambda_2 : \mathcal{A} \to B, a \mapsto 1 \otimes a + I^2$$

vérifient les égalités suivantes $\tilde{m}\lambda_1 = \tilde{m}\lambda_2 = 1_{\mathcal{A}}$. Ce sont donc des sections de cette extension. De plus, il découle des égalités $\tilde{m}\lambda_1 = \tilde{m}\lambda_2 = 1_{\mathcal{A}_A}$ que λ_1 et λ_2 sont des relèvements de $1_{\mathcal{A}}$. Il s'en suit que $\lambda_1 - \lambda_2 = d$ est un élément de $Der(\mathcal{A}, \Omega_{\mathcal{A}})$.
Pour achever la preuve, nous devons montrer que $(\Omega_{\mathcal{A}}, d)$ est universel.
Soit $D \in Der(\mathcal{A}, M)$. L'application $\varphi : \mathcal{A} \otimes \mathcal{A} \to M \oplus \mathcal{A}$

$$x \otimes y \mapsto (xy, xDy) = (m(x \otimes y), xDy)$$

est un homomorphisme de k-algèbres qui est $\mathcal{A}$-linéaire.
Puisque $m(\sum x_i \otimes y_i) = \sum x_i y_i = 0$ pour tout $\sum x_i \otimes y_i \in I$, alors la restriction $\bar{\varphi} : \varphi \mid_I : I \longrightarrow M$ est $\mathcal{A}$-linéaire. De plus le fait que $\bar{\varphi}(I^2) = 0$ implique $I^2 \subset \ker \bar{\varphi}$.
Il s'ensuit que $\bar{\varphi}$ induit un homomorphisme $f : \Omega_{\mathcal{A}} \longrightarrow M$ tel que $f \circ \pi = \bar{\varphi}$ où π désigne la projection canonique de I sur I/I^2. Par ailleurs, pour tout $a \in \mathcal{A}$, on a :

$$\begin{array}{rcl} f(da) & = & f(1 \otimes a - a \otimes 1 + I^2) \\ & = & \bar{\varphi}(1 \otimes a - a \otimes 1) \\ & = & Da \end{array}$$

Ceci achève la démonstration. ∎

Définition 4 $\Omega_{\mathcal{A}}$ *est appelé module des différentielles formelles.*

La Proposition 2.1.3 montre que pour tout $\mathcal{A}$-module M, il existe un isomorphisme $\sigma_M : \mathcal{H}om(\Omega_{\mathcal{A}}, M) \cong Der(\mathcal{A}, M)$. Dans la suite, l'isomorphisme $\sigma_A : \mathcal{H}om(\Omega_{\mathcal{A}}, \mathcal{A}) \cong Der(\mathcal{A})$ sera noté σ.

2.1.2.1 Différentielles logarithmiques.

Définition 5 *On appelle module des formes différentielles logarithmiques le long de* $\mathcal{I}$ *le* $\mathcal{A}$*-module dual de* $Der_{\mathcal{A}}(\log \mathcal{I})$.

On pose

$$\Omega_{\mathcal{A}}(\log \mathcal{I})$$

le $\mathcal{A}$-module engendré par $\left\{ \frac{du_i}{u_i}, u_i \in \mathcal{S}, i = 1, ..., p \right\} \cup \Omega_{\mathcal{A}}$.

Définition 6 $\Omega_{\mathcal{A}}(\log \mathcal{I})$ *est appelé module des différentielles formelles de* $\mathcal{A}$ *logarithmiques le long de* $\mathcal{I}$.

Soit δ dans $\widehat{Der_{\mathcal{A}}(\log \mathcal{I})}$. Il découle de la proposition 2.1.3 que δ induit une application $\mathcal{A}$-linéaire

$$\sigma(\delta) : \Omega_{\mathcal{A}} \to \mathcal{A}$$

telle que

$$\sigma(\delta) \circ d = \delta.$$

Il s'en suit que pour tout u dans $\mathcal{S}$ il existe $\varphi(u) \in \mathcal{A}$ tel que

$$\sigma(\delta)(du) = \delta u = u\varphi(u)$$

Et donc

$$\frac{1}{u}\sigma(\delta)(du) = \varphi(u) \in \mathcal{A}.$$

On a l'application linéaire suivante

$$\begin{array}{rccl} \hat{\sigma}(\delta) : & \Omega_{\mathcal{A}}(\log \mathcal{I}) & \longrightarrow & \mathcal{A} \\ & a\frac{du}{u} + bdf & \mapsto & a\frac{1}{u}\sigma(\delta)(du) + b\sigma(\delta)(df). \end{array}$$

Celle-ci vérifie la relation

$$\hat{\sigma}(\delta_1 + g\delta_2)(a\frac{du}{u} + bdf) = \hat{\sigma}(\delta_1)(a\frac{du}{u} + bdf) + g\hat{\sigma}(\delta_2)(\frac{du}{u} + bdf).$$

Elle induit donc une application $\mathcal{A}$-linéaire

$$\begin{array}{rccl} \hat{\sigma} : & \widehat{Der_{\mathcal{A}}(\log \mathcal{I})} & \longrightarrow & Hom_{\mathcal{A}}(\Omega_{\mathcal{A}}(\log \mathcal{I}), \mathcal{A}) \\ & \delta & \mapsto & \hat{\sigma}(\delta) : a\frac{du}{u} + bdf \mapsto a\frac{1}{u}\sigma(\delta)(du) + b\sigma(\delta)(df) \end{array}$$

qui est un isomorphisme.
En effet, pour tout $f \in Hom_{\mathcal{A}}(\Omega_{\mathcal{A}}(\log \mathcal{I}), \mathcal{A})$ on a $f \circ d \in \widehat{Der_{\mathcal{A}}(\log \mathcal{I})}$.
On considère l'homomorphisme de $\mathcal{A}$-modules

$$\begin{array}{rccl} \psi : & Hom_{\mathcal{A}}(\Omega_{\mathcal{A}}(\log \mathcal{I}), \mathcal{A}) & \to & \widehat{Der_{\mathcal{A}}(\log \mathcal{I})} \\ & f & \mapsto & f \circ d. \end{array}$$

Pour tout $\delta \in \widehat{Der_{\mathcal{A}}(\log \mathcal{I})}$ on a

$$\begin{array}{rcl} \psi \circ \hat{\sigma}(\delta) & = & \psi(\hat{\sigma}(\delta)) \\ & = & \hat{\sigma}(\delta) \circ d \\ & = & \delta. \end{array}$$

On en déduit que $\psi \circ \hat{\sigma} = id_{\widehat{Der_{\mathcal{A}}(\log \mathcal{I})}}$.
De même pour tous $f \in Hom_{\mathcal{A}}(\Omega_{\mathcal{A}}(\log \mathcal{I}), \mathcal{A})$ et $u \in \mathcal{S}$ on a

$$\begin{aligned}
[(\hat{\sigma} \circ \psi)(f)](du) &= [\hat{\sigma}(\psi(f))](du) \\
&= [\hat{\sigma}(f \circ d)](du) \\
&= \sigma(f \circ d)(du) \\
&= (f \circ d)u \\
&= f(du).
\end{aligned}$$

Par ailleurs

$$\begin{aligned}
[(\hat{\sigma} \circ \psi)(f)](\tfrac{du}{u}) &= \hat{\sigma}(f \circ d)(\tfrac{du}{u}) \\
&= \frac{1}{u}(\sigma(f \circ d)(du)) \\
&= \frac{1}{u}\sigma(f \circ d) \circ d(u) \\
&= \frac{1}{u}(f \circ d)(u) \\
&= f(\tfrac{du}{u}).
\end{aligned}$$

pour tout $u \in \mathcal{S}$.
Il s'en suit que
$(\hat{\sigma} \circ \psi)(f) = f$ pour tout $f \in Hom_{\mathcal{A}}(\Omega_{\mathcal{A}}(\log \mathcal{I}), \mathcal{A})$. On en déduit que $\hat{\sigma} \circ \psi = id_{Hom_{\mathcal{A}}(\Omega_{\mathcal{A}}(\log \mathcal{I}),\mathcal{A})}$. Ceci prouve le lemme suivant.

Lemme 2.1.4 *$\widehat{Der_{\mathcal{A}}(\log \mathcal{I})}$ est le dual de $\Omega_{\mathcal{A}}(\log \mathcal{I})$.*

Pour tous fda dans $\Omega_{\mathcal{A}}$ et δ dans $Der_{\mathcal{A}}$ on a

$$\begin{aligned}
\sigma(\delta)(fda) &= f(\sigma(\delta) \circ d)(a) \\
&= f\delta(a).
\end{aligned}$$

On considère l'application

$$\begin{aligned}
\theta : \ \Omega_{\mathcal{A}} &\to \mathcal{H}om(Der_{\mathcal{A}}, \mathcal{A}) \\
\omega &\mapsto \theta(\omega) : \delta \mapsto \sigma(\delta)(\omega)
\end{aligned}$$

θ est par construction un homomorphisme de $\mathcal{A}$-modules.
Par ailleurs, pour tous $\delta \in Der_{\mathcal{A}}(\log \mathcal{I})$ et $u \in \mathcal{S}$

$$\begin{aligned}
\theta(du)\delta &= \sigma(\delta)(du) \\
&= (\sigma(\delta) \circ d)u \\
&= \delta(u) \in u\mathcal{A}.
\end{aligned}$$

Il s'en suit que $\frac{1}{u}\theta(du)(\delta) \in \mathcal{A}$ pour tout δ dans $\widehat{Der_{\mathcal{A}}(\log \mathcal{I})}$ et u dans $\mathcal{S}$.
θ induit donc un homomorphisme de $\mathcal{A}$-modules

$$\begin{aligned}
\Theta : \Omega_{\mathcal{A}}(\log \mathcal{I}) &\longrightarrow \mathcal{H}om(\widehat{Der_{\mathcal{A}}(\log \mathcal{I})}, \mathcal{A}) \\
f\frac{du}{u} + gda &\mapsto \frac{f}{u}\theta(du) + g\theta(da)
\end{aligned}$$

qui se prolonge en homomorphisme d'algèbres graduées

$$\Theta : \bigwedge \Omega_{\mathcal{A}}(\log \mathcal{I}) \longrightarrow \mathcal{L}alt(\widehat{Der_{\mathcal{A}}(\log \mathcal{I})}, \mathcal{A})$$

2.1.3 Dérivée de Lie par rapport à une dérivation logarithmique.

On note $\bigwedge_{\mathcal{A}}[\Omega_{\mathcal{A}}(\log \mathcal{I})] := \bigoplus_{n\in\mathbb{N}} \bigwedge_{\mathcal{A}}^{n}[\Omega_{\mathcal{A}}(\log \mathcal{I})]$ la $\mathcal{A}$-algèbre extérieure du $\mathcal{A}$-module $\Omega_{\mathcal{A}}(\log \mathcal{I})$.
De la dérivation

$$d : \mathcal{A} \to \Omega_{\mathcal{A}}$$

on déduit la dérivation.

$$\bar{d} : \mathcal{A} \to \Omega_{\mathcal{A}}(\log \mathcal{I}) \qquad a \mapsto \begin{cases} da & \text{si} \quad a \in \mathcal{A} - \mathcal{I}^* \\ a\dfrac{da}{a} & \text{si} \quad a \in \mathcal{I}^* \end{cases}$$

$\bar{d}$ se prolonge en une dérivation de degré $+1$

$$\bar{d} : \bigwedge_{\mathcal{A}}[\Omega_{\mathcal{A}}(\log \mathcal{I})] \to \bigwedge_{\mathcal{A}}[\Omega_{\mathcal{A}}(\log \mathcal{I})]$$

telle que le couple $(\bigwedge_{\mathcal{A}}[\Omega_{\mathcal{A}}(\log \mathcal{I})], d)$ soit un complexe différentiel.
Pour tout $\delta \in \widehat{Der_{\mathcal{A}}(\log \mathcal{I})}$ et tout entier $p \geq 1$ l'application

$$\sigma_\delta : [\Omega_{\mathcal{A}}(\log \mathcal{I})]^p \to \bigwedge_{\mathcal{A}}[\Omega_{\mathcal{A}}(\log \mathcal{I})], (\omega_1, ..., \omega_p) \mapsto \sum_{i=1}^{p}(-1)^{i-1}\sigma(\delta)(\omega_i)\omega_1 \wedge \omega_2 \wedge ... \wedge \hat{\omega}_i \wedge ... \omega_p$$

est $\mathcal{A}$-multilinéaire alternée. On note

$$i_\delta : \bigwedge_{\mathcal{A}}[\Omega_{\mathcal{A}}(\log \mathcal{I})] \to \bigwedge_{\mathcal{A}}[\Omega_{\mathcal{A}}(\log \mathcal{I})]$$

l'unique application $\mathcal{A}$-linéaire telle que

$$i_\delta(\omega_1 \wedge \omega_2 \wedge ... \wedge \omega_p) \mapsto \sum_{i=1}^{p}(-1)^{i-1}\sigma(\delta)(\omega_i)\omega_1 \wedge \omega_2 \wedge ... \wedge \hat{\omega}_i \wedge ... \omega_p$$

pour tout p

Lemme 2.1.5 *L'application i_δ est une dérivation de degré -1.*

Preuve. La preuve est simple et directe. ■

Définition 7 *L'opérateur de degré zéro $\mathcal{L}_\delta := i_\delta \circ \bar{d} + \bar{d} \circ i_\delta$ est appelé dérivée de Lie par rapport à la dérivation logarithmique δ.*

La proposition suivante donne quelques propriétés de $\mathcal{L}_\delta$.

Proposition 2.1.6 *Pour tous δ dans $\widehat{Der_{\mathcal{A}}(\log \mathcal{I})}$, ω dans $\Omega_{\mathcal{A}}(\log \mathcal{I})$ et a dans $\mathcal{A}$ on a*

1. $\mathcal{L}_{a\delta}(\omega) = a\mathcal{L}_\delta(\omega) + (\sigma(\delta))(\omega)\bar{d}(a)$
2. $\mathcal{L}_\delta(a\omega) = \delta(a).\omega + a\mathcal{L}_\delta\omega$

3. $\mathcal{L}_\delta(\bar{d}(a)) = \bar{d}[\delta(a)]$

Preuve.

1. Pour tous a dans $\mathcal{A}$ et ω dans $\Omega_{\mathcal{A}}(\log \mathcal{I})$ on a

$$\begin{aligned} & \mathcal{L}_{a\delta}(\omega) \\ = & \ i_{a\delta}(\bar{d}(\omega)) + \bar{d}(i_{a\delta}(\omega)) \\ = & \ ai_\delta(\bar{d}(\omega)) + \bar{d}(ai_\delta(\omega)) \\ = & \ ai_\delta(\bar{d}(\omega)) + i_\delta(\omega)\bar{d}(a) + a\bar{d}(i_\delta(\omega)) \\ = & \ a\mathcal{L}_\delta\omega + \sigma(\delta)(\omega)\bar{d}(a) \end{aligned}$$

2. Pour tous a dans $\mathcal{A}$ et ω dans $\Omega_{\mathcal{A}}(\log \mathcal{I})$ on a

$$\begin{aligned} & \mathcal{L}_\delta(a\omega) \\ = & \ i_\delta(\bar{d}(a\omega)) + \bar{d}(i_\delta(a\omega)) \\ = & \ i_\delta(a\bar{d}(\omega) + \bar{d}a \wedge \omega) + \bar{d}(ai_\delta(\omega)) \\ = & \ ai_\delta(\bar{d}(\omega)) + i_\delta(\bar{d}(a) \wedge \omega) + a\bar{d}(i_\delta\omega) + i_\delta(\omega)\bar{d}(a) \\ = & \ ai_\delta(\bar{d}(\omega)) + \sigma(\delta)(\bar{d}(a))\omega - \sigma(\delta)(\omega)\bar{d}(a) + a\bar{d}(i_\delta(\omega)) + \sigma(\delta)(\omega)\bar{d}(a) \\ = & \ a\mathcal{L}_\delta\omega + \sigma(\delta)\bar{d}(a)\omega \end{aligned}$$

3. Pour tout a $\mathcal{A}$ on a

$$\begin{aligned} & \mathcal{L}_\delta(\bar{d}(a) \\ = & \ i_\delta(\bar{d}(\bar{d}(a))) + \bar{d}(i_\delta(\bar{d}(a))) \\ = & \ \bar{d}(i_\delta(\bar{d}(a))) \\ = & \ \bar{d}(\sigma(\delta) \circ \bar{d}(a)) \end{aligned}$$

■

2.1.4 Structures d'algèbres de Poisson logarithmiques

Les références principales de cette partie sont : [Braconnier 1977], [Vaisman 1994], [Huebschmann 1990], [Vinogradov & Krasil'shchik 1975] et surtout les notes de cours non publiées des professeurs Eugène Okassa et Michèl Nguiffo Boyom dans [Okassa 2009], [Okassa 2008] et [Boyom 2009].

2.1.4.1 Structures d'algèbres de Poisson.

Une algèbre de Poisson est une algèbre associative $\mathcal{A}$ munie d'une application bilinéaire $\{-,-\}$ antisymétrique vérifiant les deux propriétés suivantes :

(1) $\{a,\{b,c\}\} + \{b,\{c,a\}\} + \{c,\{a,b\}\} = 0$ (identité de Jacobi),

(2) $\{a,bc\} = b\{a,c\} + c\{a,b\}$ (propriété de Leibniz).

On en déduit que pour tout $a \in \mathcal{A}$ l'application

$$ad_a : \mathcal{A} \to \mathcal{A}, \quad b \mapsto \{a,b\}$$

est une dérivation dans $\mathcal{A}$. De plus, pour tous a et b dans $\mathcal{A}$ on a

$$ad_{ab}(x) = \{ab, x\} = a\{b, x\} + b\{a, x\}$$

Il s'ensuit que l'application $ad : \mathcal{A} \to Der_{\mathcal{A}} \quad a \mapsto ad_a$ est une dérivation sur $\mathcal{A}$ à valeurs dans le $\mathcal{A}$-module $Der_{\mathcal{A}}$. Elle induit d'après la proposition 2.1.3 un homomorphisme de $\mathcal{A}$-modules

$$H : \Omega_{\mathcal{A}} \to Der_{\mathcal{A}}$$

tel que $H \circ d = ad$.
H est appelée application hamiltonienne associée à $\{-,-\}$.
On en déduit un homomorphisme de $\mathcal{A}$-modules

$$-\sigma \circ H : \Omega_{\mathcal{A}} \to \mathcal{H}om(\Omega_{\mathcal{A}}, \mathcal{A})$$

à partir duquel on définit l'application

$$\omega : \Omega_{\mathcal{A}} \times \Omega_{\mathcal{A}} \to \mathcal{A}, (x, y) \mapsto -[(\sigma \circ H)(x)]y$$

ω est une forme $\mathcal{A}$-bilinéaire alternée.
En effet, pour tout $x = \sum\limits_{j \in J; J\text{fini}} a_j db_j \in \mathcal{A}$ on a

$$\begin{aligned}
\omega(x, x) &= -[\sigma \circ H)(x)](x) \\
&= -\sum_{j \in J; J\text{fini}} a_j [\sigma(H(x))] db_j \\
&= -\sum_{j \in J; J\text{fini}} a_j [H(x)] b_j \\
&= -\sum_{j \in J; J\text{fini}} a_j \sum_{k \in J; J\text{fini}} a_k [H(db_k)] b_j \\
&= -\sum_{j \in J; J\text{fini}} a_j \sum_{k \in J; J\text{fini}} a_k [ad(b_k)] b_j \\
&= -\sum_{j,k \in J; J\text{fini}} a_j a_k \{b_k, b_j\} \\
&= 0
\end{aligned}$$

ω est appelée 2-forme de Poisson associée à $\{-,-\}$.
Par ailleurs, pour tous a et b dans $\mathcal{A}$ on a

$$\begin{aligned}
\omega(da, db) &= -[\sigma(H(da))](db) \\
&= -[\sigma(H(da))] \circ d(b) \\
&= -H(da)b \\
&= -\{a, b\}
\end{aligned}$$

et par suite

$$\begin{aligned}
\mathcal{L}_{H(da)} db &= d(i_{H(da)} db) \\
&= d(H(da)b) \\
&= d(H(da)b) \\
&= d\{a, b\}
\end{aligned}$$

Proposition 2.1.7 *[Okassa 2009]*
Pour toute algèbre de Poisson $\mathcal{A}$ de 2-forme de Poisson ω, l'application

$$\begin{array}{rccl}[-,-]: & \Omega_{\mathcal{A}} \times \Omega_{\mathcal{A}} & \longrightarrow & \Omega_{\mathcal{A}} \\ & (x,y) & \mapsto & d(\omega(x,y)) + \mathcal{L}_{H(x)}y - \mathcal{L}_{H(y)}x\end{array}$$

définit une structure de k-algèbre de Lie sur $\Omega_{\mathcal{A}}$. De plus

(1) $[x, ay] = (H(x))(a)y + a[x,y]$

(2) les applications

$$d : \mathcal{A} \to \Omega_{\mathcal{A}}$$

et

$$H : \Omega_{\mathcal{A}} \to Der_{\mathcal{A}}$$

sont des homomorphismes de k-algèbres de Lie.

Il s'ensuit que toute structure de Poisson $\{-,-\}$ induit dans $\Omega_{\mathcal{A}}$ une structure d'algèbre de Lie-Rinehart. En particulier, pour $x = adu, y = bdv \in \Omega_{\mathcal{A}}$ on a d'une part

$$d(\omega(adu, bdv)) = -d(ab\{u,v\}) = -a\{u,v\}db - b\{u,v\}da - abd\{u,v\},$$

d'autre part

$$\begin{array}{rcl}\mathcal{L}_{H(adu)}bdv & = & a\{u,b\}dv + abd(\{u,v\}) + b\{u,v\}da \\ \mathcal{L}_{H(bdv)}adu & = & b\{v,a\}du + abd(\{v,u\}) + a\{v,u\}db.\end{array}$$

On en déduit que

$$\begin{array}{l}[adu, bdv] = -a\{u,v\}db - b\{u,v\}da - abd\{u,v\} + a\{u,b\}dv + \\ abd(\{u,v\}) + b\{u,v\}da - b\{v,a\}du - abd(\{v,u\}) - a\{v,u\}db.\end{array}$$

Il découle de ces expressions que

$$[adu, bdv] = a\{u,b\}dv + b\{a,v\}du + abd\{u,v\}. \tag{2.1}$$

2.1.4.2 Structure de Poisson logarithmique.

D'après ce qui précède toute structure de Poisson dans $\mathcal{A}$ est une bidérivation dans $\mathcal{A}$ et $Der_{\mathcal{A}}(\log \mathcal{I})$ est un sous algèbre de Lie de $Der_{\mathcal{A}}$.

Définition 8 *Une structure de Poisson $\{-,-\}$ dans $\mathcal{A}$ est dite logarithmique le long de $\mathcal{I}$ si elle est une bidérivation logarithmique le long de $\mathcal{I}$.*

Soit $\{-,-\}$ une structure de Poisson logarithmique le long de $\mathcal{I}$. Pour tous a dans $\mathcal{A}$ et u dans $\mathcal{I}$ on a

$$\{a,u\} \in \{\mathcal{A},\mathcal{I}\} \subset \mathcal{I}$$

Il s'en suit que $\{a,-\}$ est une dérivation logarithmique le long de $\mathcal{I}$. Il s'ensuit que pour tout a dans $\mathcal{A}$

$$H(da) = \{a,-\} \in Der_{\mathcal{A}}(\log \mathcal{I}).$$

Lemme 2.1.8 *L'application hamiltonienne H de toute structure de Poisson logarithmique est à valeurs dans $Der_{\mathcal{A}}(\log \mathcal{I})$.*

Définition 9 *Une structure de Poisson $\{-,-\}$ dans $\mathcal{A}$ est dite logarithmique principale le long de $\mathcal{I}$ si pour tout u dans $\mathcal{S}$ on a $\{u,-\} \in \widehat{Der_{\mathcal{A}}(\log \mathcal{I})}$.*

Nous remarquons que si $\{-,-\}$ est une structure de Poisson logarithmique principale le long de $\mathcal{I}$ alors pour tout x dans $\mathcal{S}$, il existe une application $\varphi_x : \mathcal{A} \to \mathcal{A}$ telle que

$$\{x, a\} = x\varphi_x(a)$$

pour tout $a \in \mathcal{A}$. Ainsi, si $\{-,-\}$ est une structure de Poisson logarithmique principale le long de $\mathcal{I}$ alors pour tout x dans $\mathcal{S}$ et pour tous a et b dans $\mathcal{A}$ on a

$$\begin{aligned}\{x, ab\} &= a\{x,b\} + b\{x,a\} \\ &= x(a\varphi_x(b) + b\varphi_x(a))\end{aligned}$$

et

$$\{x, ab\} = x\varphi_x(ab)$$

donc

$$\varphi_x(ab) = a\varphi_x(b) + b\varphi_x(a).$$

Par ailleurs, pour tous x et y dans $\mathcal{S}$ on a

$$x\varphi_x(y) = \{x, y\} = -y\varphi_y(x).$$

Si de plus $\mathcal{I}$ est premier alors il existe b_{xy} dans $\mathcal{I}$ tel que

$$\{x, y\} = xyb_{xy}.$$

On en déduit que

$$\varphi_x(ay) \in y\mathcal{A}.$$

Pour tous $a \in \mathcal{A}$ et $y \in \mathcal{S}$. Il s'en suit que $\varphi_x \in Der_{\mathcal{A}}(\log \mathcal{I})$ pour tout x dans $\mathcal{S}$. On en déduit le lemme suivant

Lemme 2.1.9 *Soit $\mathcal{S} = \{u_1, ...u_p\}$ un sous ensemble de $\mathcal{A}$ relativement premier ; c'est-à-dire $(u_i) \neq (u_j)$ et $u_i \notin (u_j), u_j \notin (u_i)$ pour tout $i \neq j$. Soit $\{-,-\}$ une structure de Poisson logarithmique principale le long de $\mathcal{I} = \langle \mathcal{S} \rangle_{\mathcal{A}}$.*
Alors

$$\frac{1}{u_i}\{u_i, -\} \in \widehat{Der_{\mathcal{A}}(\log \mathcal{I})} \quad et \quad \frac{1}{u_i u_j}\{u_i, u_j\} \in \mathcal{A}$$

On suppose qu'en plus les éléments de $\mathcal{S}$ sont relativement premiers ; ce qui implique que pour tout $u \in \mathcal{S}$, $\frac{1}{u}H(du) \in \widehat{Der_{\mathcal{A}}(\log \mathcal{I})}$. On en déduit l'homomorphisme de $\mathcal{A}$-modules

$$\tilde{H} : \Omega_{\mathcal{A}}(\log \mathcal{I}) \to \widehat{Der_{\mathcal{A}}(\log \mathcal{I})}$$

défini par

$$\begin{array}{c}\Omega_{\mathcal{A}}(\log \mathcal{I}) \ni x = \sum\limits_{u_i \in \mathcal{S}, a_i \in \mathcal{A}} a_i \frac{du_i}{u_i} + \sum\limits_{v_j \in \mathcal{A}, i \in J, b_j \in \mathcal{A}, J \text{fini}} b_j dv_j \,. \\ \Big\downarrow \tilde{H} \\ \sum\limits_{u_i \in \mathcal{S}, a_i \in \mathcal{A}} \frac{a_i}{u_i} H(du_i) + \sum\limits_{v_j \in \mathcal{A}, i \in J, b_j \in \mathcal{A}, J \text{fini}} b_j H(dv_j)\end{array}$$

Il s'en suit que $\tilde{H}|_{\Omega_{\mathcal{A}}} = H$.

Corollaire 2.1.10 *Si $\{-,-\}$ est une structure de Poisson logarithmique principale le long d'un idéal $\mathcal{I}$ engendré par une suite finie d'éléments de $\mathcal{A}$ relativement première alors l'application hamiltonienne associée H se prolonge en un homomorphisme de $\mathcal{A}$-modules*

$$\tilde{H} : \Omega_{\mathcal{A}}(\log \mathcal{I}) \to \widehat{Der_{\mathcal{A}}(\log \mathcal{I})}. \tag{2.2}$$

Définition 10 *$\tilde{H}$ est appelée application hamiltonienne logarithmique associée à la structure de Poisson logarithmique principale $\{-,-\}$.*

Du corollaire 2.1.10 et de la preuve du Lemme 2.1.4 l'on déduit que toute structure de Poisson logarithmique principale induit un homomorphisme de $\mathcal{A}$-modules

$$\begin{array}{rccc}\Phi : & \Omega_{\mathcal{A}}(\log \mathcal{I}) & \to & \mathcal{H}om(\Omega_{\mathcal{A}}(\log \mathcal{I}), \mathcal{A}) \\ & \alpha & \mapsto & \hat{\sigma} \circ \tilde{H}(\alpha).\end{array} \tag{2.3}$$

On en déduit donc la 2-forme suivante

$$\pi(\alpha, \beta) := [\Phi(x)]y. \tag{2.4}$$

Proposition 2.1.11 *π est une 2-forme alternée sur $\Omega_{\mathcal{A}}(\log \mathcal{I})$.*

<u>Preuve</u>. Soit $x = \sum\limits_{i=1}^{p} x_i \frac{du_i}{u_i} + \sum\limits_{i=p+1}^{n} x_i da_i \in \Omega_{\mathcal{A}}(\log \mathcal{I})$.

On a

$$
\begin{aligned}
[\Phi(x)](x) &= [\sum_1^p \frac{x_i}{u_i}[\hat{\sigma}\circ\tilde{H}\circ d](u_i) + \sum_{p+1}^n x_i[\hat{\sigma}\circ\bar{H}\circ d](a_i)](x) \\
&= \sum_1^p \frac{x_i}{u_i}[\hat{\sigma}\circ\tilde{H}\circ d](u_i)[\sum_{j=1}^p x_j\frac{du_j}{u_j} + \sum_{j=p+1}^n x_j da_j] + \\
&+ \sum_{p+1}^n x_i[\hat{\sigma}\circ\tilde{H}\circ d](a_i)[\sum_{j=1}^p x_j\frac{du_j}{u_j} + \sum_{i,j=p+1}^n x_i d(a_j)] \\
&= \sum_{i,j=1}^p \frac{x_i x_j}{u_i u_j}\hat{\sigma}[\tilde{H}\circ d(u_i)]\circ d(u_j) + \\
&+ \sum_{i,j=p+1}^n \frac{x_i x_j}{u_i}\hat{\sigma}[\tilde{H}\circ d(u_i)]\circ d(a_j) + \\
&+ \sum_{i,j=p+1}^n \frac{x_i x_j}{u_j}\hat{\sigma}[\tilde{H}\circ d(a_i)]\circ d(u_j) + \\
&+ \sum_{i,j=p+1}^n x_i x_j\hat{\sigma}[\tilde{H}\circ d(a_i)]\circ d(a_j) \\
&= \sum_{i,j=1}^p \frac{x_i x_j}{u_i u_j}\{u_i;u_j\} + \sum_{1\leq i\leq p, p+1\leq j\leq n}^n \frac{x_i x_j}{u_i}\{u_i;a_j\} \\
&+ \sum_{1\leq j\leq p, p+1\leq i\leq n}^n \frac{x_i x_j}{u_j}\{a_i;u_j\} + \sum_{i,j=p+1}^n x_i x_j\{a_i;a_j\} = 0
\end{aligned}
$$

■

Etant donné que $\Omega_{\mathcal{A}}$ est un sous module de $\Omega_{\mathcal{A}}(\log\mathcal{I})$, le module des 2-formes alternées sur $\Omega_{\mathcal{A}}(\log\mathcal{I})$ est contenu dans le module des 2-formes alternées sur $\Omega_{\mathcal{A}}$. π peut donc opérer sur $du\otimes dv$ pour tout $u,v\in\mathcal{A}$.
On a donc : $\pi(du,dv) = [\Phi(du)]dv = \hat{\sigma}(\tilde{H}(du))dv = H(du)v = \{u,v\}$.
Le lemme ci-dessous donne quelques propriétés de π.

Lemme 2.1.12 *Soit π la 2-forme associée à une structure de Poisson logarithmique principale $\{-,-\}$. Pour tout $u,v\in\mathcal{S}$, $a,b\in\mathcal{A}$ on :*

1. $\pi(a\frac{du}{u}, b\frac{dv}{v}) = \frac{ab}{uv}\{u,v\}$,
2. $\pi(adu, b\frac{dv}{v}) = \frac{ab}{v}\{u,v\}$,
3. $\pi(adu, bdv) = ab\{u,v\}$

Preuve. Pour ce qui est de la première propriété, considérons u et v dans $\mathcal{S}$ puis a et b dans $\mathcal{A}$. D'après la définition de π on a

$$
\begin{aligned}
\pi\left(a\frac{du}{u}, b\frac{dv}{v}\right) &= \Phi(a\frac{du}{u})b\frac{dv}{v} \\
&= \frac{ab}{uv}\sigma(\{u,-\})dv \\
&= \frac{ab}{uv}\{u,v\}
\end{aligned}
$$

Par un raisonnement analogue, on démontre les propriétés restantes. ■

2.1.5 Quelques exemples d'algèbres de Poisson logarithmiques.

Lemme 2.1.13 *Soit* $(\mathcal{A}, \{-,-\}_0)$ *une algèbre de Poisson. Pour tout* $a_0 \in \mathcal{A}, a_0 \neq 0_{\mathcal{A}}$,
$\{-,-\} := a_0\{-,-\}_0$ *est une structure de Poisson dans* $\mathcal{A}$ *si et seulement si pour tout* $a, b, c \in \mathcal{A}$,

$$\{a, a_0\}_0\{b, c\}_0 + \{b, a_0\}_0\{c, a\}_0 + \{c, a_0\}_0\{a, b\}_0 = 0_{\mathcal{A}} \tag{2.5}$$

Preuve. Il faut montrer que $\{-,-\} = a_0\{-,-\}$ vérifie l'identité de Jacobi si et seulement si l'égalité (2.5) est satisfaite. Par ailleurs, $\{-,-\}$ vérifie l'identité de Jacobi si et seulement si $\{a, \{b, c\}\} + \{b, \{c, a\}\} + \{c, \{a, b\}\} = 0_{\mathcal{A}}$. Ce qui équivaut à :

$$\begin{aligned} 0 &= \{a, \{b, c\}\} + \{b, \{c, a\}\} + \{c, \{a, b\}\} \\ &= a_0\{a, a_0\{b, c\}_0\}_0 + a_0\{b, a_0\{c, a\}_0\}_0 + a_0\{c, a_0\{a, b\}_0\}_0 \\ &= a_0(\{a, a_0\}_0\{b, c\}_0 + \{b, a_0\}_0\{c, a\}_0 + \{c, a_0\}_0\{a, b\}_0) + \\ &\quad + a_0^2(\{a, \{b, c\}_0\}_0 + \{b, \{c, a\}_0\}_0 + \{c, \{a, b\}_0\}_0) \\ &= a_0(\{a, a_0\}_0\{b, c\}_0 + \{b, a_0\}_0\{c, a\}_0 + \{c, a_0\}_0\{a, b\}_0) \end{aligned}$$

Le résultat se déduit de l'intégrité de $\mathcal{A}$. ■
En particulier, l'égalité (2.5) est toujours vérifiée pour tout casimir $a_0 \in \mathcal{A}$ de $\{-,-\}_0$.

Corollaire 2.1.14 *Soit* $\{-,-\}_0$ *une structure de Poisson dans* $\mathcal{A}$.
$a_0\{-,-\}_0$ *est une structure de Poisson logarithmique le long de l'idéal* $a_0\mathcal{A}$ *pour tout* $a_0 \in \mathcal{A}$ *vérifiant (2.5).*

On a également le corollaire suivant

Corollaire 2.1.15 *Soit* $\mathcal{A} := k[x, y]$ *ou* $\mathcal{A} = k[x, y, z]$ *et* $a_0 \in \mathcal{A}$. *Pour toute structure de Poisson* $\{-,-\}_0$ *dans* $\mathcal{A}$, $a_0\{-,-\}_0$ *est une structure de Poisson dans* $\mathcal{A}$ *logarithmique principale le long de* $a_0\mathcal{A}$.

Preuve. Voire Annexe (A). ■

Exemple 2.1.16 *Sur* $\mathcal{A} := \mathbb{C}[x, y, t, z]$ *on définit le crochet*

$$\{f, g\} = xyz\left(\frac{\partial f}{\partial x}\frac{\partial g}{\partial y} - \frac{\partial f}{\partial y}\frac{\partial g}{\partial x}\right) + \frac{\partial f}{\partial t}\frac{\partial g}{\partial z} - \frac{\partial f}{\partial z}\frac{\partial g}{\partial t} \tag{2.6}$$

Montrons que $\{-,-\}$ *est un crochet de Poisson dans* $\mathcal{A}$.

- *La règle de Leibniz et antisymétrique découlent de l'égalité suivante*

$$xyz\left(\frac{\partial f}{\partial x}\frac{\partial g}{\partial y} - \frac{\partial f}{\partial y}\frac{\partial g}{\partial x}\right) + \frac{\partial f}{\partial t}\frac{\partial g}{\partial z} - \frac{\partial f}{\partial z}\frac{\partial g}{\partial t} = xyz\frac{df \wedge dg \wedge dt \wedge dz}{dx \wedge dy \wedge dt \wedge dz} + \frac{df \wedge dg \wedge dx \wedge dy}{dx \wedge dy \wedge dt \wedge dz}$$

- *Pour ce qui est de l'identité de Jacobi, il suffit de montrer d'après [Lichnerowicz 1977] que*

$$[\pi, \pi] = 0$$

où $[-,-]$ *désigne le crochet de Schouten et* $\pi = xyz\frac{\partial}{\partial x}\wedge\frac{\partial}{\partial y}+\frac{\partial}{\partial t}\wedge\frac{\partial}{\partial z}$ *désigne le bivecteur associé à* $\{-,-\}$.
Pour cela, il suffit de vérifier que :
$[xyz\frac{\partial}{\partial x}\wedge\frac{\partial}{\partial y}, xyz\frac{\partial}{\partial x}\wedge\frac{\partial}{\partial y}] = 0$, $[\frac{\partial}{\partial t}\wedge\frac{\partial}{\partial z}, \frac{\partial}{\partial t}\wedge\frac{\partial}{\partial z}] = 0$
et $[xyz\frac{\partial}{\partial x}\wedge\frac{\partial}{\partial y}, \frac{\partial}{\partial t}\wedge\frac{\partial}{\partial z}] = 0$.

Par ailleurs, la dérivation $D_f := \{f,-\} = xyz(\frac{\partial f}{\partial x}\frac{\partial}{\partial y} - \frac{\partial f}{\partial y}\frac{\partial}{\partial x}) + \frac{\partial f}{\partial t}\frac{\partial}{\partial z} - \frac{\partial f}{\partial z}\frac{\partial}{\partial t}$ *vérifie* $D_z(xyz) = xy \notin (xyz)\mathcal{A}$. *Ce n'est donc pas une structure de Poisson logarithmique le long de* $(xyz)\mathcal{A}$. *Cependant, elle est logarithmique principale le long de* $(xy)\mathcal{A}$.

Exemple 2.1.17 *Sur* $\mathcal{A} := \mathbb{C}[x,y,z]$, *on se donne deux éléments* $h, p \in \mathcal{A}$, *non constants. Le crochet*

$$\{f,g\}_{hp} := h\frac{df\wedge dg\wedge dp}{dx\wedge dy\wedge dz} + \frac{df\wedge dg\wedge dh}{dx\wedge dy\wedge dz}.$$

est bilinéaire antisymétrique et satisfait la règle de Leibniz.
Pour montrer que ce crochet est de Poisson, il suffit donc de vérifier l'identité de Jacobi. Compte tenu des propriétés de bidérivations et de bilinéarité de ce dernier, il suffit de montrer que

$$\{z,\{x,y\}_{hp}\}_{hp} + \{x,\{y,z\}_{hp}\}_{hp} + \{y,\{z,x\}_{hp}\}_{hp} = 0. \tag{2.7}$$

Pour cela, l'on remarquera que

$$\{x,y\}_{hp} = h\frac{\partial p}{\partial z} + \frac{\partial h}{\partial z}.$$

En posant $H = \{x,y\}_{hp}$, *une application simple des définitions donne*

$$\{z,\{x,y\}_{hp}\}_{hp} = h\left(\frac{\partial H}{\partial x}\frac{\partial p}{\partial y} - \frac{\partial H}{\partial y}\frac{\partial p}{\partial x}\right) + \left(\frac{\partial H}{\partial x}\frac{\partial h}{\partial y} - \frac{\partial H}{\partial y}\frac{\partial h}{\partial x}\right).$$

On substitue dans cette égalité $\frac{\partial H}{\partial y}$ *et* $\frac{\partial H}{\partial x}$ *par :*

$$\frac{\partial H}{\partial x} = \frac{\partial h}{\partial x}\frac{\partial p}{\partial z} + h\frac{\partial^2 p}{\partial xz} + \frac{\partial^2 h}{\partial xz},$$

et

$$\frac{\partial H}{\partial y} = \frac{\partial h}{\partial y}\frac{\partial p}{\partial z} + h\frac{\partial^2 p}{\partial yz} + \frac{\partial^2 h}{\partial yz}$$

et on obtient

$$\begin{aligned}
&\{z,\{x,y\}_{hp}\}_{hp} + \{x,\{y,z\}_{hp}\}_{hp} + \{y,\{z,x\}_{hp}\}_{hp} = \\
&= h^2\frac{\partial p}{\partial y}\frac{\partial^2 p}{\partial xz} + h\frac{\partial p}{\partial y}\frac{\partial^2 h}{\partial xz} - h^2\frac{\partial p}{\partial x}\frac{\partial^2 p}{\partial yz} - h\frac{\partial p}{\partial x}\frac{\partial^2 h}{\partial yz} + \frac{\partial h}{\partial y}\frac{\partial^2 h}{\partial xz} - h\frac{\partial h}{\partial x}\frac{\partial p}{\partial yz} - \frac{\partial h}{\partial x}\frac{\partial h}{\partial yz} + \\
&h^2\frac{\partial p}{\partial z}\frac{\partial^2 p}{\partial yx} + h\frac{\partial p}{\partial z}\frac{\partial^2 h}{\partial yx} - h^2\frac{\partial p}{\partial y}\frac{\partial^2 p}{\partial zx} - h\frac{\partial p}{\partial y}\frac{\partial^2 h}{\partial zx} + \frac{\partial h}{\partial z}\frac{\partial^2 h}{\partial yx} - h\frac{\partial h}{\partial y}\frac{\partial p}{\partial zx} - \frac{\partial h}{\partial y}\frac{\partial h}{\partial zx} + \\
&h^2\frac{\partial p}{\partial x}\frac{\partial^2 p}{\partial zy} + h\frac{\partial p}{\partial x}\frac{\partial^2 h}{\partial zy} - h^2\frac{\partial p}{\partial z}\frac{\partial^2 p}{\partial xy} - h\frac{\partial p}{\partial z}\frac{\partial^2 h}{\partial xy} + \frac{\partial h}{\partial x}\frac{\partial^2 h}{\partial zy} - h\frac{\partial h}{\partial z}\frac{\partial p}{\partial xy} - \frac{\partial h}{\partial z}\frac{\partial^2 h}{\partial xy} = 0.
\end{aligned}$$

Il s'en suit que $\{-,-\}_{hp}$ *est bien une structure Poisson dans* $\mathcal{A}$*.Par ailleurs, pour tout* f *dans* $\mathcal{A}$ *on a*

$$\{f,h\}_{hp} = h\frac{df \wedge dh \wedge dp}{dx \wedge dy \wedge dz} \in h\mathcal{A}.$$

On conclut donc que $\{-,-\}_{hp}$ *est logarithmique le long de* $h\mathcal{A}$*.*

Proposition 2.1.18 *Toute structure de Poisson dans* $\mathbb{C}[x,y]$ *est soit symplectique, soit logarithmique.*

Preuve. Soit $\{-,-\}$ une structure de Poisson dans $\mathbb{C}[x,y]$.
Pour tous f et g dans $\mathbb{C}[x,y]$ on a

$$\{f,g\} = \{x,y\}(\frac{\partial f}{\partial x}\frac{\partial g}{\partial y} - \frac{\partial f}{\partial y}\frac{\partial g}{\partial x})$$

Partant, $\{-,-\}$ est symplectique si $\{x,y\} \in \mathbb{C}^*$. Dans le cas contraire, elle est logarithmique le long de $\{x,y\}\mathbb{C}[x,y]$. ■

2.2 Variétés de Poisson logarithmiques.

Cette partie est consacrée à la construction géométrique de la notion de structure de Poisson logarithmique.
Dans cette partie, sauf mention exceptionnelle, on désignera par :

- X une variété complexe de dimension complexe n,
- $\mathcal{O}_X$ le faisceau des germes de fonction holomorphes,
- Ω_X le faisceau des germes des formes holomorphes sur X,
- $\mathcal{M}_D$ le faisceau des germes des formes méromorphes sur D.

2.2.1 Diviseur libre .

Soit U un domaine de $\mathbb{C}^n$ et $D \subset U$ une hypersurface de U définie par l'équation $h(z) = 0$, où h est une fonction holomorphe. Pour toute q-forme ω, méromorphe dans U à pôles dans D, on a le théorème suivant

Théorème 2.2.1 *[Saito 1980] Les propriétés suivantes sont équivalentes.*

(1) $h\omega$ *et* $hd\omega$ *sont holomorphes,*

(2) $h\omega$ *et* $dh \wedge \omega$ *sont holomorphes,*

(3) Il existe une fonction holomorphe g *et une* $(q-1)$*-forme* ξ *et une q-forme holomorphe* η *sur* U *telle que*
(a) $dim_{\mathbb{C}} D \cap \{z \in U : g(z) = 0\} \leq n-2$,
(b) $g\omega = \frac{dh}{h} \wedge \xi + \eta$,

(4) Il existe un sous espace analytique $A \subset D$ *de dimension* $(n-2)$ *telle que les germes de* ω *en tout point* $p \in D - A$ *soient contenus dans* $\frac{dh}{h} \wedge \Omega^{q-1}_{U,p} + \Omega^q_{U,p}$.

Ce théorème justifie la définition suivante.

Définition 11 *[Saito 1980] Une q-forme méromorphe dans U est logarithmique le long de D si elle satisfait les conditions équivalentes du Théorème 2.2.1.*

Pour tout point p de X et tout entier naturel q on note

- $\Omega^q_{X,p}(\log D)$:= {germe des q-formes logarithmiques en p}. C'est un $\mathcal{O}_{X,p}$-module
- on note $\Omega^q_X(\log D)$ le faisceau associé.

Par ailleurs, la proposition suivante nous permet de définir l'analogue géométrique de la notion de dérivation logarithmique introduite à la partie 2.1.

Proposition 2.2.2 *[Saito 1980] Soit δ un champ de vecteurs holomorphes dans X. Les propriétés suivantes sont équivalentes :*

(i) Pour tout point lisse p de D, le vecteur tangent $\delta(p)$ en p est tangent à D,

(ii) Pour tout point p de D, si h_p est la fonction de définition de D, alors δh_p est dans l'idéal $(h_p)\mathcal{O}_{X,p}$.

Définition 12 *[Saito 1980] Un champ de vecteurs δ est dit logarithmique le long de D ou logarithmique s'il vérifie les conditions équivalentes de la Proposition 2.2.2.*

On pose

- $Der_{X,p}(\log D)$:={δ, germe des champs de vecteurs holomorphes sur X en p tel que $\delta h_p \in h_p\mathcal{O}_{X,P}$.} C'est un $\mathcal{O}_{X,p}$-module,
- on note $Der_X(\log D)$ le faisceau associé.

Lemme 2.2.3 *[Saito 1980] On a les propriétés suivantes :*

1. *$Der_X(\log D)$ est un $\mathcal{O}_X$-sous module cohérent de Der_X.*
2. *$Der_X(\log D)$ est stable pour le crochet de Lie $[-,-]$ des champs de vecteurs holomorphes.*

Preuve. La première propriété découle du fait que $Der_X(\log D)$ est le noyau du morphisme de faisceaux cohérents suivant

$$\begin{array}{lcl} Der_X & \to & \mathcal{O}_X/h\mathcal{O}_X \\ \delta & \mapsto & \delta h. \end{array}$$

La deuxième propriété est directe. ∎

Le lemme suivant établit un lien entre le faisceau des formes différentielles logarithmiques et celui des champs de vecteurs logarithmiques

Lemme 2.2.4 *[Saito 1980]*

1. *La dérivée de Lie d'une forme logarithmique suivant un champ de vecteur logarithmique est une forme logarithmique,*

2. *La contraction d'une q-forme logarithmique par un champ de vecteurs logarithmique est une (q-1)-forme logarithmique,*

3. *En particulier la contraction induit une dualité entre* $Der_{X,p}(\log D)$ *et* $\Omega^1_{X,p}(\log D)$ *pour tout* $p \in D$.

Il s'ensuit aussi que $\Omega_{X,p}(\log D)$ et $Der_{X,p}(\log D)$ sont des $\mathcal{O}_{X,p}$-modules réflexifs. En général $\Omega_{X,p}(\log D)$ et $Der_{X,p}(\log D)$ ne sont libres que si D vérifie les hypothèses du théorème 1.8 dans [Saito 1980].

Définition 13 *Un diviseur réduit* D *de* X *est dit libre ou de Saito si* $Der_{X,p}(\log D)$ *est libre en tout* $p \in D$.

Exemple 2.2.5 *On considère sur* $X = \mathbb{C}^3$ *le diviseur* $D = \{h = 0\}$ *où* $h = xy(x+y)(y+xz)$. *Les champs de vecteurs :* $\delta_1 = x\partial x + y\partial y$, $\delta_2 = x^2\partial x - y^2\partial y - z(x+y)\partial z$ *et* $\delta_3 = (xz+y)\partial z$ *vérifient* $\delta_1(h) = 4f, \delta_2(h) = (2x-3y)h$ *et* $\delta_3(h) = xh$. *Par ailleurs,* $\delta_1 \wedge \delta_2 \wedge \delta_3 = -xy(zx+y)(y+x)$. *On conclut que* D *est un diviseur libre de* X.

La proposition suivante établie un lien entre les dérivations logarithmiques principales et les champs de vecteurs logarithmiques.

Proposition 2.2.6 *Soit* D *un diviseur de* X. *Tout champs de vecteur logarithmique le long de* D *est une dérivation logarithmique principale de* $\mathcal{O}_X$.

Preuve. Il est clair que tout champ de vecteurs sur X est une dérivation de $\mathcal{O}_X$. Soit δ un champ de vecteurs logarithmique le long de D. On suppose que $D := \{z; h(z) = 0\}$ et que $\mathcal{S} = \{h_1, ..., h_p\}$ où $h = h_1.h_2...h_p$. D'après le Définition 12, $\delta(h_i) \in h_i\mathcal{O}_X$. Donc δ est logarithmique principale le long de $\mathcal{S}$. ∎
Du Théorème 2.2.1 nous déduisons que toute forme logarithmique ω admet une écriture de la forme.

$$g\omega = \frac{dh}{h} \wedge \xi + \eta. \tag{2.8}$$

On en déduit la définition suivante.

Définition 14 *[Saito 1980] Le résidu d'une q-forme logarithmique* ω *est la restriction de* $\frac{\xi}{g}$ *à* D. *On le notera* $res\omega$

Le Théorème suivant caractérise les diviseurs pour lesquelles $\Omega_X(\log D)$ est engendré par des formes fermées.

Théorème 2.2.7 *[Saito 1980] Soit* $(D,p) = (D_1,p) \cup ... \cup (D_m,p)$ *la décomposition locale en composantes irréductibles d'un diviseur* D *en un point* $p \in D$ *et* $h = h_1...h_m$ *celle de sa fonction de définition.*
Les conditions suivantes sont équivalentes.

1. $\Omega^1_{X,p}(\log D) = \sum_{i=1}^{m} \mathcal{O}_{X,p}\frac{dh_i}{h_i} + \Omega^1_{X,p}$,

2. *$\Omega^1_{X,p}(\log D)$ est engendré par des formes fermées,*
3. *$res(\Omega^1_{X,p}(\log D)) = \bigoplus_{i=1}^{n} \mathcal{O}_{D_i,p}$,*
4. *(a) D_i est normal (i.e. $dim_{\mathbb{C}} Sing D_i \leq n-3$) pour $i = 1, ..., m$,*
   (b) $D_i \pitchfork D_j$ $i \neq j, i, j = 1, ...m$ (i.e. sur le complémentaire d'un sous-ensemble de dimension $n-3$ de D, D_i et D_j sont à croisements normaux) pour $i \neq j$, i, $j = 1, ..., m$,
   (c) $dim_{\mathbb{C}} D_i \cap D_j \cap D_k \leq n-3$ pour $i \neq j \neq k \neq i$ $i, j, k = 1, ..., m$.

2.2.2 Une remarque sur les formes différentielles logarithmiques et champs de vecteurs logarithmiques.

Dans cette sous section, nous apportons quelques précisions sur la notion de formes différentielles logarithmiques.
Etant donné que $\omega = \frac{dy}{x}$ vérifie :
$x^2\omega = xdy \in \Omega_X$ et $dx^2 \wedge \omega = 2xdx \wedge \frac{dy}{x} = 2dx \wedge dy \in \Omega_X$, l'on peut conclure qu'elle est logarithmique le long du diviseur D de $\mathbb{C}^2$ défini par la fonction holomorphe $h(x, y) = x^2$.
Or l'équation $g\omega = 2a\frac{dx}{x} + bdx + cdy$ en les fonctions holomorphes g, a, b et c a pour solution $\begin{cases} g = xc \\ 2a + xb = 0 \end{cases}$
Il vient donc que la dimension de $D \cap \{(x, y) \in \mathbb{C}^2, g(x, y) = 0\}$ est 1; pour toute solution $(g, a, b, c) \neq (0, a, b, 0)$.
Il s'ensuit d'après la propriété (3) du Théorème 2.2.1 que pour toutes fonctions holomorphes g, a et toute forme holomorphe η telles que $g\omega = 2a\frac{dx}{x} + \eta$, l'on a :
$1 = dim_{\mathbb{C}}(D \cap \{(x, y) \in \mathbb{C}^2, g(x, y) = 0\}) \leq 2 - 2 = 0$. Ce qui est absurde! Donc $\omega = \frac{dy}{x}$ n'est pas une forme logarithmique le long de D. Ceci contredit l'équivalence des propriétés du Théorème 2.2.1. Cette contradiction résulte du fait que la fonction de définition de D n'est pas réduite. Il s'ensuit qu'il faut ajouter la condition d'réductibilité de D dans les hypothèses du théorème 1.1 de [Saito 1980]. Dans tout ce qui suit, nous supposerons que la fonction de définition de D est à carré libre.

2.2.3 Définition et premières propriétés.

Soit X une variété complexe de dimension finie et D un diviseur réduit et libre de X d'équation $h = 0$ où h est le germe d'une fonction holomorphe.

Définition 15 *Une structure de Poisson holomorphe sur X est la donnée d'un crochet $\{-, -\}$ qui assigne, à un couple (f, g) de germes de fonctions holomorphes en un point x de X, un germe $\{f, g\}$ de fonction holomorphe en x vérifiant les propriétés suivantes :*

- *$\{-, -\}$ est bilinéaire antisymétrique,*

- $\{f, \{g, h\}\} + \{g, \{h, f\}\} + \{h, \{f, g\}\} = 0$ *(identité de Jacobi),*
- $\{f, gh\} = \{f, g\}h + \{f, h\}g$ *(règle de Leibniz).*

Il est prouvé dans [Polishchuk 1997] que toute structure de Poisson holomorphe induit un homomorphisme $\mathcal{O}_X$-linéaire

$$H : \Omega_X \to Der_X$$

tel que $H(df)(g) = \{f, g\}$. H est l'application hamiltonienne associée à $\{-, -\}$.
A l'aide de cette application, l'on montre que toute structure de Poisson holomorphe induit un 2-tenseur holomorphe

$$\pi \in H^0(X, \overset{2}{\wedge}\mathcal{T}_X)$$

appelé bivecteur de Poisson.

Définition 16 *Une structure de Poisson holomorphe $\{-, -\}$ sur X est dite logarithmique le long de D si pour tout germe f de fonction holomorphe, le champ hamiltonien associé $H(df)$ est une section de $Der_X(\log D)$. On appelle variété de Poisson logarithmique toute variété complexe X de dimension finie munie d'une structure de Poisson holomorphe logarithmique le long d'un diviseur réduit et libre D de X.*

Dans la suite, toute variété de Poisson holomorphe logarithmique le long d'un diviseur D sera appelée simplement variété de Poisson logarithmique et on la notera $(X, \{-, -\}, D)$.
Il découle de cette définition que pour tout ouvert U de X et toute section f de $\mathcal{O}_X$ sur U, $\{f, -\}$ est une dérivation logarithmique principale le long de l'idéal de définition de D.
Etant donné que D est libre, il découle du Théorème 1.8 dans [Saito 1980] que

- $\overset{n}{\wedge}\Omega^1_X(\log D) = \Omega^n_X(\log D)$,
- $Der^i_X(\log D) := \overset{i}{\wedge}Der^1_X(\log D)$,
- $\Omega^q_X(\log D) = \overset{q}{\wedge}\Omega^1_X(\log D) \cong \mathcal{H}om_{\mathcal{O}_X}(\overset{q}{\wedge}Der^1_X(\log D), \mathcal{O}_X)$.

Définition 17 *Soit D un diviseur libre de X.*
Les sections de $\overset{q}{\wedge}Der^1_X(\log D)$ sont appelées q-champs de vecteurs logarithmiques.

On pose $\mathrm{Der}_X(\log D) := \bigoplus_{i=1}^{n} Der^i_X(\log D)$
Si $[-, -]_s$ désigne le crochet de Schouten alors, compte tenu du fait que $Der_X(\log D)$ est stable pour le crochet de Lie des champs de vecteurs, $\mathrm{Der}_X(\log D)$ reste stable pour $[-, -]_s$.

Définition 18 *On appelle crochet de Schouten logarithmique le long d'un diviseur libre D la restriction de $[-, -]_s$ à $\mathrm{Der}_X(\log D)$.*

Il s'ensuit qu'un bivecteur holomorphe logarithmique π est de Poisson si et seulement si sont crochet de Schouten logarithmique est nul.

Proposition 2.2.8 *Le bivecteur de Poisson de toute structure de Poisson logarithmique sur X est une section de $Der^2_X(\log D)$*

Preuve. Soit π le bivecteur d'une structure de Poisson logarithmique sur X alors pour toutes sections a et b de $\mathcal{O}_X$ on a

$$\pi(da, db) := H(da)b$$

C'est-à-dire $i_{da}\pi \in Der^1_X(\log D)$.
On déduit de la propriété universelle du couple (Ω_X, d) que $Der_X \underset{\sigma}{\cong} \mathcal{H}om(\Omega_X, \mathcal{O}_X)$. Compte tenu du fait que $\Omega_X \subset \Omega_X(\log D)$ alors $\mathcal{H}om(\Omega_X(\log D), \mathcal{O}_X) \subset \mathcal{H}om(\Omega_X, \mathcal{O}_X)$. Par ailleurs, l'inclusion de $Der^1_X(\log D)$ dans Der_X implique que $\mathcal{H}om(\Omega_X(\log D), \mathcal{O}_X) \cong Der^1_X(\log D) \cong \sigma(Der^1_X(\log D))$. Ainsi, H induit un homomorphisme de Ω_X vers $\mathcal{H}om(\Omega_X(\log D), \mathcal{O}_X)$. Ce dernier se prolonge donc de manière canonique en un homomorphisme de faisceaux de $\mathcal{O}_X$-modules $\tilde{H}$ de $\Omega_X(\log D)$ vers $\mathcal{H}om(\Omega_X(\log D), \mathcal{O}_X)$. D'où le résultat. ∎

Corollaire 2.2.9 *Toute structure de Poisson holomorphe non triviale et non symplectique sur une surface lisse est logarithmique.*

Preuve.
Nous savons que toute structure de Poisson holomorphe non nulle sur X est induite par une section π du fibré anti-canonique ω_X^{-1} de X. Puisque π est non symplectique, il existe une fonction holomorphe h telle que $D := \{z \in X, h(z) = 0\}$ et $\pi = h\partial x \wedge \partial y$. Il s'ensuit que π est logarithmique le long de D. ∎

Exemple 2.2.10 *Soit $D = \{h = x^4 + y^5 + xy^4 = 0\}$ un diviseur de $X = \mathbb{C}^2$. Les champs de vecteurs : $\delta_1 = (16x^2 + 20xy)\partial x + (12xy + 16y^2)\partial y$ et $\delta_2 = (16xy^2 + 4y^3 - 12xy)\partial x + (12y^3 - 4x^2 + 5xy - 100y^2)\partial y$ sont logarithmiques le long de D. Ils sont libres et constituent donc une base de $Der_X(\log D)$. Ce qui implique que D est libre. On définit sur $\mathbb{C}^2$ le crochet de Poisson suivant :*

$\{f, g\} = -(64x^4 + 1356x^2y^2 + 64xy^4 + 1808xy^3 + 64y^5)(\partial_x f \partial_y g - \partial_y f \partial_x g)$.
Ce crochet est de Poisson logarithmique le long de D.
En effet,

$$\begin{aligned} & \{f, g\} = \\ = \ & [(16x^2 + 20xy)(12y^3 - 4x^2 + 5xy - 100y^2) - (16xy^2 + 4y^3 - 12xy)(12xy + 16y^2)] \\ & (\partial_x f \partial_y g - \partial_y f \partial_x g) \\ = \ & \begin{vmatrix} 16x^2 + 20xy & 12xy + 16y^2 \\ 16xy^2 + 4y^3 - 12xy & 12y^3 - 4x^2 + 5xy - 100y^2 \end{vmatrix} (\partial_x f \partial_y g - \partial_y f \partial_x g) \\ = \ & hk(\partial_x f \partial_y g - \partial_y f \partial_x g) \end{aligned}$$

où

$$hk = \begin{vmatrix} 16x^2 + 20xy & 12xy + 16y^2 \\ 16xy^2 + 4y^3 - 12xy & 12y^3 - 4x^2 + 5xy - 100y^2 \end{vmatrix}.$$

L'existence de k est assurée par le fait que D est libre.
Il s'ensuit que pour toute fonction holomorphe f, $\{f, -\} = kh(\partial_x f \partial_y - \partial_y f \partial_x)$. Or $kh(\partial_x f \partial_y - \partial_y f \partial_x) \in Der_X(\log D)$. On conclut que cette structure de Poisson est logarithmique le long de D.

Exemple 2.2.11 *On considère sur $X = \mathbb{C}^3$ le crochet $\{f, g\} = (zx+y)(x(\partial_x f \partial_z g - \partial_z f \partial_x g) - y((\partial_y f \partial_z g - \partial_z f \partial_y g))$. Montrons qu'il est de Poisson logarithmique le long du diviseur $D = \{h = xy(x+y)(y+xz) = 0\}$ de $X = \mathbb{C}^3$.*
Le tenseur associé à ce crochet est :
$\pi = x(zx+y)\partial x \wedge \partial y + y(xz+y)\partial y \wedge \partial z$. Pour montrer que $\{-, -\}$ est de Poisson, il suffit de montrer que :
$\pi^{hi}\partial h \pi^{jk} + \pi^{hj}\partial h \pi^{ki} + \pi^{hk}\partial h \pi^{ij} = 0$ pour tous $i, j, k = 1, 2, 3$ où (π^{ij}) est la matrice de π. Dans ce cas particulier, ces égalités sont équivalentes à :
$\{z, x\}\partial z\{y, z\} + \{z, y\}\partial z\{z, x\} = 0$. Laquelle est vérifiée.
Nous pouvons aussi remarquer que D est libre car les champs de vecteurs $\delta_1 = x\partial x + y\partial y$, $\delta_2 = x^2\partial x - y^2\partial y - z(x+y)\partial z$ et $\delta_3 = (xz+y)\partial z$ forment une base de $Der_X(\log D)$ et que $\pi = \delta_1 \wedge \delta_3$. On peut donc calculer le crochet de Schouten logarithmique de π. Or ce crochet nous donne : $[\delta_1 \wedge \delta_3, \delta_1 \wedge \delta_3] = [\delta_1, \delta_1] \wedge \delta_3 \wedge \delta_3 + \delta \wedge [\delta_1, \delta_3] \wedge \delta_3 + \delta \wedge [\delta_3, \delta_1] \wedge \delta_3 + \delta_1 \wedge \delta_1 \wedge [\delta_3, \delta_3] = 0$. Ce qui montre que ce crochet est de Poisson. Il reste à montrer qu'il est logarithmique le long de D. Pour cela, il suffit de remarquer que pour toute fonction holomorphe f sur X, le champ de vecteurs $\{f, -\} = \delta_1(f)\delta_3 - \delta_3(f)\delta_1$ est logarithmique le long de D.

2.2.4 Variétés logsymplectiques.

Dans cette partie D désignera un diviseur libre d'une variété complexe X de dimension complexe n et ω désignera une 2-forme fermée et logarithmique le long de D. On considère le morphisme de faisceaux $I : Der_X(\log D) \longrightarrow \Omega_X(\log D)$ défini par

$$I(v) = i_v \omega.$$

Pour tout v dans $Der_X(\log D)$, on note $\mathcal{L}_v \omega$ la dérivée de Lie de ω suivant v.

Définition 19 *Une section v de $Der_X(\log D)$ est dite ω-logsymplectique si elle préserve ω c'est-à-dire $\mathcal{L}_v \omega = 0$.*

L'ensemble des champs ω-logsymplectiques sera noté $Symp_X^{\omega}$. La proposition suivante donne une caractérisation des germes de champs ω-logsymplectiques.

Proposition 2.2.12 *(1) Un champ de vecteurs logarithmique v est ω-logsymplectique si et seulement si $i_v \omega$ est une une 1-forme logarithmique fermée.*

(2) Soit α le germe de 1-forme logarithmique sur X. S'il existe $v \in Symp_X^{\omega}$ tel que $\alpha = I(v)$ alors $i_w \alpha = 0$ pour tout $w \in \ker(I)$.

<u>**Preuve**</u>. Etant donné que $d\omega = 0$, alors

$$\mathcal{L}_v(\omega) = i_v d\omega + di_v\omega = d(I(v))$$

ceci achève la preuve de la première propriété.
Pour ce qui est de la deuxième propriété, l'on remarquera que pour tout w dans $\ker(I)$ on a

$$\begin{aligned} i_w\alpha &= \alpha(w) \\ &= I(v)(w) \\ &= \omega(v,w) \\ &= -\omega(w,v) \\ &= -I(w)(v) = 0 \end{aligned}$$

■

Définition 20 *Un champ de vecteurs logarithmique v est dit ω-hamiltonien s'il existe une fonction holomorphe f sur X telle que $I(v) = df$*
Une telle fonction lorsqu'elle existe est appelée ω-hamiltonienne de v.

De la preuve de la Proposition 2.2.12, nous déduisons que les champs ω-hamiltoniens sont ω-symplectiques.
Désignons par $\mathcal{H}_X^\omega$ l'ensemble des champs ω-hamiltoniens et par $H^1(X, \log D)$ le premier groupe de cohomologique de De Rham logarithmique de X. On a la proposition suivante.

Proposition 2.2.13 *(1) La suite $0 \to \mathcal{H}_X^\omega \to Symp_X^\omega \to H^1(X, \log D)$ est exacte.*
(2) Lorsque D est localement quasihomogène et $(X - D)$ paracompact, cette suite devient
$0 \to \mathcal{H}_X^\omega \to Symp_X^\omega \to H^1(X - D, \mathbb{C})$

Preuve. La première propriété découle du fait que $i_{[v,w]}\omega = d(i_v(dg))$ pour tout $v, w \in \mathcal{H}_X^\omega$ tels que $I(v) = df$ et $I(w) = dg$. La deuxième propriété quand à elle découle du Théorème de Grothendick-De Rham et du Théorème de comparaison logarithmique [L. Narváez Macarro 1996]. ■
On pose $K = ker(I)$.
Si ω est de rang constant et non trivial, les fonctions ω-hamiltoniennes existent localement. On peut donc introduire le faisceau des germes de fonctions globalement ω-hamiltoniennes.
Désignons par $\mathcal{O}_X^\omega$ l'espace des fonctions globalement ω-hamiltoniennes.

Proposition 2.2.14 *$\mathcal{O}_X^\omega$ est un faisceau d'algèbres de Poisson.*

Preuve. Soient $f, g \in \mathcal{O}_X^\omega$; il existe $v, w \in Der_X(\log D)$ tels que $df = I(v)$ et $dg = I(w)$. Or $d(fg) = fdg + gdf = fI(w) + gI(v) = I(fw + gv)$. Donc $\mathcal{O}_X^\omega$ est une sous algèbre de $\mathcal{O}_X$. D'après la définition de $\mathcal{O}_X^\omega$ l'application $\varphi : v \mapsto f$ où $df = I(v)$ est une surjection de $\mathcal{O}_X^\omega$ sur $\mathcal{H}_X^\omega$.

Il existe une application $\psi : \mathcal{O}_X^\omega \to \mathcal{H}_X^\omega$ telle que $\varphi \circ \psi = id_{\mathcal{O}_X^\omega}$.
On considère l'application bilinéaire

$$\begin{array}{rcl} \{-,-\}_\omega \ : \ \mathcal{O}_X^\omega \otimes \mathcal{O}_X^\omega & \to & \mathcal{O}_X^\omega \\ (f,g) & \mapsto & \psi(f)g \end{array} \tag{2.9}$$

D'après ce qui précède on a

$$\begin{aligned} \{f,g\}_\omega &= \psi(f).g \\ &= \omega(w,\psi(f)) \\ &= -\omega(\psi(f),w) \\ &= -i_w i_{\psi(f)}\omega = -i_\psi(g)df = -\{g,f\}_\omega. \end{aligned}$$

Pour ce qui est de l'identité de Jacobi nous avons
$(d\omega)(\psi(f),\psi(g),\psi(h)) = \psi(f)\omega(\psi(g),\psi(h)) - \psi(g)\omega(\psi(f),\psi(h)) + \psi(h)\omega(\psi(f),\psi(g)) - \omega([\psi(f),\psi(g)],\psi(h)) + \omega([\psi(f),\psi(h)],\psi(g)) - \omega([\psi(g),\psi(h)],\psi(f))$
Or

$$\begin{aligned} & -\omega([\psi(f),\psi(g)],\psi(h)) + \omega([\psi(f),\psi(h)],\psi(g)) - \omega([\psi(g),\psi(h)],\psi(f)) \\ = \ & i_{[\psi(f),\psi(g)]}\omega\psi(h) + i_{[\psi(f),\psi(h)]}\omega\psi(g) - i_{[\psi(g),\psi(h)]}\omega\psi(f) \\ = \ & -d(i_\psi(f)dg)\psi(h) + d(i_\psi(f)dh)\psi(g) - d(i_\psi(g)dh)\psi(f) \\ = \ & -d(\psi(f)dg)\psi(h) + d(i_\psi(f)dh)\psi(g) - d(i_\psi(g)dh)\psi(f) \\ = \ & -d(\omega(\psi(g),\psi(f)))\psi(h) + d(\omega(\psi(h),\psi(f)))\psi(g) - d(\omega(\psi(h),\psi(g)))\psi(f) \\ = \ & -\psi(h)\omega(\psi(g),\psi(f)) + \psi(g)\omega(\psi(h),\psi(f)) - \psi(f)\omega(\psi(h),\psi(g)) \\ = \ & \psi(f)\omega(\psi(g),\psi(h)) - \psi(g)\omega(\psi(f),\psi(h)) + \psi(h)\omega(\psi(f),\psi(g)) \quad . \end{aligned}$$

Donc
$(d\omega)(\psi(f),\psi(g),\psi(h)) = 2(\psi(f)\omega(\psi(g),\psi(h)) - \psi(g)\omega(\psi(f),\psi(h)) + \psi(h)\omega(\psi(f),\psi(g)))$.
On en déduit que,

$$\begin{aligned} \{\{f,g\}_\omega,h\}_\omega + \circlearrowleft &= -\{h,\psi(f)g\} + \circlearrowleft = -\psi(h)(\psi(f)g) + \circlearrowleft \\ &= -\psi(h)(\psi(f)g) - \psi(f)(\psi(g)h) - \psi(g)(\psi(h)f) \\ &= -\psi(h)\omega(\psi(g),\psi(f)) - \psi(f)\omega(\psi(h),\psi(g)) - \psi(g)\omega(\psi(f),\psi(h)) \\ &= \psi(f)\omega(\psi(g),\psi(h)) - \psi(g)\omega(\psi(f),\psi(h)) + \psi(h)\omega(\psi(f),\psi(g)) \\ &= \frac{1}{2}(d\omega)(\psi(f),\psi(g),\psi(h)) \\ &= 0. \end{aligned}$$

car ω est fermé ■
On en déduit le corollaire suivant

Corollaire 2.2.15 $(X,\{-,-\}_\omega,D)$ *est une variété de Poisson logarithmique.*

Désignons par $\mathcal{K}^\omega$ la sous faisceau d'algèbres de Lie de K formé des champs globaux. Alors on a la suite exacte courte de faisceaux d'algèbres de Lie suivante

$$0 \to \mathcal{K}^\omega \to \mathcal{H}_X^\omega \to \mathcal{O}_X^\omega/\mathbb{C} \to 0 \tag{2.10}$$

Définition 21 *[Goto 2002] On appelle variété logsymplectique tout triplet (X, ω, D) formé d'une variété complexe de dimension complexe $2n$, d'un diviseur réduit D de X et d'une 2-forme logarithmique fermée ω vérifiant*

$$\omega^n \neq 0 \quad dans \quad H^0(X, \Omega^{2n}[D]). \tag{2.11}$$

Lorsque (X, ω, D) est une variété logsymplectique, la suite (2.10) devient.

$$0 \to \mathbb{C}_X \to \mathcal{O}_X \to \mathcal{H}_X^\omega \to 0 \tag{2.12}$$

Par ailleurs, toute section $s : \mathcal{H}_X^\omega \to \mathcal{O}_X$ de l'extension (2.12) induit une 2-forme

$$C : \wedge^2 \mathcal{H}_X^\omega \to \mathbb{C}$$

définie par :

$$C(v, w) = [s(v), s(w)] - s([v, w])$$

qui est un 2-cocycle de Chevalley-Eilenberg. Nous allons montrer qu'elle est dans la classe de cohomologie de ω.

Proposition 2.2.16 *C et ω ont la même classe de cohomologie*

Preuve. Rappelons qu'il est question de trouver un lien entre la 2-forme C sur $\mathcal{H}_X^\omega$ induite par toute section linéaire s de l'extension d'algèbre de Lie $\mathcal{H}_X^\omega$ des champs de vecteurs globalement log-hamiltoniens et la 2-forme logsymplectique ω sur la variété logsymplectique X.
Plus précisément, l'extension 2.12 est donnée par

$$0 \to \mathbb{C}_X \xrightarrow{i} \mathcal{O}_X \xrightarrow{\chi} \mathcal{H}_X^\omega \to 0 \tag{2.13}$$

Pour toute section δ de $\mathcal{H}_X^\omega$ on pose f_δ l'unique solution de l'équation $i_\delta \omega = df$. Rappelons aussi que la structure de Poisson induite par ω est définie par :

$$\{f, g\}_\omega = -\omega(\chi_f, \chi_g).$$

La correspondance qui à toute section δ de $\mathcal{H}_X^\omega$ associe f_δ dans $\mathcal{O}_X$ induit sur $\mathcal{O}_X$ une structure de $\mathcal{H}_X^\omega$-module de Lie définie par l'application

$$\begin{array}{rcll} \theta & : \mathcal{H}_X^\omega & \to & End(\mathcal{O}_X) \\ & X & \mapsto & \theta(X) : f \mapsto \{f_X, f\} \end{array}$$

En effet, pour tout $X, Y \in \mathcal{H}_X^\omega$ on a

$$\begin{array}{cc} & \theta([X, Y])f \\ = & \{\{f_X, f_Y\}, f\} \\ \overset{Jacobi}{=} & \{\{f_X, \{f_Y, f\}\} - \{f_Y, \{f_X, f\}\} \\ = & [\theta(X), \theta(Y)]f. \end{array}$$

A présent, posons $\mathcal{L}alt^p(\mathcal{H}_X^\omega, \mathcal{O}_X)$ l'ensemble des applications p-linéaires alternées sur $\mathcal{H}_X^\omega$ à valeurs dans $\mathcal{O}_X$.
$\mathcal{L}alt^*(\mathcal{H}_X^\omega, \mathcal{O}_X)$ muni de la différentielle de Chevalley-Eilenberg δ définie par :

$$\begin{array}{l}\delta f(X_1, ..., X_p) = \sum(-1)^{i+1}\theta(X_i)f(X_1, ..., \widehat{X_i}, ..., X_p) + \\ \sum(-1)^{i+j}f([X_i, X_j], X_1, ..., \widehat{X_i}, ..., \widehat{X_j}, ..., X_p)\end{array} \tag{2.14}$$

est un complexe de chaines dont le $p^{\text{ième}}$ groupe de cohomologie associé est noté $H^p(\mathcal{H}_X^\omega, \mathcal{O}_X)$.
Pour $p = 1, 2$, l'égalité (2.14) donne

$$\delta f^1(X_1, X_2) = \theta(X_1)f^1(X_2) - \theta(X_2)f^1(X_1) - f^1([X_1, X_2]) \tag{2.15}$$

pour tout $f^1 \in \mathcal{L}alt^1(\mathcal{H}_X^\omega, \mathcal{O}_X)$.
Par ailleurs

$$\begin{array}{rcl}\delta f^2(X_1, X_2, X_3) & = & \theta(X_1)f^2(X_2, X_3) - \theta(X_2)f^2(X_1, X_3) + \theta(X_3)f^2(X_1, X_2) - \\ & & f^2([X_1, X_2], X_3) + f^2([X_1, X_3], X_2) - f^2([X_2, X_3], X_1)\end{array} \tag{2.16}$$

pour tout $f^2 \in \mathcal{L}alt^2(\mathcal{H}_X^\omega, \mathcal{O}_X)$.
Les sections linéaires de l'extension (2.12) étant des applications $\mathbb{C}$-linéaires de $\mathcal{H}_X^\omega$ vers $\mathcal{O}_X$ elles sont donc des 1-cochaines. Soit s une section de (2.12). D'après (2.14) on a

$$\begin{array}{rcl}\delta s(X_1, X_2) & = & \theta(X_1)s(X_2) - \theta(X_2)s(X_1) - s([X_1, X_2]) \\ & = & \{f_{X_1}, s(X_2)\} - \{f_{X_2}, s(X_1)\}_s([X_1, X_2]) \\ & = & -\omega(\chi(f_{X_1}), \chi(s(X_2))) + \omega(\chi(f_{X_2}), \chi(s(X_1))) - s([X_1, X_2])\end{array}.$$

Ainsi

$$\delta s(X_1, X_2) + \omega(X_1, X_2) = -\omega(X_1, X_2) - s([X_1, X_2]). \tag{2.17}$$

Or

$$C(X_1, X_2) = \{s(X_1), s(X_2)\} - s([X_1, X_2]) = -\omega(X_1, X_2) - s([X_1, X_2]) \tag{2.18}$$

des égalités (2.17) et (2.23) on déduit que

$$C = \omega + \delta s. \tag{2.19}$$

Par ailleurs, en remplaçant f^2 dans (2.24) par ω et en appliquant le fait que χ est un morphisme d'algèbres de Lie on obtient

$$\delta\omega = 0. \tag{2.20}$$

D'où le résultat. ■
Soit $\omega = \frac{dh}{h} \wedge \psi + \eta$ une 2-forme logsymplectique sur X.
On pose

$$S_D = \{\delta \in Der_X(\log D), \psi.\delta = 0\}.$$

On a

Lemme 2.2.17 *Pour toute variété logsymplectique* (X, D, ω), S_D *est une sous-algèbre de Lie de* $Der_X(\log D)$

Preuve. Soit $\omega = \frac{dh}{h} \wedge \psi + \eta$ une forme logsymplectique sur X. On a : $0 = d\omega = d\psi$.
Or

$$0 = d\psi(x, y) = X.\psi(\omega)(Y) - X.\psi(Y) - \psi([X, Y]).$$

D'où le résultat. ■
Désignons par D_{sing} la partie singulière de D et par D_{red} sa partie lisse.
On a :

Corollaire 2.2.18 S_D *est une distribution intégrable de* X *à feuilles de dimension 2n-2 sur* D_{red}.

2.2.5 Quelques exemples de variétés de Poisson logarithmiques.

On suppose que X est une variété complexe, D un diviseur réduit et libre de X. Sous cette hypothèse, $\Omega_X(\log D)$ (resp $Der_X(\log D)$) peut être vu comme le faisceau des sections d'un fibré vectoriel $T^*(\log D)$ (resp $T(\log D)$). $T^*(\log D)$ (resp $T(\log D)$) est appelé fibré cotangent (tangent) logarithmique de X. On se donne $\theta \in H^0(X, \bigwedge^2 T(\log D))$.
Par définition θ est une application $\mathcal{O}_X$-bilinéaire antisymétrique sur $T^*(\log D)$.
Nous savons que pour tout $\mathcal{A}$-module M les foncteurs $M \otimes -$ et $(-)^M$ sont adjoints l'un de l'autre (pour toute R-anneau $\mathcal{A}$). On a la proposition suivante.

Proposition 2.2.19

$$Hom_{\mathcal{O}_X}(T^*(\log D)) \otimes T^*(\log D)), \mathcal{O}_X) \simeq Hom_{\mathcal{O}_X}(T^*(\log D)), T(\log D)) \quad (2.21)$$

Preuve. Considérer l'isomorphisme d'adjonction fonctoriel et utiliser la dualité entre $T^*(\log D)$ et $T(\log D)$ ■
De la Proposition 2.2.19, il vient que se donner un bivecteur logarithmique π est équivalent à se donner un unique morphisme $\tilde{\pi} : T^*_X(\log D) \to T_X(\log D)$ rendant commutatif le diagramme suivant

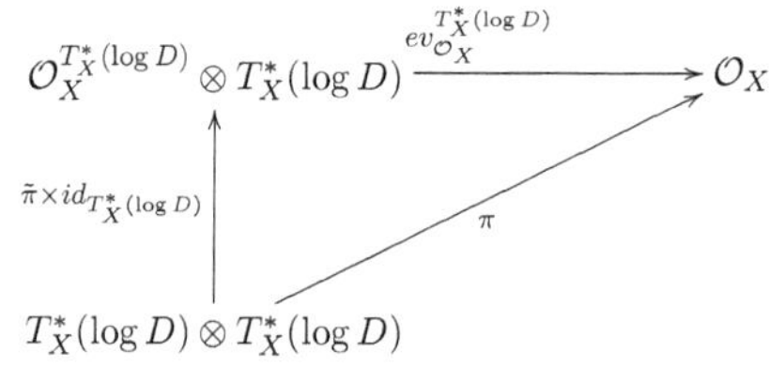

En tenant compte de la définition de $ev_{\mathcal{O}_X}^{T^*_X(\log D)}(\pi)$ la commutativité de ce diagramme montre que $\tilde{\pi}$ est défini par l'équation suivante

$$\langle \tilde{\pi}(\alpha), \beta \rangle = \langle \pi, \alpha \wedge \beta \rangle \quad (2.22)$$

Pour tout $\alpha, \beta \in T^*_X(\log D)$.

Proposition 2.2.20 *Soit X une variété complexe et D un diviseur réduit et libre de X. Le fibré cotangent logarithmique $T^*_X(\log D)$ est logsymplectique sur $\pi^*(D)$. C'est donc une variété de Poisson logarithmique.*

Preuve. En effet si $F : (X_1, D_1) \to (X_2, D_2)$ est un morphisme de variétés complexes tel que $F^*(D_2) = D_1$ alors, le diagramme de produit fibré suivant induit un homomorphisme

$$\varphi_F : X_1 \times_{X_2} T^*_X \log D_2 \to T^*_X \log D_1$$

$$\begin{array}{ccc} & \overset{\varphi_F = F^* \circ p_2}{\nearrow} & T^* \log D_1 \, . \\ & & \uparrow F^* \\ X_1 \times_{X_2} T^* \log D_2 & \xrightarrow{p_2} & T^* \log D_2 \\ \downarrow p_1 & & \downarrow \pi_2 \\ X_1 & \xrightarrow[F]{} & X_2 \end{array}$$

En posant dans ce diagramme $X_1 = T^*(\log D)$ et $X_2 = X$ on obtient par le biais de l'application diagonale $\Delta : T^*(\log D) \to T^*(\log D) \times_X T^*(\log D)$ le diagramme donnant lieu à un morphisme de faisceaux $\theta = \varphi_\pi \circ \Delta$

$$\begin{array}{ccc} T^*_X(\log D) & \xrightarrow{\theta} & T^*_{T^*_X(\log D)}(\log \pi^*(D)) \, . \\ \Delta \downarrow & \overset{\varphi_\pi = \pi^* \circ p_2}{\nearrow} & \uparrow \pi^* 1_{T^*_X(\log D)} \\ T^*_X(\log D) \times_X T^*_X(\log D) & \xrightarrow{p_2} & T^*_X(\log D) \\ \downarrow p & & \downarrow \pi \\ T^*_X(\log D) & \xrightarrow[\pi]{} & X \end{array}$$

par construction, $\theta \in H^0(T^*_X(\log D), \Omega^1_{T^*_X(\log D)}(\log(\pi^*(D)))$ On pose $\omega = d\theta$. Par construction, ω est une 2-forme logsymplectique. ∎

Corollaire 2.2.21 *[Nato 1993] Soit D un diviseur à croisements normaux de X. Le couple $(T^*_X(\log D), \pi^*(D))$ est une variété logsymplectique.*

Preuve. Soit (U_0, x^0) une carte locale logarithmique de X en x^0. Il existe une et une seule famille de fonctions $\xi_i; i = 1, ..., n$ holomorphes définies sur $\pi^*(U_0)$ telles que

$$\theta|_{\pi^*(U_0)} = \sum_{i=1}^{p} \xi_i \frac{dx_i}{x_i} + \sum_{i=p+1}^{n} \xi_i dx_i$$

∎

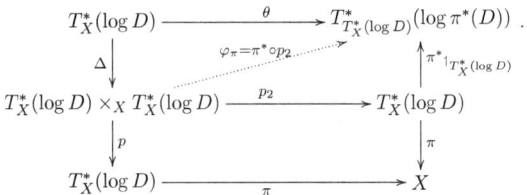

Exemple 2.2.22 *[Goto 2002] Si X est une surface complexe munie d'un diviseur réduit D et si $[D]$ est la classe anti-canonique $\mathbf{K}_X^*$, alors le couple (X, D) est une variété logsymplectique et de plus la forme logsymplectique associée est $\omega \in K([D]) \simeq \mathcal{O}_X$.*

Définition 22 *On appelle forme volume logarithmique le long d'un diviseur réduit et libre D d'une variété complexe X de dimension n, toute section sans zéros de $\Omega_X^n(\log D)$*

D'après le Théorème 1.8 dans [Saito 1980] les formes volumes logarithmiques sont de la forme

$$\mu = \frac{1}{h} dz_1 \wedge dz_2 \wedge \ldots \wedge dz_n$$

Proposition 2.2.23 *Soit $D = \{h = 0\}$ un diviseur libre d'une variété complexe X de dimension 3, α une 1-forme holomorphe fermée de X et μ une forme volume logarithmique de X. Alors tout bivecteur π de X tel que*

$$i_\pi \mu = \alpha$$

est de Poisson logarithmique le long de D.

Preuve. Soit a une fonction holomorphe ne s'annulant pas sur X. On pose

$$\mu = \frac{a}{h} dx \wedge dy \wedge dz, \qquad \alpha = \alpha_x dx + \alpha_y dy + \alpha_z dz$$

Par un calcul direct, on obtient :

$$\pi = \frac{h}{a}(\alpha_z \partial_x \wedge \partial_y + \alpha_y \partial_z \wedge \partial_x + \alpha_x \partial_y \wedge \partial_z)$$

Pour montrer que π est de Poisson, il suffit de vérifier l'identité de Jacobi, qui dans ce cas se résume à :

$$\pi_{12}(\partial_y \pi_{23} - \partial_x \pi_{31}) + \pi_{13}(\partial_z \pi_{23} - \partial_y \pi_{12}) + \pi_{23}(\partial_z \pi_{31} - \partial_x \pi_{12}) = 0$$

où $\pi_{12} = ha^{-1}\alpha_z, \pi_{13} = -ha^{-1}\alpha_y$ et $\pi_{23} = ha^{-1}\alpha_x$.
Or,
$\pi_{12}(\partial_y \pi_{23} - \partial_x \pi_{31}) = h^2 a^{-1} \alpha_z(\alpha_x \partial_y a^{-1} - \alpha_y \partial_x a^{-1}) + ha^{-2}\alpha_z(\alpha_x \partial_y h - \alpha_y \partial_x h) + a^{-2}h^2 \alpha_z(\partial_y \alpha_x - \partial_x \alpha_y)$
$\pi_{13}(\partial_z(\pi_{31}) - \partial_x(\pi_{12})) = h^2 a^{-1}\alpha_y(\alpha_z \partial_x a^{-1} - \alpha_x \partial_z a^{-1}) + ha^{-2}\alpha_y(\alpha_z \partial_x h - \alpha_x \partial_z h) + h^2 a^{-2} \alpha_y(\partial_x \alpha_z - \partial_z \alpha_x)$
$\pi_{23}(\partial_z(\pi_{31}) - \partial_y(\pi_{12})) = h^2 a^{-1}\alpha_x(\alpha_y \partial_z a^{-1} - \alpha_z \partial_y a^{-1}) + ha^{-2}\alpha_x(\alpha_y \partial_z h - \alpha_z \partial_y h) + a^{-2}h^2 \alpha_x(\partial_z \alpha_y - \partial_y \alpha_z)$
et $d\alpha = 0$ si et seulement si

$$\partial_y \alpha_x - \partial_x \alpha_y = \partial_x \alpha_z - \partial_z \alpha_x = \partial_z \alpha_y - \partial_y \alpha_z = 0$$

Ce qui montre que π est un tenseur de Poisson. Par ailleurs, pour toute section f de $\mathcal{O}_X$ on a

$$\{f,-\} = a^{-1}h[(\partial_x f\alpha_z - \partial_z f\alpha_x)\partial_y + (\partial_z f\alpha_y - \partial_y f\alpha_z)\partial_x + (\partial_y f\alpha_x - \partial_x f\alpha_y)\partial_z]$$

est une dérivation logarithmique le long de $h\mathcal{O}_X$. ∎

2.3 Espace des $SU(2)$ monopôles magnétiques de charge 2.

D'après Donaldson dans ([Donaldson 1984]), l'espace de module élargi $\tilde{\mathcal{M}}^2$ des monopôles magnétiques de charge 2 est en bijection avec la variété complexe $\mathcal{R}_2$ des fonctions rationnelles $w(z) = \dfrac{f(z)}{g(z)}$ de degré 2 telles que $w(\infty) = 0$.
En étudiant la dynamique de ces monopôles, on prouve dans [Atiyah & Hitchin 1988] que si β_1 et β_2 sont les racines de g, alors

$$\omega = \frac{1}{f(\beta_1)f(\beta_2)}\left(f(\beta_2)df(\beta_1)\wedge d\beta_1 + f(\beta_1)df(\beta_2)\wedge d\beta_2\right) \tag{2.23}$$

est une structure symplectique sur $\mathcal{M}^2$.
Nous allons montrer que ω est une 2-forme logsymplectique le long de $D = \{R(f,g) = 0\}$ où $R(f,g)$ désigne le résultant de f et g. Par la suite, nous construisons la structure de Poisson induite par ω et nous montrons qu'elle est logarithmique le long de D.
D'après [Donaldson 1984], les éléments de $\mathcal{R}_2$ sont sous la forme

$$\frac{f(z)}{g(z)} = \frac{a_0 + a_1 z}{b_0 + b_1 z + z^2}$$

car $w(\infty) = 0$. Dans ce cas,

$$w(z) = \frac{f(z)}{g(z)} = \frac{a_0 + a_1 z}{b_0 + b_1 z + z^2} \tag{2.24}$$

et on a

$$\Delta_g = b_1^2 - 4b_0, \beta_1 = -\frac{1}{2}\left(b_1 + \sqrt{\Delta_g}\right), \quad \beta_2 = \frac{1}{2}\left(-b_1 + \sqrt{\Delta_g}\right). \tag{2.25}$$

On en déduit que

$$\begin{aligned} d\beta_1 &= \frac{1}{\sqrt{\Delta_g}}\left(\beta_1 db_1 + db_0\right), \quad d\beta_2 = -\frac{1}{\sqrt{\Delta_g}}\left(\beta_2 db_1 + db_0\right), \\ df(\beta_1)\wedge d\beta_1 &= \frac{1}{\sqrt{\Delta_g}}\left(\beta_1 da_0\wedge db_1 + da_0\wedge db_0 + \beta_1^2 da_1\wedge db_1 + \beta_1 da_1\wedge db_0\right), \\ df(\beta_2)\wedge d\beta_2 &= -\frac{1}{\sqrt{\Delta_g}}\left(\beta_2 da_0\wedge db_1 + da_0\wedge db_0 + \beta_2^2 da_1\wedge db_1 + \beta_2 da_1\wedge db_0\right). \end{aligned} \tag{2.26}$$

On pose

$$\omega = \frac{df(\beta_1)}{f(\beta_1)} \wedge d\beta_1 + \frac{df(\beta_2)}{f(\beta_2)} \wedge d\beta_2. \tag{2.27}$$

Puisque f et g n'ont pas de racines communes, ω est bien définie sur $\mathbb{C}^4$. Dans ce cas, l'expression (2.23) devient

$$\begin{array}{rl} & \sqrt{\Delta_g} f(\beta_1) f(\beta_2)\omega \\ = & (\beta_1 f(\beta_2) - \beta_2 f(\beta_1))\, da_0 \wedge db_1 + (f(\beta_2) - f(\beta_1))\, da_0 \wedge db_o \\ + & \left(\beta_1^2 f(\beta_2) - \beta_2^2 f(\beta_1)\right) da_1 \wedge db_1 + (\beta_1 f(\beta_2) - \beta_2 f(\beta_1))\, da_1 \wedge db_0. \end{array} \tag{2.28}$$

Or

$$\begin{array}{lcl} f(\beta_1)f(\beta_2) & = & (a_0 + a_1\beta_1)(a_0 + a_1\beta_2) = a_0^2 + a_1 a_0(\beta_1 + \beta_2) + a_1^2\beta_1\beta_2 \\ & = & a_0^2 - a_1 a_0 b_1 + a_1^2 b_0. \\ \beta_1 f(\beta_2) - \beta_2 f(\beta_1) & = & -a_0\sqrt{\Delta_g} \\ \beta_1^2 f(\beta_2) - \beta_2^2 f(\beta_1) & = & (a_0 b_1 - a_1 b_0)\sqrt{\Delta_g} \\ f(\beta_2) - f(\beta_1) & = & a_1\sqrt{\Delta_g}. \end{array} \tag{2.29}$$

Par ailleurs

$$\begin{vmatrix} a_0 & a_1 & 0 \\ 0 & a_0 & a_1 \\ b_0 & b_1 & 1 \end{vmatrix} = a_0^2 - a_1 a_0 b_1 + a_1^2 b_0. \tag{2.30}$$

Il s'ensuit que $R(f,g) = f(\beta_1)f(\beta_2)$. Dans la suite, nous le noterons R.
En substituant ces expressions dans (2.28) on obtient

$$\omega = \frac{1}{R}\left(-a_0 da_0 \wedge db_1 + a_1 da_0 \wedge db_0 + (a_0 b_1 - a_1 b_0) da_1 \wedge db_1 - a_0 da_1 \wedge db_0\right). \tag{2.31}$$

On en déduit que

$$\begin{array}{rl} & R^2\omega \wedge \omega \\ = & (-a_0 da_0 \wedge db_1 + a_1 da_0 \wedge db_0 + (a_0 b_1 - a_1 b_0) da_1 \wedge db_1 - a_0 da_1 \wedge db_0) \\ \wedge & (-a_0 da_0 \wedge db_1 + a_1 da_0 \wedge db_0 + (a_0 b_1 - a_1 b_0) da_1 \wedge db_1 - a_0 da_1 \wedge db_0) \\ = & 2\left({a^2}_0 da_0 \wedge db_1 \wedge da_1 \wedge db_0 + a_1(a_0 b_1 - a_1 b_0) da_0 \wedge db_0 \wedge da_1 \wedge db_1\right) \\ = & 2\left({a^2}_0 - a_1(a_0 b_1 - a_1 b_0)\right) da_0 \wedge da_1 \wedge db_0 \wedge db_1 \\ = & 2R da_0 \wedge da_1 \wedge db_0 \wedge db_1. \end{array} \tag{2.32}$$

D'où

$$\omega \wedge \omega = \frac{2}{R} da_0 \wedge da_1 \wedge db_0 \wedge db_1 \neq 0. \tag{2.33}$$

On conclut que ω est une 2-forme logsymplectique le long de $D := \{R = 0\}$.
Le crochet de Poisson associé à ω est :

$$\{u,v\}_\omega = f(\beta_1)\left(\frac{\partial u}{\partial \beta_1}\frac{\partial v}{\partial f(\beta_1)} - \frac{\partial u}{\partial f(\beta_1)}\frac{\partial v}{\partial \beta_1}\right) + f(\beta_2)\left(\frac{\partial u}{\partial \beta_2}\frac{\partial v}{\partial f(\beta_2)} - \frac{\partial u}{\partial f(\beta_2)}\frac{\partial v}{\partial \beta_2}\right). \tag{2.34}$$

Il s'ensuit que le champ hamiltonien associé à u est

$$X_u = f(\beta_1)\left(\frac{\partial u}{\partial \beta_1}\frac{\partial}{\partial f(\beta_1)} - \frac{\partial u}{\partial f(\beta_1)}\frac{\partial}{\partial \beta_1}\right) + f(\beta_2)\left(\frac{\partial u}{\partial \beta_2}\frac{\partial}{\partial f(\beta_2)} - \frac{\partial u}{\partial f(\beta_2)}\frac{\partial}{\partial \beta_2}\right). \tag{2.35}$$

En appliquant ce champ sur $R = f(\beta_1)f(\beta_2)$, on obtient :

$$X_u(R) = R\left(\frac{\partial u}{\partial \beta_1} + \frac{\partial u}{\partial \beta_2}\right). \tag{2.36}$$

Comme $X_u(R)$ est un élément de l'idéal engendré par R, on conclut que $\{-,-\}_\omega$ est une structure de Poisson logarithmique le long de D.

Nature du diviseur $D = \{R(f,g) = 0\}$.

D'après ce qui précède, le diviseur D a pour équation $x^2 - xyt + y^2z = 0$. De plus, on remarque que

$$\begin{aligned} x^2 - xyt + y^2z &= (x - \frac{yt}{2})^2 + y^2(z - \frac{t^2}{4}) \\ &= X^2 + Y^2Z \end{aligned}$$

où $X = x - \frac{yt}{2}, Y = y$ et $Z = z - \frac{t^2}{4}$. Par ailleurs, $X\frac{\partial h}{\partial X} + Y\frac{\partial h}{\partial Y} = 2h$. On en déduit le système minimal de générateurs suivant de $Der(\log D)$.

$$\begin{aligned} \delta_1 &= X\frac{\partial}{\partial X} + Y\frac{\partial}{\partial Y} \\ \delta_2 &= Y\frac{\partial}{\partial Y} + 2Z\frac{\partial}{\partial Z} \\ \delta_3 &= Y^2\frac{\partial}{\partial X} + 2X\frac{\partial}{\partial Z} \\ \delta_4 &= YZ\frac{\partial}{\partial X} - X\frac{\partial}{\partial Y} \end{aligned}$$

Puisque $Der(\log D)$ est un sous module de Der qui est de rang 3, il ne peut être libre car la cardinal de l'ensemble minimal de ses générateurs est supérieur à 3.

Remarque 2.3.1 *La théorie de structure de Poisson logarithmique construite tout au long de ce chapitre a été faite pour des diviseurs libres. L'exemple de l'espace des monopôles de charge 2 nous montre qu'elle peut aussi se définir pour certains diviseurs non libres.*

CHAPITRE 3

Cohomologie de Poisson logarithmique

Sommaire

Introduction

Nous montrerons dans cette partie que toute structure de Poisson logarithmique principale induit sur le module des différentielles formelles logarithmiques une structure d'algèbre de Lie-Rinehart. De cette structure, découle une représentation du module des différentielles formelles logarithmiques par des dérivations logarithmiques. Cette représentation induit le complexe de Poisson logarithmique. Nous calculons quelques groupes de cohomologie de ce complexe. Nous montrons que les groupes de cohomologie de Poisson et de Poisson logarithmiques des structures de Poisson logsymplectique sont isomorphes.

3.1 Construction algébrique de la cohomologie de Poisson logarithmique.

Dans cette partie, $\mathcal{A}$ désignera une algèbre sur un anneau commutatif unitaire R, de caractéristique zéro et $\mathcal{I}$ un idéal propre de $\mathcal{A}$.

3.1.1 Algèbres de Lie-Rinehart logarithmiques.

Nous appellerons anneau de Lie tout anneau équipé d'un crochet de Lie.
Soit L un anneau de Lie qui est en plus un $\mathcal{A}$-module. On a la définition suivante

Définition 23 *[Rinehart 1963], On appelle structure d'algèbre de Lie-Rinehart dans L tout homomorphisme de $\mathcal{A}$-modules et d'algèbres de Lie $\rho : L \to Der_{\mathcal{A}}$ soumis à la condition de compatibilité suivante*

$$[\alpha, a\mu] = \rho(\alpha)(a)\mu + a[\alpha, \mu] \tag{3.1}$$

Dans la suite, nous appellerons algèbre de Lie-Rinehart tout triplet $(L, [-,-], \rho)$ formé d'un anneau de Lie $(L, [-,-])$ qui en plus est un $\mathcal{A}$-module et d'une structure d'algèbre de Lie-Rinehart ρ dans L.
Par souci de clarté, toute algèbre de Lie-Rinehart $(L, [-,-], \rho)$ sera représentée par L. Pour tous $\mu \in L$ et $a \in \mathcal{A}$, $\rho(\mu)(a)$ sera noté simplement $\mu(a)$.
Soient P et Q deux $\mathcal{A}$-modules. Il existe deux façons de mettre une structure de $\mathcal{A}$-module sur le groupe additif $\mathcal{H}om_R(A, B)$ à savoir

$$r : \mathcal{A} \times \mathcal{H}om_R(P, Q) \to \mathcal{H}om_R(P, Q), \quad r_a(\triangle)(p) := r(a, \triangle)(p) := (a^+\triangle)(p) = \triangle(ap) \tag{3.2}$$

et

$$l : \mathcal{A} \times \mathcal{H}om_R(P, Q) \to \mathcal{H}om_R(P, Q), \quad l_a(\triangle)(p) := (a, \triangle)(p) := (a\triangle)(p) = a\triangle(p). \tag{3.3}$$

Pour tout $a \in \mathcal{A}$ et $\triangle \in \mathcal{H}om_R(P, Q)$ on pose

$$\delta_a\triangle := r_a(\triangle) - l_a(\triangle). \tag{3.4}$$

Par construction δ_a est un endomorphisme R-linéaire de $\mathcal{H}om_R(P, Q)$. Donc pour tout a et b dans $\mathcal{A}$ la composée $\delta_a \circ \delta_b$ est bien définie.
A la suite de [Krasil'shchik 1988], [Grothendieck 1965] et [Vinogradov 1972] , on adopte la définition suivante

Définition 24 *$\triangle : P \to Q$ est appelé opérateur différentiel sur $\mathcal{A}$ d'ordre inférieur ou égale à s s'il est additif et si pour tous $a_0, ..., a_s \in \mathcal{A}$ on a*

$$\delta_{a_0} \circ \delta_{a_1} \circ ... \circ \delta_{a_s}(\triangle) = 0. \tag{3.5}$$

On remarque que l'ensemble des opérateurs différentiels sur $\mathcal{A}$ d'ordre $\leqq s$ forme un groupe additif. A l'aide des actions définies par les relations (3.2) et (3.3) on en fait

deux modules sur $\mathcal{A}$ à savoir
$\mathrm{Diff}_s(P,Q)$ pour l'action r et $\mathrm{Diff}_s^+(P,Q)$ pour l. On note $\mathrm{Diff}_s^{(+)}(P,Q)$ le bi-module obtenu en adjoignant les deux actions.
Par souci de simplicité, $\mathrm{Diff}_1^+(P)$ désignera $\mathrm{Diff}_1^+(P,P)$ pour tout $\mathcal{A}$-module P.
En guise d'illustration, pour tout $\triangle \in \mathrm{Diff}_s(P,Q)$ on a

- Pour $s = 0$

$$0 = \delta_a(\triangle)(p) = \triangle(ap) - a\triangle(p)$$

pour tous $a \in \mathcal{A}$ et $p \in P$. Donc les opérateurs différentiels d'ordre zéro sont exactement les applications linéaires de P vers Q.

- Pour $s = 1$
$0 = (\delta_{ab}(\triangle))(p) = \delta_a(\triangle(bp) - b\triangle(p)) = \triangle(abp) - b\triangle(ap) - a\triangle(bp) + ab\triangle(p)$.
autrement dit, les éléments de $\mathrm{Diff}_1(P,Q)$ vérifient la relation

$$\triangle(abp) - b\triangle(ap) - a\triangle(bp) + ab\triangle(p) = 0. \tag{3.6}$$

Ainsi, les opérateurs différentiels d'ordre $\leqq 1$ de $\mathcal{A}$ vers Q sont caractérisés par la relation

$$\triangle(ab) - b\triangle(a) - a\triangle(b) + ab\triangle(1) = 0 \tag{3.7}$$

pour tout $a, b \in \mathcal{A}$. Il suffit de prendre $p = 1$ dans (3.6). Rappelons aussi qu'une dérivation de $\mathcal{A}$ à valeurs dans Q est un élément $\triangle$ de $\mathcal{H}om_R(\mathcal{A}, Q)$ vérifiant

$$\triangle(ab) = a\triangle(b) + b\triangle(a) \tag{3.8}$$

pour tout $a, b \in \mathcal{A}$. On note $Der(\mathcal{A}, Q)$ l'ensemble des telles dérivations. Pour tout $\triangle \in Der(\mathcal{A}, Q)$ on a

$$(\delta_{ab}(\triangle))(1) = \triangle(ab) - b\triangle(a) - a\triangle(b) + ab\triangle(1) = \triangle(ab) - b\triangle(a) - a\triangle(b) = 0$$

pour tout $a, b \in \mathcal{A}$. Donc $Der(\mathcal{A}, Q)$ est un sous module stricte de $\mathrm{Diff}_1(\mathcal{A}, Q)$. L'égalité entres les deux modules ayant lieu lorsque $\triangle(1) = 0$ pour tout $\triangle \in \mathrm{Diff}_1(\mathcal{A}, Q)$.

Soit P une $\mathcal{A}$-algèbre et L un P-module équipé d'une structure d'algèbre de Lie définie par un crochet $[-,-]$.

Définition 25 *On appelle structure de P-algèbre de Lie-Rinehart sur L tout homomorphisme de $\mathcal{A}$-modules $\rho : L \to \mathit{Diff}_1(P,P)$ satisfaisant la propriété de compatibilité suivante*

$$[\alpha, p\mu] = \rho(\alpha)(p)\mu + p[\alpha, \mu] \tag{3.9}$$

pour tout $\alpha, \mu \in L$ et $p \in P$.

Comme dans le cas des algèbres de Lie-Rinehart, une P-algèbre de Lie-Rinehart est un quadruplet $(L, [-,-], \rho, P)$ où ρ est une structure de P-algèbre de Lie-Rinehart sur L. Lorsqu'aucune confusion n'est possible, toute P-algèbre de Lie-Rinehart $(L, [-,-], \rho)$ sera notée simplement L.
On a la proposition suivante

Proposition 3.1.1 *Toute algèbre de Lie-Rinehart sur $\mathcal{A}$ est une $\mathcal{A}$-algèbre de Lie-Rinehart.*

Preuve. Elle découle du fait que $Der_{\mathcal{A}}$ est un sous module de $\mathrm{Diff}_1(\mathcal{A},\mathcal{A})$. ■
Nous en déduisons que les algèbres de Lie-Rinehart sont un cas particulier de P-algèbres de Lie-Rinehart. Par ailleurs, toute structure de P-algèbre de Lie-Rinehart sur L induit sa représentation par des opérateurs différentiels d'ordre 1 sur $\mathcal{A}$. On peut donc définir une cohomologie associée à cette dernière.
Soit L une P-algèbre de Lie-Rinehart et q un entier naturel.

Définition 26 *On appelle P-cochaine de dimension q ou $q-P$-cochaine associée à ρ toute application q-linéaire alternée de L vers P.*

On notera $\mathcal{L}\mathrm{alt}^q(L,P)$ l'espace des $q-P$-cochaines. Par définition, l'on a $\mathcal{L}\mathrm{alt}^0(L,P)=P$.
On définit une application linéaire $d_\rho : \mathcal{L}\mathrm{alt}^q(L,P) \to \mathcal{L}\mathrm{alt}^{q+1}(L,P)$ par la formule

$$\begin{aligned}&(d_\rho f)(x_1,...,x_{q+1})\\ &= \sum_{i=1}^{q+1}(-1)^{i+1}\rho(x_i)f(x_1,...,\hat{x}_i,...,x_{q+1})\\ &+\sum_{i<j}^{q+1}(-1)^{i+j+1}f([x_i,x_j],x_1,...,\hat{x}_i,...,,\hat{x}_j,...,x_{q+1})\end{aligned} \tag{3.10}$$

Proposition 3.1.2 *L'application d_ρ vérifie*

$$d_\rho \circ d_\rho = 0 \tag{3.11}$$

Preuve. Nous proposons ici une idée de la preuve. Nous référons le lecteur à l'annexe A pour une preuve complète et détaillée.

- Pour $q=1$, on pose $\triangle = d_\rho f$ pour tout $f \in P$. Alors pour tout $x \in L$ on a

$$\triangle(x) = \rho(x)f.$$

  Par ailleurs

$$(d_\rho g)(x_1,x_2) = \rho(x_1)g(x_2) - \rho(x_2)g(x_1) - g([x_1,x_2]).$$

  En remplaçant g par $\triangle$ on obtient

$$\begin{aligned} d_\rho \circ d_\rho(f)(x_1,x_2) &= \rho(x_1)\triangle(x_2) - \rho(x_2)\triangle(x_1) - \triangle([x_1,x_2])\\ &= \rho(x_1)\rho(x_2)f - \rho(x_2)\rho(x_1)f - \rho([x_1,x_2])f\\ &= ([\rho(x_1),\rho(x_2)] - \rho([x_1,x_2]))\,f\\ &= 0\end{aligned}$$

- Pour $q = 3$ on pose

$$g(x_1, x_2) = (d_\rho f)(x_1, x_2) = \rho(x_1)f(x_2) - \rho(x_2)f(x_1) - f([x_1, x_2]).$$

Pour tout $f \in \mathcal{L}\mathrm{alt}^1(L, P)$.
Par ailleurs, pour tous $x_1, x_2, x_3 \in L$ on a

$$\begin{aligned}(d_\rho g)(x_1, x_2, x_3) &= \rho(x_1)g(x_2, x_3) - \rho(x_2)g(x_1, x_3) + \rho(x_3)g(x_1, x_2)\\ &-g([x_1, x_2], x_3) + g([x_1, x_3], x_2) - g([x_2, x_3], x_1).\end{aligned}$$

En remplaçant g par son expression on obtient

$$\begin{aligned}&(d_\rho g)(x_1, x_2, x_3)\\ &= \rho(x_1)\left(\rho(x_2)f(x_3) - \rho(x_3)f(x_2) - f([x_2, x_3])\right)\\ &-\rho(x_2)\left(\rho(x_1)f(x_3) - \rho(x_3)f(x_1) - f([x_1, x_3])\right)\\ &+\rho(x_3)\left(\rho(x_1)f(x_2) - \rho(x_2)f(x_1) - f([x_1, x_2])\right)\\ &-\rho([x_1, x_2])f(x_3) + \rho(x_3)f([x_1, x_2]) + f([[x_1, x_2], x_3])\\ &+\rho([x_1, x_3])f(x_2) - \rho(x_2)f([x_1, x_3]) - f([[x_1, x_3], x_2])\\ &-\rho([x_2, x_3])f(x_1) + \rho(x_1)f([x_2, x_3]) + f([[x_2; x_3], x_1])\end{aligned}$$

En factorisant les facteurs de $f(x_3), f(x_2)$ et $f(x_1)$ respectivement on obtient

$$\begin{aligned}&(d_\rho g)(x_1, x_2, x_3)\\ &= \left(\rho(x_1)\rho(x_2) - \rho(x_2)\rho(x_1) - \rho([x_1, x_2])\right) f(x_3)\\ &+ \left(-\rho(x_1)\rho(x_3) + \rho(x_3)\rho(x_1) + \rho([x_1, x_3])\right) f(x_2)\\ &+ \left(\rho(x_2)\rho(x_3) - \rho(x_3)\rho(x_2) - \rho([x_2, x_3])\right) f(x_1)\\ &+f\left([[x_1, x_2], x_3] - [[x_1, x_3], x_2] + [[x_2; x_3], x_1]\right)\\ &+\rho(x_1)(f([x_2, x_3]) - f([x_2, x_3])) + \rho(x_2)(f([x_1, x_3])\\ &-f([x_1, x_3])) + \rho(x_3)(f([x_1, x_2]) - f([x_1, x_2]))\end{aligned}$$

l'égalité cherchée découle de l'identité de Jacobi du crochet $[-, -]$ et du fait que ρ commute avec les crochets de Lie.

■

Définition 27 *La cohomologie du complexe*

$$\cdots \longrightarrow \mathcal{L}alt^{*+1}(L, P) \longrightarrow \mathcal{L}alt^{*}(L, P) \longrightarrow \cdots$$

est appelée cohomologie de Lie-Rinehart de L à valeurs dans P.

L'une des classes les plus importante d'algèbres de Lie-Rinehart (L, ρ) est celle pour laquelle $\rho : L \to Der_{\mathcal{A}}$ est un monomorphisme d'algèbres de Lie. L'on remarquera qu'en général un sous ensemble L de $Der_{\mathcal{A}}$ muni de l'inclusion est une algèbre de Lie-Rinehart si et seulement s'il est un sous module de Lie de $Der_{\mathcal{A}}$. Ainsi, $Der_{\mathcal{A}}(\log \mathcal{I})$ et $Der_{\mathcal{A}}$ sont des algèbres de Lie-Rinehart. La cohomologie de Lie-Rinehart de $Der_{\mathcal{A}}(\log \mathcal{I})$ (resp $Der_{\mathcal{A}}$) est la cohomologie de De Rham logarithmique (de De Rham) de $\mathcal{A}$.

Dans la suite $\mathcal{I}$ désigne un idéal de $\mathcal{A}$ engendré par $\mathcal{S} = \{u_1, ..., u_p\} \subset \mathcal{A}$. Soit (L, ρ) une algèbre de Lie-Rinehart sur $\mathcal{A}$. On a le lemme suivant

Lemme 3.1.3 *$\rho(L)\cap Der_{\mathcal{A}}(\log\mathcal{I})$ est une sous algèbre de Lie non triviale de $Der_{\mathcal{A}}$.*

Preuve. ρ étant un homomorphisme d'algèbres de Lie $\rho(L)\cap Der_{\mathcal{A}}(\log\mathcal{I})$ est fermé pour le crochet de Lie de $Der_{\mathcal{A}}$. Par ailleurs, pour tout $l\in L, u\in\mathcal{S}$, $u\rho(l)=\rho(ul)\in\rho(L)\cap Der_{\mathcal{A}}(\log\mathcal{I})$. ■

Définition 28 *Une algèbre de Lie-Rinehart logarithmique le long de $\mathcal{I}$ est un triplet $(L,[-,-],\rho,\mathcal{I})$ formé d'un $\mathcal{A}$-module L équipé d'un crochet de Lie $[-,-]$ et d'un homomorphisme d'algèbre de Lie $\rho: L\to Der_{\mathcal{A}}(\log\mathcal{I})$ satisfaisant (3.9)*

Soit $(L,[-,-],\rho,\mathcal{I})$ une algèbre de Lie-Rinehart logarithmique le long de $\mathcal{I}$. Pour tout $x,y,z\in L, a\in\mathcal{A}$ on a

$$\begin{aligned}
& (\rho[x,y]-[\rho(x),\rho(y)])(a).z \\
= \; & \rho[x,y](a).z-[\rho(x),\rho(y)](a).z \\
= \; & \rho[x,y](a).z-\rho(x)[\rho(y)(a)].z+\rho(y)[\rho(x)(a)].z \\
= \; & [[x,y],az]-a[[x,y],z]-[x,\rho(y)(a).z]+\rho(y)(a)[x,z]+[y,\rho(x)(a)z]-\rho(x)(a)[y,z] \\
= \; & [[x,y],az]-a[[x,y],z]-[x,[y,az]]+[x,a[y,z]]+ \\
& +[y,a[x,z]]-a[y,[x,z]]+[y,[x,az]]-[y,a[x,z]]-[x,a[y,z]]+a[x,[y,z]] \\
= \; & -([az,[x,y]]+[x,[y,az]]+[y,[x,az]])-a([[x,y],z]+[[y,z],x]+[[z,x],y]) \\
= \; & 0.
\end{aligned}$$

Ainsi $(\rho[x,y]-[\rho(x),\rho(y)])(a)=0$ pour tout $a\in\mathcal{A}$ si $\mathcal{A}$ est sans torsion. Donc $\rho[x,y]=[\rho(x),\rho(y)]$. Ceci est la preuve de la proposition suivante

Proposition 3.1.4 *Soit L un $\mathcal{A}$-module de Lie sans torsion ($Ann(L)=0$).*
Un homomorphisme $\rho: L\to Der_{\mathcal{A}}(\log\mathcal{I})$ de $\mathcal{A}$-modules est une structure d'algèbre de Lie-Rinehart logarithmique si et seulement si il satisfait (3.9)

Soit P un $\mathcal{A}$-module. On pose $\widehat{Der_{\mathcal{A}}(\log\mathcal{I},P)}=\{\delta\in Der_{\mathcal{A}}(\mathcal{A},P)\text{tel que }\delta(u)\in uP,\text{pour tout }u\in\mathcal{S}\}$. On a la définition suivante

Définition 29 *$\widehat{Der_{\mathcal{A}}(\log\mathcal{I},P)}$ est appelé module des dérivations de $\mathcal{A}$ logarithmiques principales le long de $\mathcal{I}$ à valeurs dans P.*

Il s'ensuit que $\widehat{Der_{\mathcal{A}}(\log\mathcal{I})}=\widehat{Der_{\mathcal{A}}(\log\mathcal{I},\mathcal{A})}$.
Soit $\triangle\in\mathrm{Diff}_1^+(P)$. Pour tout a et b dans $\mathcal{A}$ et pour tout p dans P on a

$$(r(a+b)\triangle-l(a+b)\triangle)p=\triangle(ap)-a\triangle(p)+\triangle(bp)-b\triangle(p)$$

Il s'en suit que $\triangle$ induit un morphisme de groupes $\sigma_\triangle:\mathcal{A}\to\mathcal{H}om_R(P,Q)\quad a\mapsto\delta_a\triangle=r(a)\triangle-l(a)\triangle$.

Proposition 3.1.5 *Pour tout $\triangle\in Diff_1^+(P)$ et tout $\mathcal{A}$-module Q,*
$\sigma_\triangle\in Der(\mathcal{A},\mathcal{H}om_R(P,Q))$.

Preuve. Puisque $\triangle\in\mathrm{Diff}_1^+(P)$, pour tous a et b dans $\mathcal{A}$ et pour tout p dans P on a

$$\triangle(abp)=b\triangle(ap)+a\triangle(bp)-ab\triangle(p).$$

Il s'en suit que

$$\triangle(abp) - ab\triangle(p) = (b\sigma_\triangle(a) + a\sigma_\triangle(b))(p).$$

C'est-à-dire

$$\sigma_\triangle(ab) = a\sigma_\triangle(b) + b\sigma_\triangle(a)$$

d'où le résultat. ■

L'inclusion des dérivations logarithmiques le long de $\mathcal{I}$ dans $Der_\mathcal{A}$ permet d'envisager des opérateurs différentiels $\triangle$ tels que $\sigma_\triangle \in \widehat{Der_\mathcal{A}(\log \mathcal{I})}$.

Posons

$$\mathrm{Diff}_1^+(\log \mathcal{I}) = \{\triangle \in \mathrm{Diff}_1^+(P) | \sigma_\triangle \in \widehat{Der_\mathcal{A}(\log \mathcal{I})}\}.$$

$\mathrm{Diff}_1^+(\log \mathcal{I})$ est non trivial car pour tous $\triangle$ dans $\mathrm{Diff}_1^+(P)$ et pour tout u dans $\mathcal{S}$ on a $u\triangle \in \mathrm{Diff}_1^+(\log \mathcal{I})$. Par ailleurs, $\mathrm{Diff}_1^+(\log \mathcal{I})$ possède la propriété suivante.

Proposition 3.1.6 *$\mathit{Diff}_1^+(\log \mathcal{I})$ est une algèbre de Lie-Rinehart logarithmique le long de $\mathcal{I}$.*

Preuve. D'après ce qui précède, il existe une application

$$\begin{array}{rccl} \sigma: & \mathrm{Diff}_1^+(\log \mathcal{I}) & \to & \widehat{Der_\mathcal{A}(\log \mathcal{I})} \\ & \triangle & \mapsto & \sigma_\triangle \end{array}$$

Pour tout f dans $\mathcal{A}$ et pour tout s dans P on a
$\sigma_{f\triangle} = f\sigma_\triangle$ et

$$\begin{aligned} \sigma_{[\varphi_1,\varphi_2]}(f)s &= [\varphi_1,\varphi_2](fs) - f[\varphi_1,\varphi_2](s) \\ &= \varphi_1\varphi_2(fs) - \varphi_2\varphi_1(fs) - f\varphi_1\varphi_2(s) + \varphi_2\varphi_2(s) \\ &= \varphi_1(\sigma_{\varphi_2}(f)s + f\varphi_2(s)) - \varphi_2(\sigma_{\varphi_1}(f)s + f\varphi_1(s)) - f[\varphi_1,\varphi_2]s \\ &= \varphi_1(\sigma_{\varphi_2}(f)s) + \varphi_1(f\varphi_2(s)) - \varphi_2(\sigma_{\varphi_1}(f)s) - \varphi_2(f\varphi_1(s)) - f[\varphi_1,\varphi_2]s \\ &= \sigma_{\varphi_1}(\sigma_{\varphi_2}(f))s + \sigma_{\varphi_2}(f)\varphi_1(s) + \sigma_{\varphi_1}(f)\varphi_2(s) + f\varphi_1(\varphi_2(s)) - \\ &\quad \sigma_{\varphi_2}(\sigma_{\varphi_1}(f))s - \sigma_{\varphi_1}(f)\varphi_2(s) - \sigma_{\varphi_2}(f)\varphi_1(s) - f\varphi_2(\varphi_1(s)) - f[\varphi_1,\varphi_2]s \\ &= [\sigma_{\varphi_1},\sigma_{\varphi_2}](f)s \end{aligned}$$

D'autre part, pour tous φ_1 et φ_2 dans $\mathrm{Diff}_1^+(\log \mathcal{I})$ et pour tous $f\mathcal{A}$ et s dans P nous avons

$$\begin{aligned} [\varphi_1, f\varphi_2] &= \varphi_1(f\varphi_2(s)) - (f\varphi_2)(\varphi_1(s)) \\ &= f\varphi_1(\varphi_2(s)) + \sigma_{\varphi_1}(f)(\varphi_2(s)) - f\varphi_2(\varphi_1(s)) \\ &= \sigma_{\varphi_1}(f)(\varphi_2(s)) + f[\varphi_1,\varphi_2] \end{aligned}$$

■

On pose
$\mathrm{Diff}_1^+(\log \mathcal{I}, P) := \{\triangle \in \mathrm{Diff}_1^+(\mathcal{A}, P); \sigma_\triangle \in \widehat{Der_\mathcal{A}(\log \mathcal{I}, P)}\}$. Alors $\mathrm{Diff}_1^+(\log \mathcal{I}, P)$ est caractérisé par :

Théorème 3.1.7 *Pour tout $\triangle \in \mathcal{H}om_R(\mathcal{A}, P)$, les propriétés suivantes sont équivalentes* *(a)* $\triangle \in \mathit{Diff}_1^+(\log \mathcal{I}, P)$,

(b) $\sigma_\triangle \in \mathit{Der}(\log \mathcal{I}, \mathcal{H}om_R(\mathcal{A}, P))$.

Preuve. Soient $a, b \in \mathcal{A}$ et $\triangle \in \mathcal{H}om_R(\mathcal{A}, P)$.
Si

$$\sigma_\triangle(u) \in u\mathcal{H}om_R(\mathcal{A}, P)$$

et

$$\sigma_\triangle(ab) = a\sigma_\triangle(b) + b\sigma_\triangle(a)$$

alors pour tout $p \in P$,

$$\triangle(abp) = a\triangle(bp) + b\triangle(ap) - ab\triangle(p) \tag{3.12}$$

Par ailleurs,

$$\delta_{a,b}\triangle(p) = \triangle(abp) - a\triangle(bp) - b\triangle(ap) + ab\triangle(p)$$

ce qui implique d'après l'équation (3.12) que $\delta_{a,b}\triangle = 0$. Donc $\triangle$ est un opérateur différentiel d'ordre ≤ 1.
La réciproque découle de la définition de $\mathrm{Diff}_1^+(\log \mathcal{I}, P)$. ■

3.1.2 Structure d'algèbre de Lie-Rinehart sur $\Omega_\mathcal{A}(\log \mathcal{I})$ induite par une structure de Poisson logarithmique principale le long de $\mathcal{I}$.

Dans cette partie, nous adoptons les notations de la section 2.1.3. On supposera en outre que $\mathcal{A}$ est équipée d'une structure de Poisson logarithmique principale le long d'un idéal $\mathcal{I}$ engendré par $\mathcal{S}$ et nous désignerons la 2-forme associée par ω. La différentielle $\bar{d}$ sera simplement notée d et le complexe associé :

$$0 \xrightarrow{d} \mathcal{A} \xrightarrow{d} \bigwedge^1 \Omega_\mathcal{A}(\log \mathcal{I}) \xrightarrow{d} \cdots \qquad \xrightarrow{d} \bigwedge^i \Omega_\mathcal{A}(\log \mathcal{I}) \xrightarrow{d} \bigwedge^i \Omega_\mathcal{A}(\log \mathcal{I}) \xrightarrow{d} \cdots \tag{3.13}$$

sera appelé complexe de De Rham logarithmique de $\mathcal{A}$.

3.1.2.1 Structure de Lie induite sur $\Omega_\mathcal{A}(\log \mathcal{I})$

La proposition suivante complète les propriétés de la dérivée de Lie des dérivations logarithmiques.

Proposition 3.1.8 *Soit $\delta \in \widehat{Der_R(\log \mathcal{I})}$. Pour tout $\frac{x}{u} \in \mathcal{S}^{-1}\Omega_R(A)$, on a :*

$$\mathcal{L}_\delta(\frac{x}{u}) = \frac{1}{u}\mathcal{L}_\delta(x) - \frac{\delta(u)}{u}\frac{x}{u}$$

Preuve. En effet, pour tout $x \in \Omega_\mathcal{A}, u \in \mathcal{I}^*, \mathcal{L}_\delta(x) = \mathcal{L}_\delta(u\frac{x}{u}) = u\mathcal{L}_\delta(\frac{x}{u}) + \delta(u)\frac{x}{u}$.
Donc $\mathcal{L}_\delta(\frac{x}{u}) = \frac{1}{u}\mathcal{L}_\delta(x) - \frac{\delta(u)}{u}\frac{x}{u}$. ■
Grâce à cette proposition, nous avons les propriétés suivantes

Corollaire 3.1.9 *Pour tout $u \in \mathcal{S}$ et $\delta \in \widehat{Der_K(\log \mathcal{I})}$ on a*

$$\mathcal{L}_\delta(\frac{du}{u}) = d(\frac{\delta(u)}{u})$$

Preuve. Soit $\frac{du}{u} \in \Omega_{\mathcal{A}}(\log \mathcal{I})$. Nous déduisons de la Proposition 3.1.8, que

$$\begin{aligned} \mathcal{L}_\delta(\frac{d(u)}{u}) &= \frac{1}{u}\mathcal{L}_\delta(d(u)) - \frac{\delta(u)}{u}\frac{d(u)}{u} \\ &= \frac{1}{u}d(\delta(u)) - \frac{\delta(u)}{u}\frac{d(u)}{u} \end{aligned}$$

Puisque $\delta \in \widehat{Der_{\mathcal{A}}(\log \mathcal{I})}$ il existe donc $c \in \mathcal{A}^*$ tel que $\delta(u) = uc$. Il s'ensuit que $\frac{d\delta(u)}{u} = d(c) + \frac{d(u)}{u} = d(\frac{\delta(u)}{u}) + \frac{\delta(u)}{u}\frac{d(u)}{u}$ et donc $\mathcal{L}_\delta(\frac{d(u)}{u}) = d(\frac{\delta(u)}{u}) + \frac{\delta(u)}{u}\frac{d(u)}{u} - \frac{\delta(u)}{u}\frac{d(u)}{u} = d(\frac{\delta(u)}{u})$ ■

Corollaire 3.1.10 *Pour toute structure de Poisson logarithmique principale le long de $\mathcal{I}$ sur $\mathcal{A}$ d'application hamiltonienne logarithmique associée $\tilde{H}$ on a*

$$\mathcal{L}_{\tilde{H}(\frac{d(u)}{u})}(\frac{d(v)}{v}) = d\left(\frac{1}{uv}\{u,v\}\right)$$

pour tout $u, v \in \mathcal{S}$.

Preuve. Soient $u, v \in \mathcal{S}$. D'après la définition de $\tilde{H}$ on a
$\tilde{H}(\frac{d(u)}{u}) = \frac{1}{u}H \circ d(u) = \frac{1}{u}\{u, -\} =: \varphi$
En appliquant la proposition 3.1.8, on obtient

$$\begin{aligned} \mathcal{L}_{\tilde{H}(\frac{d(u)}{u})}\left(\frac{d(v)}{v}\right) &= \mathcal{L}_\varphi \frac{d(v)}{v} \\ &= d\left(\frac{\varphi(v)}{v}\right) \\ &= d\left(\frac{1}{uv}\{u,v\}\right) \end{aligned}$$

■

La proposition suivante donne les expressions de la dérivée de Lie des différentielles formelles logarithmiques de la forme $q\frac{du}{u}$ le long des dérivations logarithmiques principales.

Proposition 3.1.11 *Soit $\tilde{H}$ l'application hamiltonienne logarithmique associée à une structure de Poisson logarithmique principale le long de $\mathcal{I}$ de 2-forme associée ω. Pour tout $a \in \mathcal{A}$ et $u, v \in \mathcal{S}$ on a*

1. $\mathcal{L}_{\tilde{H}(a\frac{d(u)}{u})}(\frac{d(v)}{v}) = ad(\frac{1}{uv}\{u,v\}) + \frac{1}{uv}\{u,v\}d(a)$,

2. $\mathcal{L}_{\tilde{H}(a\frac{d(u)}{u})}(b\frac{d(v)}{v}) = \frac{1}{u}\{u,b\}\frac{d(v)}{v} + \frac{b}{uv}\{u,v\}d(a) + bad(\frac{1}{uv}\{u,v\}),$

3. $\mathcal{L}_{\tilde{H}(b\frac{d(v)}{v})}(a\frac{d(u)}{u}) = \frac{b}{v}\{v,a\}\frac{d(u)}{u} + \frac{a}{uv}\{v,u\}d(b) + abd(\frac{1}{uv}\{v,u\}),$

4. $d\left(\omega(a\frac{d(u)}{u}, b\frac{d(v)}{v})\right) = abd\left(\frac{1}{uv}\{u,v\}\right) + \frac{b}{uv}\{u,v\}d(a) + \frac{a}{uv}\{u,v\}d(b).$

Preuve. Cette preuve découle du corollaire 3.1.10. Nous la renvoyons à l'Annexe A. ∎

De cette proposition on déduit les résultats suivants

Corollaire 3.1.12 *Soient $a, b \in \mathcal{A}$ et $u, v \in \mathcal{S}$ on a*

$$-d\omega(a\frac{du}{u}, b\frac{dv}{v}) + \mathcal{L}_{\tilde{H}(a\frac{du}{u})}(b\frac{dv}{v}) - \mathcal{L}_{\tilde{H}(b\frac{du}{u})}(a\frac{dv}{v}) =$$
$$= \frac{a}{u}\{u,b\}\frac{d(v)}{v} + \frac{b}{v}\{a,v\}\frac{du}{u} + abd(\frac{1}{uv}\{u,v\}$$

Preuve. Nous déduisons de la proposition 3.1.11 et du corollaire 3.1.10 que

$$-d\omega(a\frac{du}{u}, b\frac{dv}{v}) + \mathcal{L}_{\tilde{H}(a\frac{du}{u})}(b\frac{dv}{v}) - \mathcal{L}_{\tilde{H}(b\frac{du}{u})}(a\frac{dv}{v}) =$$
$$= -abd[\frac{1}{uv}\{u,v\}] - \frac{b}{uv}\{u,v\}da - \frac{a}{uv}\{u,v\}db + \frac{a}{u}\{u,b\}\frac{dv}{v} + \frac{b}{uv}\{u,v\}da+$$
$$+abd(\frac{1}{uv}\{u,v\}) + \frac{b}{v}\{a,v\}\frac{du}{u} + \frac{a}{uv}\{u,v\}db + abd(\frac{1}{uv}\{u,v\}).$$

Après simplification on obtient

$$-d\omega(a\frac{du}{u}, b\frac{dv}{v}) + \mathcal{L}_{\tilde{H}(a\frac{du}{u})}(b\frac{dv}{v}) - \mathcal{L}_{\tilde{H}[b\frac{du}{u}]}(a\frac{dv}{v})$$
$$= \frac{a}{u}\{u,b\}\frac{dv}{v} + \frac{b}{v}\{a,v\}\frac{du}{u} + abd(\frac{1}{uv}\{u,v\}$$ ∎

Le corollaire suivant nous permet de retrouver l'expression générale du crochet de Lie-Poisson induit sur $\Omega_{\mathcal{A}}$.

Corollaire 3.1.13 *Soient $a, b \in \mathcal{A}$ et $u, v \in \mathcal{S}$ on a*

$$-d\omega(adu, bdv) + \mathcal{L}_{\tilde{H}(ad(u))}(bdv) - \mathcal{L}_{\tilde{H}(bdu)}(adv) = a\{u,b\}dv + b\{a,v\}du + abd(\{u,v\})$$

Preuve. Cette égalité résulte des propriétés suivantes :

E.1 $d[\omega(adu, bdv)] = a\{u,v\}db + b\{u,v\}da + abd[\{u,v\}],$

E.2 $\mathcal{L}_{\tilde{H}(adu)}(bd(v)) = abd[\{u,v\}] + a\{u,b\}dv + b\{u,v\}da,$

E.3 $\mathcal{L}_{\tilde{H}(bdv)}(ad(u)) = abd[\{v,u\}] + b\{v,a\}du + a\{v,u\}db.$

∎

On en déduit également que

Corollaire 3.1.14 *Soient* $a, b \in \mathcal{A}$ *et* $u, v \in \mathcal{S}$ *on a* $-d\omega(a\frac{du}{u}, bdv) + \mathcal{L}_{\tilde{H}(a\frac{du}{u})}(bdv) - \mathcal{L}_{\tilde{H}(bdu)}(a\frac{dv}{v}) = \frac{a}{u}\{u,b\}d(v) + b\{a,v\}\frac{du}{u} + abd(\frac{1}{u}\{u,v\}$.

Preuve.
Pour tout $a, b \in \mathcal{A}$ et $u, v \in \mathcal{S}$ on a

$$\begin{aligned} d(\omega(a\frac{du}{u}, bdv)) &= d(\frac{ab}{u}\{u,v\}) \\ &= [\frac{1}{u}\{u,v\}]d(ab) + abd(\frac{1}{u}\{u,v\}) \\ &= \frac{a}{u}\{u,v\}db + \frac{b}{u}\{u,v\}d(a) + abd(\frac{1}{u}\{u,v\}), \end{aligned}$$

$$\begin{aligned} \mathcal{L}_{\tilde{H}[a\frac{du}{u}]}(bdv) &= a\mathcal{L}_{\tilde{H}[\frac{d(u)}{u}]}(bdv) + \hat{\sigma}(\tilde{H}[\frac{du}{u}])(bdv)d(a) \\ &= a(b\mathcal{L}_{\tilde{H}(\frac{du}{u})}(d(v)) + \tilde{H}(\frac{du}{u})(b)dv) + \frac{b}{u}\{u,v\}d(a) \\ &= abd(\frac{1}{u}\{u,v\}) + \frac{a}{u}\{u,b\}d(v) + \frac{b}{u}\{u,v\}d(a), \end{aligned}$$

$$\begin{aligned} \mathcal{L}_{\tilde{H}[(bdv)]}(a\frac{du}{u}) &= b\mathcal{L}_{\tilde{H}(dv)}(a\frac{du}{u}) + \hat{\sigma}(\tilde{H}(d)(v))(a\frac{du}{u})d(b) \\ &= b(a\mathcal{L}_{\tilde{H}(dv)}(\frac{du}{u}) + \tilde{H}(dv)(a)\frac{du}{u}) + \frac{a}{u}\{v,u\}d(b) \\ &= bad(\frac{1}{u}\{v,u\}) + b\{v,a\}\frac{du}{u} + \frac{a}{u}\{v,u\}d(b). \end{aligned}$$

Il s'ensuit que
$-d\omega(a\frac{du}{u}, bd(v)) + \mathcal{L}_{\tilde{H}(a\frac{du}{u})}(bdv) - \mathcal{L}_{\tilde{H}(bdu)}(a\frac{dv}{v})$
$= \frac{a}{u}\{u,b\}dv + b\{a,v\}\frac{d(u)}{u} + abd\left(\frac{1}{u}\{u,v\}\right)$. ∎

Soit $\mathcal{S}$ une partie multiplicative d'une algèbre de Poisson $\mathcal{S}$. Le Lemme ci-dessous montre que le localisé $\mathcal{S}^{-1}\mathcal{A}$ hérite canoniquement d'une structure de Poisson induite par celle de $\mathcal{A}$.

Lemme 3.1.15 *Soit* $\mathcal{A}$ *une algèbre de Poisson. Pour toute partie multiplicative* $\mathcal{S} \subset \mathcal{A}$*, le localisé* $\mathcal{S}^{-1}\mathcal{A}$ *possède une structure canonique d'algèbre de Poisson.*

Preuve. Désignons par $\{-,-\}$ la structure de Poisson sur $\mathcal{A}$. Alors le crochet

$$\begin{aligned} &\{a_1s_1^{-1}, a_2s_2^{-1}\} = \{a_1,a_2\}(s_1s_2)^{-1} - \{a_1,s_2\}a_2(s_1s_2^2)^{-1} - \\ &\{s_1,a_2\}a_1(s_1^2s_2)^{-1} + a_1a_2\{s_1,s_2\}(s_1^2s_2^2)^{-1} \end{aligned}$$

est son unique prolongement sur $\mathcal{S}^{-1}\mathcal{A}$. ∎

Posons

$$[\alpha,\beta]_\omega = -d\omega(\alpha,\beta) + \mathcal{L}_{\tilde{H}(\alpha)}\beta - \mathcal{L}_{\tilde{H}(\beta)}\alpha \tag{3.14}$$

Alors, $[-,-]_\omega$ est R linéaire antisymétrique.
Les résultats ci-dessous explicitent $[-,-]_\omega$ sur les générateurs de $\Omega_{\mathcal{A}}(\log \mathcal{I})$.

Lemme 3.1.16 *Soit $a, b \in \mathcal{A}$ et $u, v \in \mathcal{S}$*

(1) $\left[a\frac{du}{u}, b\frac{dv}{v}\right]_\omega = \frac{a}{u}\{u,b\}\frac{dv}{v} + \frac{b}{v}\{a,v\}\frac{du}{u} + abd(\frac{1}{uv}\{u,v\})$,

(2) $\left[a\frac{du}{u}, bdv\right]_\omega = \frac{a}{u}\{u,b\}dv + b\{a,v\}\frac{du}{u} + abd(\frac{1}{u}\{u,v\})$,

(3) $[adu, bdv]_\omega = a\{u,b\}dv + b\{a,v\}du + abd(\{u,v\})$,

(4) $\left[adu, b\frac{dv}{v}\right]_\omega = a\{u,b\}\frac{du}{u} + \frac{b}{v}\{a,v\}du + abd(\frac{1}{v}\{u,v\})$.

Preuve. Ces propriétés sont une conséquence directe de la Proposition 3.1.11 et ses corollaires.
Pour ce qui est de la propriété (1) on a pour tout $a, b \in \mathcal{A}$ et $u, v \in \mathcal{S}$ on a

$d(\omega(a\frac{du}{u}, b\frac{dv}{v})) = abd(\frac{1}{uv}\{u,v\}) + \frac{a}{uv}\{u,v\}db + \frac{b}{uv}\{u,v\}da$

$\mathcal{L}_{\tilde{H}(a\frac{du}{u})}(b\frac{dv}{v}) = \frac{a}{u}\{u,b\}\frac{dv}{v} + \frac{b}{uv}\{u,v\}da + abd(\frac{1}{uv}\{u,v\})$

$\mathcal{L}_{\tilde{H}(b\frac{dv}{v})}(a\frac{du}{u}) = \frac{b}{v}\{v,a\}\frac{du}{u} + \frac{a}{uv}\{v,u\}db + abd(\frac{1}{uv}\{v,u\})$

et donc

$$\begin{array}{rl} & -d(\omega(a\frac{du}{u}, b\frac{dv}{v})) + \mathcal{L}_{\tilde{H}(a\frac{du}{u})}(b\frac{dv}{v}) - \mathcal{L}_{\tilde{H}(b\frac{dv}{v})}(a\frac{du}{u}) \\ = & -abd(\frac{1}{uv}\{u,v\}) - \frac{a}{uv}\{u,v\}db - \frac{b}{uv}\{u,v\}da + \frac{b}{v}\{v,a\}\frac{du}{u} \\ + & \frac{a}{u}\{u,b\}\frac{dv}{v} + \frac{b}{uv}\{u,v\}da + abd(\frac{1}{uv}\{u,v\}) - \frac{b}{v}\{v,a\}\frac{du}{u} \\ + & -\frac{a}{uv}\{v,u\}db - abd(\frac{1}{uv}\{v,u\}) \\ = & \frac{b}{v}\{v,a\}\frac{du}{u} + \frac{a}{u}\{u,b\}\frac{dv}{v} + abd(\frac{1}{uv}\{u,v\}) \\ + & [-abd(\frac{1}{uv}\{u,v\}) + abd(\frac{1}{uv}\{u,v\})] + [-\frac{a}{uv}\{u,v\}db - \frac{a}{uv}\{v,u\}db] \\ & +[\frac{b}{uv}\{u,v\}da - \frac{b}{uv}\{u,v\}da] \\ = & \frac{b}{v}\{v,a\}\frac{du}{u} + \frac{a}{u}\{u,b\}\frac{dv}{v} + abd(\frac{1}{uv}\{u,v\}). \end{array}$$

D'où

$$\left[a\frac{du}{u}, b\frac{dv}{v}\right]_\omega = \frac{a}{u}\{u,b\}\frac{dv}{v} + \frac{b}{v}\{a,v\}\frac{du}{u} + abd(\frac{1}{uv}\{u,v\})$$

De manière analogue, on montre les propriétés (2), (3) et (4). ■
En particulier, pour $a = b = 1$ on a

Corollaire 3.1.17 *Pour tout $u, v \in \mathcal{S}$ on a*

(1) $\left[\frac{du}{u}, \frac{dv}{v}\right]_\omega = d(\frac{1}{uv}\{u,v\})$, $\left[du, \frac{dv}{v}\right]_\omega = d(\frac{1}{v}\{u,v\})$,

(2) $\left[\frac{du}{u}, dv\right]_\omega = d(\frac{1}{u}\{u,v\})$, $[du, dv] = d(\{u,v\})$.

Proposition 3.1.18 *Pour tout $u, v, w \in \mathcal{S}$ on a*

$$\left[\left[\frac{du}{u}, \frac{dv}{v}\right]_\omega, \frac{dw}{w}\right]_\omega + \left[\left[\frac{dv}{v}, \frac{dw}{w}\right]_\omega, \frac{du}{u}\right]_\omega + \left[\left[\frac{dw}{w}, \frac{du}{u}\right]_\omega, \frac{dv}{v}\right]_\omega = 0$$

__Preuve__. Voir AnnexeA ■

Dans le même objectif nous avons

Proposition 3.1.19 *Pour tout $u, v \in \mathcal{S}$ et $w \in \mathcal{A}$ on a*

(a) $\left[\left[\frac{du}{u}, \frac{dv}{v}\right]_\omega, dw\right]_\omega + \left[\left[\frac{dv}{v}, dw\right]_\omega, \frac{du}{u}\right]_\omega + \left[\left[dw, \frac{du}{u}\right]_\omega, \frac{dv}{v}\right]_\omega = 0,$

(b) $\left[\left[\frac{du}{u}, dv\right]_\omega, dw\right]_\omega + \left[[dv, dw]_\omega, \frac{du}{u}\right]_\omega + \left[\left[dw, \frac{du}{u}\right]_\omega, dv\right]_\omega = 0.$

__Preuve__. Voir Annexe A pour plus de détaille. ■

Nous allons à présent montrer que pour tous $\omega_1 = a_1\frac{du_1}{u_1} + b_1dv_1$, $\omega_2 = a_2\frac{du_2}{u_2} + b_2dv_2$ et $\omega_3 = a_3\frac{du_3}{u_3} + b_3dv_3$ dans $\Omega_{\mathcal{A}}(\log \mathcal{I})$ on a :

$$[[\omega_1, \omega_2]_\omega, \omega_3]_\omega + [[\omega_2, \omega_3]_\omega, \omega_1]_\omega + [[\omega_3, \omega_1]_\omega, \omega_2]_\omega = 0$$

C'est-à-dire que

$$\left[\left[a_1\frac{du_1}{u_1}, a_2\frac{du_2}{u_2}\right]_\omega, a_3\frac{du_3}{u_3}\right]_\omega + \left[\left[a_1\frac{du_1}{u_1}, a_2\frac{du_2}{u_2}\right]_\omega, b_3dv_3\right]_\omega + \left[\left[a_1\frac{du_1}{u_1}, b_2dv_2\right]_\omega, a_3\frac{du_3}{u_3}\right]_\omega$$
$$+ \left[\left[a_1\frac{du_1}{u_1}, b_2dv_2\right]_\omega, b_3dv_3\right]_\omega + \left[\left[b_1dv_1, a_2\frac{du_2}{u_2}\right]_\omega, a_3\frac{du_3}{u_3}\right] + \left[\left[b_1dv_1, a_2\frac{du_2}{u_2}\right]_\omega, b_3dv_3\right]_\omega +$$
$$\left[[b_1dv_1, b_2dv_2]_\omega, a_3\frac{du_3}{u_3}\right] + [[b_1dv_1, b_2dv_2]_\omega, b_3dv_3]_\omega + \left[\left[a_2\frac{du_2}{u_2}, a_3\frac{du_3}{u_3}\right]_\omega, a_1\frac{du_1}{u_1}\right]_\omega$$
$$+ \left[\left[a_2\frac{du_2}{u_2}, a_3\frac{du_3}{u_3}\right]_\omega, b_1dv_1\right]_\omega + \left[\left[a_2\frac{du_2}{u_2}, b_3dv_3\right]_\omega, a_1\frac{du_1}{u_1}\right]_\omega + \left[\left[a_2\frac{du_2}{u_2}, b_3dv_3\right]_\omega, b_1dv_1\right]_\omega$$
$$+ \left[\left[b_2dv_2, a_3\frac{du_3}{u_3}\right]_\omega, a_1\frac{du_1}{u_1}\right] + \left[\left[b_2dv_2, a_3\frac{du_3}{u_3}\right]_\omega, b_1dv_1\right]_\omega + \left[[b_2dv_2, b_3dv_3]_\omega, a_1\frac{du_1}{u_1}\right]$$
$$+$$
$$[[b_2dv_2, b_3dv_3]_\omega, b_1dv_1]_\omega + \left[\left[a_3\frac{du_3}{u_3}, a_1\frac{du_1}{u_1}\right]_\omega, a_2\frac{du_2}{u_2}\right]_\omega + \left[\left[a_3\frac{du_3}{u_3}, a_1\frac{du_1}{u_1}\right]_\omega, b_2dv_2\right]_\omega$$
$$+ \left[\left[a_3\frac{du_3}{u_3}, b_1dv_1\right]_\omega, a_2\frac{du_2}{u_2}\right]_\omega + \left[\left[a_3\frac{du_3}{u_3}, b_1dv_1\right]_\omega, b_2dv_2\right]_\omega + \left[\left[b_3dv_3, a_1\frac{du_1}{u_1}\right]_\omega, a_2\frac{du_2}{u_2}\right]$$
$$+ \left[\left[b_3dv_3, a_1\frac{du_1}{u_1}\right]_\omega, b_2dv_2\right]_\omega + \left[[b_3dv_3, b_1dv_1]_\omega, a_2\frac{du_2}{u_2}\right] + [[b_3dv_3, b_1dv_1]_\omega, b_2dv_2]_\omega = 0$$

Or d'après le Lemme 3.1.16 on a

$$\left[a_1\frac{du_1}{u_1}, a_2\frac{du_2}{u_2}\right] = \frac{a_1}{u_1}\{u_1, a_2\}\frac{du_2}{u_2} + \frac{a_2}{u_2}\{a_1, u_2\}\frac{du_1}{u_1} + a_1a_2d\left(\frac{1}{u_1, u_2}\{u_1, u_2\}\right)$$

et donc

$$\begin{aligned}
&\left[\left[a_1\frac{du_1}{u_1}, a_2\frac{du_2}{u_2}\right], a_3\frac{du_3}{u_3}\right]\\
=\ &\left[\frac{a_1}{u_1}\{u_1,a_2\}\frac{du_2}{u_2}, a_3\frac{du_3}{u_3}\right] + \left[\frac{a_2}{u_2}\{a_1,u_2\}\frac{du_1}{u_1}, a_3\frac{du_3}{u_3}\right] +\\
&\left[a_1a_2d\left(\frac{1}{u_1,u_2}\{u_1,u_2\}\right), a_3\frac{du_3}{u_3}\right]\\
&\left[\frac{a_1}{u_1}\{u_1,a_2\}\frac{du_2}{u_2}, a_3\frac{du_3}{u_3}\right]\\
=\ &\frac{a_1}{u_1u_2}\{u_1,a_2\}\{u_2,a_3\}\frac{du_3}{u_3} + \frac{a_3}{u_3}\{\frac{a_1}{u_1}\{u_1,a_2\},u_3\}\frac{du_2}{u_2}\\
&+\frac{a_1a_3}{u_1}\{u_1,a_2\}d\left(\frac{1}{u_2u_3}\{u_2,u_3\}\right)\\
&\left[\frac{a_2}{u_2}\{a_1,u_2\}\frac{du_1}{u_1}, a_3\frac{du_3}{u_3}\right]\\
=\ &\frac{a_2}{u_1u_2}\{a_1,u_2\}\{u_1,a_3\}\frac{du_3}{u_3} + \frac{a_3}{u_3}\{\frac{a_2}{u_2}\{a_1,u_2\},u_3\}\frac{du_1}{u_1}+\\
&\frac{a_2a_3}{u_2}\{a_1,u_2\}d\left(\frac{1}{u_3u_1}\{u_1,u_3\}\right)\\
&\left[a_1a_2d(\frac{1}{u_1,u_2}\{u_1,u_2\}), a_3\frac{du_3}{u_3}\right]\\
=\ &\frac{a_3}{u_3}\{a_1a_2,u_3\}d(\frac{1}{u_1u_2}\{u_1,u_2\}) + a_1a_2\{\frac{1}{u_1u_2}\{u_1,u_2\},a_3\}\frac{du_3}{u_3}\\
&+a_1a_2a_3d\left(\frac{1}{u_3}\{\frac{1}{u_1u_2}\{u_1,u_2\},u_3\}\right)
\end{aligned}$$

Par ailleurs, la proposition suivante donne quelques propriétés caractéristiques du crochet de Poisson logarithmique principal.

Proposition 3.1.20 *Soient $u_i \in \mathcal{S}, a_i \in \mathcal{A}-\mathcal{S}$, avec $i = 1,2,3$ et $\{-,-\}$ une structure de Poisson logarithmique principale le long de $\mathcal{I}$. On a les propriétés suivantes*

P1. $\frac{1}{u_3}\{\frac{1}{u_1u_2}\{u_1,u_2\},u_3\} + \frac{1}{u_1}\{\frac{1}{u_2u_3}\{u_2,u_3\},u_1\} + \frac{1}{u_2}\{\frac{1}{u_3u_1}\{u_3,u_1\},u_2\} = 0,$

P2. $\frac{a_1}{u_1}\{\frac{a_2}{u_2}\{u_2,a_3\},u_1\}\frac{du_3}{u_3} = \frac{a_1a_2}{u_1u_2}\{\{u_2,a_3\},u_1\}\frac{du_3}{u_3} + \frac{a_1}{u_1u_2}\{a_2,u_1\}\{u_2,a_3\}\frac{du_3}{u_3} - \frac{a_1a_2}{u_1u_2^2}\{u_2,a_3\}\{u_2,u_1\}\frac{du_3}{u_3},$

P3. $\frac{a_3}{u_3}\{\frac{a_1}{u_1}\{u_1,a_2\},u_1\}\frac{du_2}{u_2} = \frac{a_3a_1}{u_1u_3}\{\{u_1,a_2\},u_3\}\frac{du_2}{u_2} + \frac{a_3}{u_3u_1}\{a_1,u_3\}\{u_1,a_2\}\frac{du_2}{u_2} - \frac{a_3a_1}{u_3u_1^2}\{u_1,a_2\}\{u_1,u_3\}\frac{du_2}{u_2},$

P4. $\frac{a_3}{u_3}\{\frac{a_2}{u_2}\{a_1,u_2\},u_3\}\frac{du_1}{u_1} = \frac{a_3a_2}{u_3u_2}\{\{a_1,u_2\},u_3\}\frac{du_1}{u_1} + \frac{a_3}{u_3u_2}\{a_1,u_2\}\{a_2,u_3\}\frac{du_1}{u_1} - \frac{a_2a_3}{u_3u_2^2}\{a_1,u_2\}\{u_2,u_3\}\frac{du_1}{u_1},$

P5. $\frac{a_1}{u_1}\{\frac{a_3}{u_3}\{a_2,u_3\},u_1\}\frac{du_2}{u_2} = \frac{a_1a_3}{u_1u_3}\{\{a_2,u_3\},u_1\}\frac{du_2}{u_2} + \frac{a_1}{u_1u_3}\{a_2,u_3\}\{a_3,u_1\}\frac{du_2}{u_2} - \frac{a_1a_3}{u_1u_3^2}\{a_2,u_3\}\{u_3,u_1\}\frac{du_2}{u_2},$

P6. $\frac{a_2}{u_2}\{\frac{a_3}{u_3}\{u_3,a_1\},u_2\}\frac{du_1}{u_1} = \frac{a_2a_3}{u_2u_3}\{\{u_3,a_1\},u_2\}\frac{du_1}{u_1} + \frac{a_2}{u_2u_3}\{a_3,u_2\}\{u_3,a_1\}\frac{du_1}{u_1} - \frac{a_2a_3}{u_2u_3^2}\{u_3,a_1\}\{u_3,u_2\}\frac{du_1}{u_1},$

P7. $\frac{a_2}{u_2}\{\frac{a_1}{u_1}\{a_3,u_1\},u_2\}\frac{du_3}{u_3} = \frac{a_2a_1}{u_2u_1}\{\{a_3,u_1\},u_2\}\frac{du_3}{u_3} + \frac{a_2}{u_2u_1}\{a_3,u_1\}\{a_1,u_2\}\frac{du_3}{u_3} - \frac{a_2a_1}{u_2u_1^2}\{a_3,u_1\}\{u_1,u_2\}\frac{du_3}{u_3},$

P8. $a_3a_1\{\frac{1}{u_3u_1}\{u_3,u_1\},a_2\}\frac{du_2}{u_2} = \frac{a_3a_1}{u_3u_1}\{\{,u_3,u_1\}a_2\}\frac{du_2}{u_2} - \frac{a_3a_1}{u_1u_3^2}\{u_3,u_1\}\{u_3,a_2\}\frac{du_2}{u_2} - \frac{a_3a_1}{u_3u_1^2}\{u_3,u_1\}\{u_1,a_2\}\frac{du_2}{u_2},$

P9. $a_2a_3\{\frac{1}{u_2u_3}\{u_2,u_3\},a_1\}\frac{du_1}{u_1} = \frac{a_2a_3}{u_2u_3}\{\{,u_2,u_3\},a_1\}\frac{du_1}{u_1} - \frac{a_2a_3}{u_2u_3^2}\{u_2,u_3\}\{u_3,a_1\}\frac{du_1}{u_1} - \frac{a_2a_3}{u_3u_2^2}\{u_2,u_3\}\{u_2,a_1\}\frac{du_1}{u_1},$

P10. $a_1a_3\{\frac{1}{u_1u_2}\{u_1,u_2\},a_3\}\frac{du_3}{u_3} = \frac{a_1a_2}{u_1u_2}\{\{u_1,u_2\},a_3\}\frac{du_3}{u_3} - \frac{a_1a_2}{u_1u_2^2}\{u_1,u_2\}\{u_2,a_3\}\frac{du_3}{u_3} - \frac{a_1a_2}{u_2u_1^2}\{u_1,u_2\}\{u_1,a_3\}\frac{du_3}{u_3}.$

Preuve. Voir Annexe A ■

A l'aide de ces propriétés on obtient

$$\left[\left[a_1\frac{du_1}{u_1},a_2\frac{du_2}{u_2}\right],a_3\frac{du_3}{u_3}\right]+\left[\left[a_2\frac{du_2}{u_2},a_3\frac{du_3}{u_3}\right],a_1\frac{du_1}{u_1}\right]+\left[\left[a_3\frac{du_3}{u_3},a_1\frac{du_1}{u_1}\right],a_2\frac{du_2}{u_2}\right]=$$
$$\frac{a_1}{u_1u_2}\{u_1,a_2\}\{u_2,a_3\}\frac{du_3}{u_3}+\frac{a_3a_1}{u_3u_1}\{\{u_1,a_2\},u_3\}\frac{du_2}{u_2}+\frac{a_3}{u_3u_1}\{u_1,a_2\}\{a_1,u_3\}\frac{du_2}{u_2}+$$
$$-\frac{a_3a_1}{u_1^2u_3}\{u_1,a_2\}\{u_1,u_3\}\frac{du_2}{u_2}+\frac{a_1a_3}{u_1}\{u_1,a_2\}d(\frac{1}{u_2u_3}\{u_2,u_3\})+\frac{a_2}{u_2u_1}\{a_1,u_2\}\{u_1,a_3\}\frac{du_3}{u_3}+$$
$$+\frac{a_3a_2}{u_3u_2}\{\{a_1,u_2\},u_3\}\frac{du_1}{u_1}+\frac{a_3}{u_3u_2}\{a_1,u_2\}\{a_2,u_3\}\frac{du_1}{u_1}-\frac{a_3a_2}{u_3u_2^2}\{a_1,u_2\}\{u_2,u_3\}\frac{du_1}{u_1}+$$
$$\frac{a_2a_3}{u_2}\{a_1,u_2\}d(\frac{1}{u_1u_3}\{u_1,u_3\})+\frac{a_1a_2}{u_1u_2}\{\{u_1,u_2\},a_3\}\frac{du_3}{u_3}-\frac{a_1a_2}{u_1u_2^2}\{u_1,u_2\}\{u_2,a_3\}\frac{du_3}{u_3}+$$
$$-\frac{a_1a_2}{u_1^2u_2}\{u_1,u_2\}\{u_1,a_3\}\frac{du_3}{u_3}+\frac{a_3a_1}{u_3}\{a_2,u_3\}d(\frac{1}{u_1u_2}\{u_1,u_2\})+\frac{a_3a_2}{u_3}\{a_1,u_3\}d(\frac{1}{u_1u_2}\{u_1,u_2\})$$
$$+a_1a_2a_3d(\frac{1}{u_3}\{\frac{1}{u_1u_2}\{u_1,u_2\},u_3\})+$$
$$\frac{a_2}{u_2u_3}\{u_2,a_3\}\{u_3,a_1\}\frac{du_1}{u_1}+\frac{a_1a_2}{u_1u_2}\{\{u_2,a_3\},u_1\}\frac{du_3}{u_3}+\frac{a_1}{u_1u_2}\{u_2,a_3\}\{a_2,u_1\}\frac{du_3}{u_3}+$$
$$-\frac{a_1a_2}{u_2^2u_1}\{u_2,a_3\}\{u_2,u_1\}\frac{du_3}{u_3}+\frac{a_2a_1}{u_2}\{u_2,a_3\}d(\frac{1}{u_3u_1}\{u_3,u_1\})+\frac{a_3}{u_3u_2}\{a_2,u_3\}\{u_2,a_1\}\frac{du_1}{u_1}+$$
$$+\frac{a_1a_3}{u_1u_3}\{\{a_2,u_3\},u_1\}\frac{du_2}{u_2}+\frac{a_1}{u_1u_3}\{a_2,u_3\}\{a_3,u_1\}\frac{du_2}{u_2}-\frac{a_1a_3}{u_1u_3^2}\{a_2,u_3\}\{u_3,u_1\}\frac{du_2}{u_2}+$$
$$\frac{a_3a_1}{u_3}\{a_2,u_3\}d(\frac{1}{u_2u_1}\{u_2,u_1\})+\frac{a_2a_3}{u_2u_3}\{\{u_2,u_3\},a_1\}\frac{du_1}{u_1}-\frac{a_2a_3}{u_2u_3^2}\{u_2,u_3\}\{u_3,a_1\}\frac{du_1}{u_1}+$$
$$-\frac{a_2a_3}{u_2^2u_3}\{u_2,u_3\}\{u_2,a_1\}\frac{du_1}{u_1}+\frac{a_1a_2}{u_1}\{a_3,u_1\}d(\frac{1}{u_2u_3}\{u_2,u_3\})+\frac{a_1a_3}{u_1}\{a_2,u_1\}d(\frac{1}{u_2u_3}\{u_2,u_3\})$$
$$+a_2a_3a_1d(\frac{1}{u_1}\{\frac{1}{u_2u_3}\{u_2,u_3\},u_1\})+$$

$$\frac{a_3}{u_3u_1}\{u_3,a_1\}\{u_1,a_2\}\frac{du_2}{u_2}+\frac{a_2a_3}{u_2u_3}\{\{u_3,a_1\},u_2\}\frac{du_1}{u_1}+\frac{a_2}{u_2u_3}\{u_3,a_1\}\{a_3,u_2\}\frac{du_1}{u_1}+$$
$$-\frac{a_2a_3}{u_3^2u_2}\{u_3,a_1\}\{u_3,u_2\}\frac{du_1}{u_1}+\frac{a_3a_2}{u_3}\{u_3,a_1\}d(\frac{1}{u_1u_2}\{u_1,u_2\})+\frac{a_1}{u_1u_3}\{a_3,u_1\}\{u_3,a_2\}\frac{du_2}{u_2}+$$
$$+\frac{a_2a_1}{u_2u_1}\{\{a_3,u_1\},u_2\}\frac{du_3}{u_3}+\frac{a_2}{u_2u_1}\{a_3,u_1\}\{a_1,u_2\}\frac{du_3}{u_3}-\frac{a_2a_1}{u_2u_1^2}\{a_3,u_1\}\{u_1,u_2\}\frac{du_3}{u_3}+$$
$$\frac{a_1a_2}{u_1}\{a_3,u_1\}d(\frac{1}{u_3u_2}\{u_3,u_2\})+\frac{a_3a_1}{u_3u_1}\{\{u_3,u_1\},a_2\}\frac{du_2}{u_2}-\frac{a_3a_1}{u_3u_1^2}\{u_3,u_1\}\{u_1,a_2\}\frac{du_2}{u_2}+$$
$$-\frac{a_3a_1}{u_3^2u_1}\{u_3,u_1\}\{u_3,a_2\}\frac{du_2}{u_2}+\frac{a_2a_3}{u_2}\{a_1,u_2\}d(\frac{1}{u_3u_1}\{u_3,u_1\})+\frac{a_2a_1}{u_2}\{a_3,u_2\}d(\frac{1}{u_3u_1}\{u_3,u_1\})$$
$$+a_3a_1a_2d(\frac{1}{u_2}\{\frac{1}{u_3u_1}\{u_3,u_1\},u_2\}).$$

On en déduit la proposition suivante

Proposition 3.1.21 *Pour tous a_i dans $\mathcal{A}$ et u_i dans $\mathcal{S}$ avec $i=1,2,3$ on a* $\left[\left[a_1\frac{du_1}{u_1},a_2\frac{du_2}{u_2}\right],a_3\frac{du_3}{u_3}\right]+\left[\left[a_2\frac{du_2}{u_2},a_3\frac{du_3}{u_3}\right],a_1\frac{du_1}{u_1}\right]+\left[\left[a_3\frac{du_3}{u_3},a_1\frac{du_1}{u_1}\right],a_2\frac{du_2}{u_2}\right]=0.$

Preuve. Voir AnnexeA ■

Par ailleurs, nous avons les relations suivantes

$$\left[[a_1\frac{du_1}{u_1},a_2\frac{du_2}{u_2}]_\omega,b_3dv_3\right]_\omega=\frac{a_1}{u_1u_2}\{u_1,a_2\}\{u_2,b_3\}dv_3+\frac{b_3a_1}{u_1}\{\{u_1,a_2\},v_3\}\frac{du_2}{u_2}+$$
$$\frac{b_3}{u_1}\{u_1,a_2\}\{a_1,v_3\}\frac{du_2}{u_2}-\frac{b_3a_1}{u_1^2}\{u_1,a_2\}\{u_1,v_3\}\frac{du_2}{u_2}+\frac{a_1b_3}{u_1}\{u_1,a_2\}d(\frac{1}{u_2}\{u_2,v_3\})+$$
$$\frac{a_2}{u_2u_1}\{a_1,u_2\}\{u_1,b_3\}dv_3+\frac{b_3a_2}{u_2}\{\{a_1,u_2\},v_3\}\frac{du_1}{u_1}+\frac{b_3}{u_2}\{a_1,u_2\}\{a_2,,v_3\}\frac{du_1}{u_1}+$$
$$-\frac{b_3a_2}{u_2^2}\{a_1,u_2\}\{u_2,v_3\}\frac{du_1}{u_1}+\frac{a_2b_3}{u_2}\{a_1,u_2\}d(\frac{1}{u_1}\{u_1,v_3\})+\frac{a_2a_1}{u_1u_2}\{\{u_1,u_2\},b_3\}dv_3+$$
$$-\frac{a_1a_2}{u_1^2u_2}\{u_1,u_2\}\{u_1,b_3\}dv_3-\frac{a_1a_2}{u_1u_2^2}\{u_1,u_2\}\{u_2,b_3\}dv_3+b_3a_1\{a_2,v_3\}d(\frac{1}{u_1u_2}\{u_1,u_2\})$$
$$+b_3a_2\{a_1,v_3\}d(\frac{1}{u_1u_2}\{u_1,u_2\})+a_1a_2b_3d(\{\frac{1}{u_1u_2}\{u_1,u_2\},v_3\}),$$

$$\left[[a_2\frac{du_2}{u_2},b_3dv_3]_\omega,a_1\frac{du_1}{u_1}\right]_\omega=\frac{a_2}{u_2}\{u_2,b_3\}\{v_3,a_1\}\frac{du_1}{u_1}+\frac{a_1a_2}{u_1u_2}\{\{u_2,b_3\},u_1\}dv_3$$
$$+\frac{a_1}{u_1u_2}\{u_2,b_3\}\{a_2,u_1\}dv_3-\frac{a_1a_2}{u_1u_2^2}\{u_2,b_3\}\{u_2,u_1\}dv_3+\frac{a_1a_2}{u_2}\{u_2,b_3\}d(\frac{1}{u_1}\{v_3,u_1\})$$
$$+\frac{b_3}{u_2}\{a_2,v_3\}\{u_2,a_1\}\frac{du_1}{u_1}+\frac{a_1b_3}{u_1}\{\{a_2,v_3\},u_1\}\frac{du_2}{u_2}+\frac{a_1}{u_1}\{a_2,v_3\}\{b_3,u_2\}\frac{du_2}{u_2}$$
$$+a_1b_3\{a_2,v_3\}d(\frac{1}{u_1u_2}\{u_2,u_1\})+\frac{a_2b_3}{u_2}\{\{u_2,v_3\},a_1\}\frac{du_1}{u_1}-\frac{a_2b_3}{u_2^2}\{u_2,a_1\}\{u_2,v_3\}\frac{du_1}{u_1}$$
$$+\frac{a_1a_2}{u_1}\{b_3,u_1\}d(\frac{1}{u_2}\{u_2,v_3\})+\frac{a_1b_3}{u_1}\{a_2,u_1\}d(\frac{1}{u_2}\{u_2,v_3\})+$$
$$a_2b_3a_1d(\frac{1}{u_1}\{\frac{1}{u_2}\{u_2,v_3\},u_1\})$$

et enfin

$$\left[[b_3dv_3, a_1\frac{du_1}{u_1}]_\omega, a_2\frac{du_2}{u_2}\right]_\omega = \frac{b_3}{u_1}\{v_3,a_1\}\{u_1,a_2\}\frac{du_2}{u_2} + \frac{a_2b_3}{u_2}\{\{v_3,a_1\},u_2\}\frac{du_1}{u_1}$$
$$+\frac{a_2}{u_2}\{v_3,a_1\}\{b_3,u_2\}\frac{du_1}{u_1} + b_3a_2\{v_3,a_1\}d(\frac{1}{u_1u_2}\{u_1,u_2\}) + \frac{a_1}{u_1}\{b_3,u_1\}\{v_3,a_2\}\frac{du_2}{u_2}$$
$$+\frac{a_2a_1}{u_1u_2}\{\{b_3,u_1\},u_2\}dv_3 + \frac{a_2}{u_1u_2}\{b_3,u_1\}\{a_1,u_2\}dv_3 - \frac{a_2a_1}{u_1^2u_2}\{b_3,u_1\}\{u_1,u_2\}dv_3 +$$
$$\frac{a_1a_2}{u_1}\{b_3,u_1\}d(\frac{1}{u_2}\{v_3,u_2\}) + \frac{b_3a_1}{u_1}\{\{v_3,u_1\},a_2\}\frac{du_2}{u_2} - \frac{b_3a_1}{u_1^2}\{v_3,u_3\}\{u_1,a_2\}\frac{du_2}{u_2}$$
$$+\frac{a_1a_2}{u_2}\{b_3,u_2\}d(\frac{1}{u_1}\{v_3,u_1\}) + \frac{a_2b_3}{u_2}\{a_1,u_2\}d(\frac{1}{u_1}\{v_3,u_1\}) +$$
$$a_1b_3a_2d(\frac{1}{u_2}\{\frac{1}{u_1}\{v_3,u_1\},u_2\})$$

Grâce auxquelles nous obtenons la proposition suivante

Proposition 3.1.22 *Soient a_i et v_3 dans $\mathcal{A}$. Soit u_i dans $\mathcal{S}$ avec $i = 1, 2$ on a*

$$\left[[a_2\frac{du_2}{u_2}, b_3dv_3]_\omega, a_1\frac{du_1}{u_1}\right]_\omega + \left[[a_1\frac{du_1}{u_1}, a_2\frac{du_2}{u_2}]_\omega, b_3dv_3\right]_\omega + \left[[b_3dv_3, a_1\frac{du_1}{u_1}]_\omega, a_2\frac{du_2}{u_2}\right]_\omega = 0.$$

Preuve. Voir AnnexeA ■

Remarque 3.1.23 *Soient u_1 et u_3 dans $\mathcal{S}$ et soient a_1, a_3, b_2 et v_2 dans $\mathcal{A}$ on a*

$$\left[[a_1\frac{du_1}{u_1}, b_2dv_2,]_\omega, a_3\frac{du_3}{u_3}\right]_\omega = \frac{a_1}{u_1}\{u_1,b_2\}\{v_2,a_3\}\frac{du_3}{u_3} + \frac{a_3a_1}{u_3u_1}\{\{u_1,b_2\},u_3\}dv_3 +$$
$$\frac{a_3}{u_3u_1}\{a_1,u_3\}\{u_1,b_2\}dv_3 - \frac{a_3a_1}{u_3u_1^2}\{u_1,b_2\}\{u_1,u_3\}dv_2 + \frac{a_1a_3}{u_1}\{u_1,b_2\}d(\frac{1}{u_3}\{v_2,u_3\}) +$$
$$\frac{b_2}{u_1}\{a_1,v_2\}\{u_1,a_3\}\frac{du_3}{u_3} + \frac{a_3b_2}{u_3}\{\{a_1,v_2\},u_3\}\frac{du_1}{u_1} + \frac{a_3}{u_3}\{b_2,u_3\}\{a_1,v_2\}\frac{du_1}{u_1} +$$
$$a_3b_2\{a_1,v_2\}d(\frac{1}{u_1u_3}\{u_1,u_3\}) + \frac{a_1b_2}{u_1}\{\{u_1,v_2\},a_3\}\frac{du_3}{u_3} - \frac{a_1b_2}{u_1^2}\{u_1,a_3\}\{u_1,v_2\}\frac{du_3}{u_3} +$$
$$\frac{a_3a_1}{u_3}\{b_2,u_3\}d(\frac{1}{u_1}\{u_1,v_2\}) + \frac{a_3b_2}{u_3}\{a_1,u_3\}d(\frac{1}{u_1}\{u_1,v_2\}) +$$
$$a_1b_2a_3d(\frac{1}{u_3}\{\frac{1}{u_1}\{u_1,v_2\},u_3\}),$$

$$\left[[b_2dv_2, a_3\frac{du_3}{u_3}]_\omega, a_1\frac{du_1}{u_1}\right]_\omega = \frac{b_2}{u_3}\{v_2,a_3\}\{u_3,a_1\}\frac{du_1}{u_1} + \frac{a_1b_2}{u_1}\{\{v_2,a_3\},u_1\}\frac{du_3}{u_3}$$
$$+\frac{a_1}{u_1}\{v_2,a_3\}\{b_2,u_1\}\frac{du_3}{u_3} + b_2a_1\{v_2,a_3\}d(\frac{1}{u_3u_1}\{u_3,u_1\}) + \frac{a_3}{u_3}\{b_2,u_3\}\{v_2,a_1\}\frac{du_1}{u_1}$$
$$+\frac{a_1a_3}{u_3u_1}\{\{b_2,u_3\},u_1\}dv_2 + \frac{a_1}{u_3u_1}\{b_2,u_3\}\{a_3,u_1\}dv_2 - \frac{a_1a_3}{u_3^2u_1}\{b_2,u_3\}\{u_3,u_1\}dv_2 +$$
$$\frac{a_3a_1}{u_3}\{b_3,u_3\}d(\frac{1}{u_1}\{v_2,u_1\}) + \frac{b_2a_3}{u_3}\{\{v_2,u_3\},a_1\}\frac{du_1}{u_1} - \frac{b_2a_3}{u_3^2}\{v_2,u_3\}\{u_3,a_1\}\frac{du_1}{u_1}$$
$$+\frac{a_3a_1}{u_1}\{b_2,u_1\}d(\frac{1}{u_3}\{v_2,u_3\}) + \frac{a_1b_2}{u_1}\{a_3,u_1\}d(\frac{1}{u_3}\{v_2,u_3\}) +$$
$$a_3b_3a_1d(\frac{1}{u_1}\{\frac{1}{u_3}\{v_2,u_3\},u_1\})$$

et

$$\left[[a_3\frac{du_3}{u_3}, a_1\frac{du_1}{u_1}]_\omega, b_2dv_2\right]_\omega = \frac{a_3}{u_3u_1}\{u_3,a_1\}\{u_1,b_2\}dv_2 + \frac{b_2a_3}{u_3}\{\{u_3,a_1\},v_2\}\frac{du_1}{u_1}+$$
$$\frac{b_2}{u_3}\{u_3,a_1\}\{a_3,v_2\}\frac{du_1}{u_1} - \frac{b_2a_3}{u_3^2}\{u_3,a_1\}\{u_3,v_2\}\frac{du_1}{u_1} + \frac{a_3b_2}{u_3}\{u_3,a_1\}d(\frac{1}{u_1}\{u_1,v_2\})+$$
$$\frac{a_1}{u_1u_3}\{a_3,u_1\}\{u_3,b_2\}dv_2 + \frac{b_2a_1}{u_1}\{\{a_3,u_1\},v_2\}\frac{du_3}{u_3} + \frac{b_2}{u_1}\{a_3,u_1\}\{a_1,v_2\}\frac{du_3}{u_3}+$$
$$-\frac{b_2a_1}{u_1^2}\{a_3,u_1\}\{u_1,v_2\}\frac{du_3}{u_3} + \frac{a_1b_2}{u_1}\{a_3,u_1\}d(\frac{1}{u_3}\{u_3,v_2\}) + \frac{a_1a_3}{u_3u_1}\{\{u_3,u_1\},b_2\}dv_2+$$
$$-\frac{a_3a_1}{u_3^2u_1}\{u_3,u_1\}\{u_3,b_2\}dv_2 - \frac{a_3a_1}{u_3u_1^2}\{u_3,u_1\}\{u_1,b_2\}dv_2 + b_2a_3\{a_1,v_2\}d(\frac{1}{u_3u_1}\{u_3,u_1\})$$
$$+b_2a_1\{a_3,v_2\}d(\frac{1}{u_3u_1}\{u_3,u_1\}) + a_3a_1b_2d(\{\frac{1}{u_3u_1}\{u_3,u_1\},v_2\}).$$

De cette remarque, nous déduisons la proposition suivante

Proposition 3.1.24 *Pour tout* $u_1, u_3 \in \mathcal{S}$ *et* $a_1, a_3, b_2, v_2 \in \mathcal{A}$ *on a*

$$\left[[a_1\frac{du_1}{u_1}, b_2dv_2,]_\omega, a_3\frac{du_3}{u_3}\right]_\omega + \left[[b_2dv_2, a_3\frac{du_3}{u_3}]_\omega, a_1\frac{du_1}{u_1}\right]_\omega + \left[[a_3\frac{du_3}{u_3}, a_1\frac{du_1}{u_1}]_\omega, b_2dv_2\right]_\omega = 0.$$

<u>**Preuve.**</u>
Elle découle d'une simple application de l'identité de Jacobi et de la propriété d'anti-symétrie de $\{-,-\}$. Montrons par exemple que

$$\begin{aligned} &a_3a_1b_2d(\{\frac{1}{u_3u_1}\{u_3,u_1\},v_2\}) \\ &+a_3b_3a_1d(\frac{1}{u_1}\{\frac{1}{u_3}\{v_2,u_3\},u_1\}) + a_1b_2a_3d(\frac{1}{u_3}\{\frac{1}{u_1}\{u_1,v_2\},u_3\}) \\ &= 0 \end{aligned}$$

Rappelons tout d'abord que

$$\frac{1}{u_3}\{\frac{1}{u_1}\{u_1,v_2\},u_3\} = \frac{1}{u_3u_1}\{\{u_1,v_2\},u_3\} - \frac{1}{u_3u_1^2}\{u_1,u_3\}\{u_1,v_2\}$$

puis

$$\frac{1}{u_1}\{\frac{1}{u_3}\{v_2,u_3\},u_1\} = \frac{1}{u_1u_3}\{\{v_2,u_3\},u_1\} - \frac{1}{u_1u_3^2}\{v_2,u_3\}\{u_3,u_1\}$$

et puis

$$\{\frac{1}{u_3u_1}\{u_3,u_1\},v_2\} = \frac{1}{u_1u_3}\{\{u_3,u_1\},v_2\} - \frac{1}{u_1u_3^2}\{u_3,u_1\}\{u_3,v_2\}+$$
$$-\frac{1}{u_3u_1^2}\{u_1,v_2\}\{u_3,u_1\}.$$

Il s'en suit que

$$
\begin{aligned}
&a_1b_2a_3d(\frac{1}{u_3}\{\frac{1}{u_1}\{u_1,v_2\},u_3\}) + a_3a_1b_2d(\{\frac{1}{u_3u_1}\{u_3,u_1\},v_2\}) + a_3b_3a_1d(\frac{1}{u_1}\{\frac{1}{u_3}\{v_2,u_3\},u_1\})\\
&= a_1b_2a_3d(\frac{1}{u_3}\{\frac{1}{u_1}\{u_1,v_2\},u_3\} + \{\frac{1}{u_3u_1}\{u_3,u_1\},v_2\} + \frac{1}{u_1}\{\frac{1}{u_3}\{v_2,u_3\},u_1\})\\
&= a_1b_2a_3d(\frac{1}{u_3u_1}\{\{u_1,v_2\},u_3\} - \frac{1}{u_3u_1^2}\{u_1,u_3\}\{u_1,v_2\} + \frac{1}{u_1u_3}\{\{v_2,u_3\},u_1\}+\\
&-\frac{1}{u_1u_3^2}\{v_2,u_3\}\{u_3,u_1\} + \frac{1}{u_1u_3}\{\{u_3,u_1\},v_2\} - \frac{1}{u_1u_3^2}\{u_3,u_1\}\{u_3,v_2\} - \frac{1}{u_3u_1^2}\{v_2,u_3\}\{u_3,u_1\})\\
&= a_1b_2a_3d(\frac{1}{u_3u_1}(\{\{u_1,v_2\},u_3\} + \{\{v_2,u_3\},u_1\} + \{\{u_3,u_1\},v_2\})+\\
&-\{u_1,v_2\}\frac{1}{u_3u_1^2}(\{u_3,u_1\} + \{u_1,u_3\}) - \{u_3,u_1\}\frac{1}{u_1u_3^2}(\{u_3,v_2\} + \{v_2,u_3\})).
\end{aligned}
$$

On conclut grâce à l'identité de Jacobi du crochet $\{-,-\}$ que

$$(\{\{u_1,v_2\},u_3\} + \{\{v_2,u_3\},u_1\} + \{\{u_3,u_1\},v_2\}) = 0$$

D'où

$$-\{u_1,v_2\}\frac{1}{u_3u_1^2}(\{u_3,u_1\} + \{u_1,u_3\}) - \{u_3,u_1\}\frac{1}{u_1u_3^2}(\{u_3,v_2\} + \{v_2,u_3\} = 0$$

Ceci conclut la preuve de l'égalité cherchée.
Les détailles de la preuve sont donnés en Annexe A ■
Soient u_1 dans $\mathcal{S}$ et a_1, b_2, b_3, v_2 et v_3 dans $\mathcal{A}-\mathcal{S}$. D'après la définition de $[-,-]_\omega$ et les propriétés de $\{-,-\}$ nous avons

$$
\begin{aligned}
&[[u_1\frac{du_1}{u_1}, b_2dv_2]_\omega, b_3dv_3]_\omega = \frac{a_1}{u_1}\{u_1,b_2\}\{v_2,b_3\}dv_3 + \frac{b_3a_1}{u_1}\{\{u_1,b_2\},v_3\}dv_2\\
&+\frac{b_3}{u_1}\{a_1,v_3\}\{u_1,b_2\}dv_2 - \frac{b_3a_1}{u_1^2}\{u_1,b_2\}\{u_1,v_3\}dv_2 + \frac{a_1b_3}{u_1}\{u_1,b_2\}d(\{v_2,v_3\})\\
&+\frac{b_2}{u_1}\{a_1,v_2\}\{u_1,b_3\}dv_3 + b_3b_2\{\{a_1,v_2\},v_3\}\frac{du_1}{u_1} + b_3\{b_2,v_3\}\{a_1,v_2\}\frac{du_1}{u_1}\\
&+b_2b_3\{a_1,v_2\}d(\frac{1}{u_1}\{u_1,v_3\}) + \frac{a_1b_2}{u_1}\{\{u_1,v_2\},b_3\}dv_3 - \frac{a_1b_2}{u_1^2}\{u_1,v_2\}\{u_1,b_3\}dv_3+\\
&b_3a_1\{b_2,v_3\}d(\frac{1}{u_1}\{u_1,v_2\}) + b_3b_2\{a_1,v_3\}d(\frac{1}{u_1}\{u_1,v_2\}) + a_1b_2b_3d(\{\frac{1}{u_1}\{u_1,v_2\},v_3\}),
\end{aligned}
$$

$$
\begin{aligned}
&[[b_2dv_2, b_3dv_3]_\omega, u_1\frac{du_1}{u_1}]_\omega = b_2\{v_2,b_3\}\{v_3,a_1\}\frac{du_1}{u_1} + \frac{a_1b_2}{u_1}\{\{v_2,b_3\},u_1\}dv_3\\
&+\frac{a_1}{u_1}\{b_2,u_1\}\{v_2,b_3\}dv_3 + a_1b_2\{v_2,b_3\}d(\frac{1}{u_1}\{v_3,u_1\}) + b_3\{b_2,v_3\}\{v_2,a_1\}\frac{du_1}{u_1}\\
&+\frac{a_1b_3}{u_1}\{\{b_2,v_3\},u_1\}dv_2 + \frac{a_1}{u_1}\{b_3,u_1\}\{b_2,v_3\}dv_2 + a_1b_3\{b_2,v_3\}d(\frac{1}{u_1}\{v_2,u_1\})\\
&+b_1b_3\{\{v_2,v_3\},a_1\}\frac{du_1}{u_1} + \frac{a_1b_2}{u_1}\{b_3,u_1\}d(\{v_2,v_3\}) + \frac{a_1b_3}{u_1}\{b_2,u_1\}d(\{v_2,v_3\})\\
&+a_1b_2b_3d(\frac{1}{u_1}\{\{v_2,v_3\},u_1\})
\end{aligned}
$$

et

$$[[b_3dv_3, u_1\frac{du_1}{u_1}]_\omega, b_2dv_2]_\omega = \frac{b_3}{u_1}\{v_3,a_1\}\{u_1,b_2\}dv_2 + b_2b_3\{\{v_3,a_1\},v_2\}\frac{du_1}{u_1}$$
$$+b_2\{b_3,v_2\}\{v_3,a_1\}d(\frac{1}{u_1}\{u_1,v_2\}) + \frac{a_1}{u_1}\{b_3,u_1\}\{v_3,b_2\}dv_2 + \frac{b_2a_1}{u_1}\{\{b_3,u_1\},v_2\}dv_3$$
$$+\frac{b_2}{u_1}\{a_1,v_2\}\{b_3,u_1\}dv_3 - \frac{b_2a_1}{u_1^2}\{u_1,v_2\}\{b_3,u_1\}dv_3 + \frac{a_1b_2}{u_1}\{b_3,u_1\}d(\{v_3,v_2\})$$
$$+\frac{b_3a_1}{u_1}\{\{v_3,u_1\},b_2\}dv_2 - \frac{b_3a_1}{u_1^2}\{u_1,b_2\}\{v_3,u_1\}dv_2 + b_3b_2\{a_1,v_2\}d(\frac{1}{u_1}\{v_3,u_1\})+$$
$$+b_2a_1\{b_3,v_2\}d(\frac{1}{u_1}\{v_3,u_1\}) + a_1b_2b_3d(\{\frac{1}{u_1}\{v_3,u_1\},v_2\})$$

On montre à l'aide de l'identité de Jacobi du crochet de Poisson $\{-,-\}$ que

$$[[b_3dv_3, u_1\frac{du_1}{u_1}]_\omega, b_2dv_2]_\omega + [[b_2dv_2, b_3dv_3]_\omega, u_1\frac{du_1}{u_1}]_\omega + [[u_1\frac{du_1}{u_1}, b_2dv_2]_\omega, b_3dv_3]_\omega = 0$$

De même, on montre que

(a) En effectuant les substitutions
$a_1 \longrightarrow a_2$, $u_1 \longrightarrow u_2$, $b_2 \longrightarrow b_3$, $v_2 \longrightarrow v_3$, $b_3 \longrightarrow b_1$ et $v_3 \longrightarrow v_1$ on obtient

$$[[b_1dv_1, u_2\frac{du_2}{u_2}]_\omega, b_3dv_3]_\omega + [[b_3dv_3, b_1dv_1]_\omega, u_2\frac{du_2}{u_2}]_\omega + [[u_2\frac{du_2}{u_2}, b_3dv_3]_\omega, b_1dv_1]_\omega = 0$$

(b) En effectuant les substitutions $a_1 \longrightarrow a_3$, $u_1 \longrightarrow u_3$, $b_2 \longrightarrow b_1$, $v_2 \longrightarrow v_1$, $b_3 \longrightarrow b_2$ et $v_3 \longrightarrow v_2$ on obtient :

$$[[b_2dv_2, u_3\frac{du_3}{u_3}]_\omega, b_1dv_1]_\omega + [[b_1dv_1, b_2dv_2]_\omega, u_3\frac{du_3}{u_3}]_\omega + [[u_3\frac{du_3}{u_3}, b_1dv_1]_\omega, b_2dv_2]_\omega = 0.$$

Ceci achève la preuve de la proposition suivante

Proposition 3.1.25 *Soient $u_1 \in \mathcal{S}$ et $a_1, b_2, b_3, v_2, v_3 \in \mathcal{A}-\mathcal{S}$. D'après la définition de $[-,-]_\omega$ et les propriétés de $\{-,-\}$, nous avons :*

(a) $[[b_3dv_3, u_1\frac{du_1}{u_1}]_\omega, b_2dv_2]_\omega + [[b_2dv_2, b_3dv_3]_\omega, u_1\frac{du_1}{u_1}]_\omega + [[u_1\frac{du_1}{u_1}, b_2dv_2]_\omega, b_3dv_3]_\omega = 0,$

(b) $[[b_1dv_1, u_2\frac{du_2}{u_2}]_\omega, b_3dv_3]_\omega + [[b_3dv_3, b_1dv_1]_\omega, u_2\frac{du_2}{u_2}]_\omega + [[u_2\frac{du_2}{u_2}, b_3dv_3]_\omega, b_1dv_1]_\omega = 0,$

(c) $[[b_2dv_2, u_3\frac{du_3}{u_3}]_\omega, b_1dv_1]_\omega + [[b_1dv_1, b_2dv_2]_\omega, u_3\frac{du_3}{u_3}]_\omega + [[u_3\frac{du_3}{u_3}, b_1dv_1]_\omega, b_2dv_2]_\omega = 0.$

Il découle des propositions 3.1.21, 3.1.22, 3.1.24, 3.1.25 et de la linéarité de $[-,-]_\omega$ que

Théorème 3.1.26 *Soit* $(\mathcal{A},\{-,-\})$ *une algèbre de Poisson logarithmique principale le long d'un idéal* $\mathcal{I}$ *engendré par* $\mathcal{S} := \{u_1,...,u_p\}$. *Le crochet* $[-,-]_\omega$ *défini par (3.14) induit sur* $\Omega_{\mathcal{A}}(\log\mathcal{I})$ *une structure d'algèbre de Lie.*

3.1.2.2 Construction d'une représentation par des dérivations logarithmiques de $\Omega_{\mathcal{A}}(\log\mathcal{I})$.

Nous savons que l'application hamiltonienne $H : \Omega_{\mathcal{A}} \to Der_{\mathcal{A}}$ de toute structure de Poisson sur $\mathcal{A}$ est un morphisme d'algèbres de Lie satisfaisant la condition de compatibilité (3.1). Or à la sous section 2.1.4.2, nous montrions que dans le cas des structures de Poisson logarithmiques principales le long de $\mathcal{I}$, cette application se prolonge en une application $\mathcal{A}$-linéaire $\tilde{H} : \Omega_{\mathcal{A}}(\log\mathcal{I}) \to Der_{\mathcal{A}}(\log\mathcal{I})$. Soit x fixé dans $\Omega_{\mathcal{A}}(\log\mathcal{I})$ l'application $\rho_\omega(x) : \mathcal{A} \to \mathcal{A}$ définie par
$\rho_\omega(x)(a) = \omega(x, d(a))$ est une R-dérivation sur $\mathcal{A}$.
En effet, pour tout $a \in \mathcal{A}$ on a
$\rho_\omega(x)(a) = \sum_{i=1}^{p} x_i\rho_\omega(\frac{du_i}{u_i})(a) + \sum_{p+1}^{n} x_i\rho_\omega(dvi) = \sum_{i=1}^{p}\frac{x_i}{u_i}\{u_i,a\} + \sum_{p+1}^{n} x_i\{v_i,a\}$.
Donc $\rho_\omega(x) = \sum_{i=1}^{p}\frac{x_i}{u_i}\{u_i,-\} + \sum_{p+1}^{n} x_i\{v_i,-\}$.
Il s'en suit que $\rho_\omega(x)$ est une dérivation logarithmique comme somme des dérivations logarithmiques. Ainsi, il existe un homomorphisme de $\mathcal{A}$-module $\rho_\omega : \Omega_{\mathcal{A}}(\log I) \to Der_{\mathcal{A}}(\log\mathcal{I})$ qui à tout $x \in \Omega_{\mathcal{A}}(\log\mathcal{I})$ associe $\rho_\omega(x)$.
On a : $\rho_\omega = \tilde{H}$.
Soient $u \in \mathcal{I}^*$ et $a, b \in \mathcal{A}$ tels que $a\frac{du}{u} \in \Omega_{\mathcal{A}}(\log\mathcal{I})$. IL découle de ce qui précède que $\omega(a\frac{du}{u}, db) = \frac{a}{u}\{u,b\}$. Donc $\rho_\omega(a\frac{du}{u})(b) = \frac{a}{u}\{u,b\} = \frac{a}{u}(ad(u))(b)$ et donc $\rho_\omega(a\frac{du}{u}) = \frac{a}{u}\{u,-\}$.
Ainsi

$$
\begin{aligned}
\rho_\omega[a\frac{du}{u}, b\frac{dv}{v}] &= \rho_\omega\left(\frac{a}{u}\{u,b\}\frac{dv}{v} + \frac{b}{v}\{a,v\}\frac{du}{u} + abd(\frac{1}{uv}\{u,v\})\right)\\
&= \frac{a}{u}\{u,b\}\rho_\omega(\frac{dv}{v}) + \frac{b}{v}\{a,v\}\rho_\omega(\frac{du}{u}) + ab\rho_\omega(d(\frac{1}{uv}\{u,v\}))\\
&= \frac{a}{uv}\{u,b\}\{v,-\} + \frac{b}{vu}\{a,v\}\{u,-\} + ab\{\{\frac{1}{uv}\{u,v\},-\}\\
&= \frac{a}{uv}\{u,b\}\{v,-\} + \frac{b}{vu}\{a,v\}\{u,-\} + \frac{ab}{uv}\{\{u,v\},-\}+\\
&\quad -\frac{ab}{u^2v}\{u,v\}\{u,-\} - \frac{ab}{uv^2}\{u,v\}\{v,-\}
\end{aligned}
$$

Par ailleurs, on a

$$\begin{aligned}\rho_\omega(a\frac{du}{u})\left(\rho_\omega(b\frac{dv}{v})\right) &= \frac{a}{u}\{u,\frac{b}{v}\{v,-\}\}\\ &= \frac{a}{uv}\{u,b\}\{v,-\}+\frac{ab}{u}\{u,\frac{1}{v}\{v,-\}\\ &= \frac{a}{uv}\{u,b\}\{v,-\}+\frac{ab}{uv}\{u,\{v,-\}\}-\frac{ab}{uv^2}\{u,v\}\{v,-\},\end{aligned}$$

$$\begin{aligned}\rho_\omega(b\frac{dv}{v})\left(\rho_\omega(a\frac{du}{u})\right) &= \frac{b}{v}\{v,\frac{a}{u}\{u,-\}\}\\ &= \frac{b}{uv}\{v,a\}\{u,-\}+\frac{ab}{v}\{v,\frac{1}{u}\{u,-\}\\ &= \frac{b}{uv}\{v,a\}\{u,-\}+\frac{ab}{uv}\{v,\{u,-\}\}-\frac{ab}{vu^2}\{v,u\}\{u,-\}.\end{aligned}$$

$$\begin{aligned}[\rho_\omega(a\frac{du}{u}),\rho_\omega(b\frac{dv}{v})] &= \frac{a}{uv}\{u,b\}\{v,-\}+\frac{ab}{uv}\{u,\{v,-\}\}-\frac{ab}{uv^2}\{u,v\}\{v,-\}\\ &+ \frac{b}{uv}\{v,a\}\{u,-\}-\frac{ab}{uv}\{v,\{u,-\}\}+\frac{ab}{vu^2}\{v,u\}\{u,-\}\end{aligned}$$

Or d'après l'identité de Jacobi on a
$\{u,\{v,-\}\}-\{v,\{u,-\}\}+\{-,\{u,v\}=0$.
On a donc

$$\begin{aligned}[\rho_\omega(a\frac{du}{u}),\rho_\omega(b\frac{dv}{v})] &= \frac{a}{uv}\{u,b\}\{v,-\}-\frac{ab}{uv^2}\{u,v\}\{v,-\}-\frac{b}{uv}\{v,a\}\{u,-\}\\ &+ \frac{ab}{vu^2}\{v,u\}\{u,-\}+\frac{ab}{uv}\{\{u,v\},-\}-\frac{ab}{uv^2}\{u,v\}\{v,-\}\end{aligned}.$$

D'où

$$\rho_\omega([a\frac{du}{u},b\frac{dv}{v}]_\omega)=[\rho_\omega(a\frac{du}{u}),\rho_\omega(b\frac{dv}{v})].$$

De même, on démontre que

- $\rho_\omega[a\frac{du}{u},bdv]=[\rho_\omega(a\frac{du}{u}),\rho_\omega(bdv)]$
- $\rho_\omega[adu,bdv]=[\rho_\omega(adu),\rho_\omega(bdv)]$.

On a donc la proposition suivante.

Proposition 3.1.27 *Soit $(A;\{-'-\})$ une algèbre de Poisson logarithmique le long de $\mathcal{I}$. L'application A-linéaire $\rho_\omega : x\mapsto\rho_\omega(x)$ est un morphisme d'algèbres de Lie.*

Remarquons aussi que

$$\begin{aligned}[\frac{du}{u},a\frac{dv}{v}]_\omega &= \frac{1}{u}\{u,a\}\frac{dv}{v}+ad(\frac{1}{uv}\{u,v\})\\ &= \frac{1}{u}\{u,a\}\frac{dv}{v}+a[\frac{du}{u},\frac{dv}{v}]\\ &= \left(\frac{1}{u}\{u,-\}\right)(a)\frac{dv}{v}+a[\frac{du}{u},\frac{dv}{v}]\\ &= \rho_\omega(\frac{du}{u})(a)\frac{dv}{v}+a[\frac{du}{u},\frac{dv}{v}]\end{aligned}$$

La proposition suivante généralise cette propriété.

Proposition 3.1.28 *Pour tous* $\omega_j \in \Omega_{\mathcal{A}}(\log \mathcal{I})$ *et* $f \in \mathcal{A}$ *on a*

$$[\omega_i, f\omega_j] = f[\omega_i, \omega_j] + (\rho_\omega(\omega_i)(f))\omega_j.$$

Preuve. Voir Annexe A ■
On a ainsi démontré le Théorème suivant

Théorème 3.1.29 *Toute structure de Poisson logarithmique principale le long d'un idéal* $\mathcal{I}$ *d'une R-algèbre* $\mathcal{A}$ *induit sur* $\Omega_{\mathcal{A}}(\log \mathcal{I})$ *une structure d'algèbre de Lie-Rinehart.*

Définition 30 *On appelle cohomologie de Poisson logarithmique de* $(\mathcal{A}, \{-,-\}, \mathcal{I})$ *la cohomologie de Lie-Rinehart de* $(\Omega_{\mathcal{A}}(\log \mathcal{I}), [-,-]_\omega)$ *à valeurs dans* $\mathcal{A}$.

On note $H^p_{PS}(\mathcal{A}, \{-,-\})$ [1] le $p^{\text{ième}}$ groupe de cohomologie de Poisson logarithmique de $(\mathcal{A}, \{-,-\}, \mathcal{I})$.

Proposition 3.1.30 *La 2-forme* ω *est un 2-cocycle de* $\mathcal{L}alt^*_{\mathcal{A}}(\Omega_{\mathcal{A}}(\log \mathcal{I}), \mathcal{A})$.

Preuve. Voir A ■
Sa classe de cohomologie sera notée $[\omega_{\{-,-\}}]$.

Définition 31 *La classe de* ω *dans* $H^2_{PS}(\mathcal{A}, \{-,-\})$ *est appelée classe de Poisson logarithmique de* $(\mathcal{A}, \{-,-\}, \mathcal{I})$.

3.2 Construction géométrique de la cohomologie de Poisson logarithmique.

Dans cette partie, X désigne une variété complexe et D un diviseur réduit de X d'équation $h(z) = 0$. En tout point p de D, $\Omega_{X,p}(\log D)$ et $Der_{X,p}(\log D))$ désignerons respectivement les germes en p des formes différentielles logarithmique le long de D et des champs de vecteurs logarithmique le long de D. Le crochet de dualité entre $\Omega_{X,p}(\log D)$ et $Der_{X,p}(\log D))$ sera noté $(-|-)$.
Il découle du Théorème 2.2.1 que toute section ω de $\Omega^q_X(\log D)$ peut s'écrire

$$g\alpha = \frac{dh}{h} \wedge \xi + \eta$$

où g est une fonction holomorphe sur D telle que $dim_{\mathbb{C}} D \cap \{z \in U : g(z) = 0\} \leq n-2$. Or d'après les constructions de la section 2.1.4.2, l'application hamiltonienne $\tilde{H}$ n'est définie que pour des formes logarithmiques du type

$$\sum_{i=1, a_i \in \mathcal{O}_X}^{p} a_i \frac{dh_i}{h_i} + \eta_0$$

1. l'indice P fait reférence à Dénis Poisson alors que S renvoit à Kyoji Saito

où $\eta_0 \in \Omega^1_X$. Cette contrainte n'est possible que pour une classe précise de diviseurs. Les caractéristiques d'un tel diviseur sont données par le Théorème 2.2.7.
Tout au long de cette partie, nous supposerons qu'en plus D satisfait la propriété (iv) du Théorème 2.2.7. Nous supposons aussi que X est munie d'une structure de Poisson $\{-,-\}$ logarithmique le long de D. Nous désignerons par $H : \Omega_X \to Der_X$ l'application hamiltonienne associée à cette structure de Poisson.
Pour toute section ω de $\Omega^1_X(\log D)$ et pour toute section de $\delta \in Der_X(\log D)$ on a

$$g\mathcal{L}_\delta\omega = -\frac{\delta h}{h}\frac{dh}{h} + \frac{1}{h}\mathcal{L}_\delta dh + \mathcal{L}_\delta\eta - \delta.g\omega. \tag{3.15}$$

En outre, pour tous α_1, α_2 et α_3 dans Ω_X on a les égalités suivantes :

$$\begin{aligned} &(H(\alpha_1)|\alpha_2) + (\alpha_1|H(\alpha_2)) = 0 \quad \texttt{(isotropie)} \\ &(\mathcal{L}_{H\alpha_1}\alpha_2|H\alpha_3) + \circlearrowleft = 0. \end{aligned} \tag{3.16}$$

Si nous posons pour toute section $\alpha = \alpha_0\frac{dh}{h} + \alpha_1$ de $\Omega_X(\log D)$

$$\tilde{H}\alpha := \tilde{H}(\alpha_0\frac{dh}{h} + \alpha_1) = \frac{\alpha_0}{h}H(dh) + H(\alpha_1). \tag{3.17}$$

alors $\tilde{H} : \Omega^1_X(\log D) \to Der_X(\log D)$ est un morphisme de faisceaux que nous appelons application hamiltonienne logarithmique associée à H. Il découle (3.15) que

$$\mathcal{L}_{\frac{\alpha_0}{h}H(dh)+H(\alpha_1)}\alpha = \frac{\alpha_0}{h}\mathcal{L}_{H(dh)}\alpha - (H(dh)\alpha)\frac{d\alpha_0}{h} + \frac{\alpha_0}{h}(H(dh)\alpha)\frac{dh}{h} + \mathcal{L}_{H(\alpha_1)}\alpha. \tag{3.18}$$

On se demander si $\tilde{H}$ vérifie les relations similaires à (3.16). Pour cela l'on remarquera que pour tout $\alpha_i = \frac{dh}{h} + \alpha_i^1$ avec $i = 1, 2, 3$ on a

$$\begin{aligned} &\left(\mathcal{L}_{\tilde{H}(\alpha_1)}\alpha_2|\tilde{H}(\alpha_3)\right) \\ &= \left(\frac{1}{h}\mathcal{L}_{H(dh)}\alpha_2^1|\frac{1}{h}H(dh)\right) - \left(\frac{H(dh)(\alpha_2^1)}{h}\frac{dh}{h}|\frac{1}{h}H(dh)\right) + \left(\frac{1}{h}\mathcal{L}_{H(dh)}\alpha_2^1|H(\alpha_3^1)\right) \\ &- \left(\frac{H(dh)(\alpha_2^1)}{h}\frac{dh}{h}|H(\alpha_3^1)\right) - \left(\frac{H(\alpha_1^1)h}{h}\frac{dh}{h}|\frac{1}{h}H(dh)\right) - \left(\frac{H((\alpha_1^1)}{h}\frac{dh}{h}|H(\alpha_3^1)\right) \\ &+ \left(\frac{1}{h}\mathcal{L}_{H(\alpha_1^1)}dh|\frac{1}{h}H(dh)\right) \\ &+ \left(\frac{1}{h}\mathcal{L}_{H(\alpha_1^1)}dh|H(\alpha_3^1)\right) + \left(\mathcal{L}_{H(\alpha_1^1)}\alpha_2^1|\frac{1}{h}H(dh)\right) + \left(\mathcal{L}_{H(\alpha_1^1)}\alpha_2^1|H(\alpha_3^1)\right). \end{aligned}$$

On pose

$$Gr(\tilde{H}) := \{\tilde{H}(\alpha) \oplus \alpha, \alpha \in \Omega^1_X(\log D)\}. \tag{3.19}$$

Les égalités (3.17) et (3.18) nous permettent de démontrer le théorème suivant dont la preuve est faite en annexe A.

Théorème 3.2.1 *Soit $\tilde{H}$ l'application hamiltonienne d'une structure de Poisson logarithmique principale d'application hamiltonienne H.*
$\tilde{H} : \Omega_X(\log D) \to Der_X(\log D)$ satisfait les propriétés suivantes :

(1) $Gr(\tilde{H})$ *est isotrope,*

(2) Pour tout $\alpha_i, \alpha_j, \alpha_k \in \Omega_X(\log \mathcal{I}_D)$ *on a*

$$\left(\mathcal{L}_{\tilde{H}(\alpha_i)}\alpha_2|\tilde{H}(\alpha_3)\right) + \circlearrowleft = 0. \tag{3.20}$$

On en déduit le corollaire suivant

Corollaire 3.2.2 *Pour toutes sections* α_1, α_2 *de* $\Omega_X(\log D)$ *on a*

$$[\tilde{H}\alpha_1, \tilde{H}\alpha_2] = \tilde{H}(i_{\tilde{H}\alpha_1}d\alpha_2 - i_{\tilde{H}\alpha_2}d\alpha_1 + d(\tilde{H}\alpha_1, \alpha_2)). \tag{3.21}$$

Preuve. Soient α_1, α_2 deux sections de $\Omega_X(\log D)$. D'après le théorème 3.2.1 on a

$$
\begin{aligned}
&0\\
&= -(\mathcal{L}_{\tilde{H}\alpha_1}\alpha_2|\tilde{H}\alpha_3) + \circlearrowleft\\
&= (H\mathcal{L}_{\tilde{H}\alpha_1}\alpha_2|\alpha_3) - (\mathcal{L}_{\tilde{H}\alpha_2}\alpha_3, \tilde{H}\alpha_1) - (\mathcal{L}_{\tilde{H}\alpha_3}\alpha_1|, \tilde{H}\alpha_2)\\
&= (\tilde{H}\mathcal{L}_{\tilde{H}\alpha_1}\alpha_2|\alpha_3) - (\mathcal{L}_{\tilde{H}\alpha_2}\alpha_3, \tilde{H}\alpha_1) - (i_{\tilde{H}\alpha_3}d\alpha_1 + di_{\tilde{H}\alpha_3}\alpha_1|\tilde{H}\alpha_2)\\
&= (\tilde{H}\mathcal{L}_{\tilde{H}\alpha_1}\alpha_2|\alpha_3) - (\mathcal{L}_{\tilde{H}\alpha_2}\alpha_3|\tilde{H}\alpha_1) - d\alpha_1(\tilde{H}\alpha_3|\tilde{H}\alpha_2) - (di_{\tilde{H}\alpha_3}\alpha_1|\tilde{H}\alpha_2)\\
&= (\tilde{H}\mathcal{L}_{\tilde{H}\alpha_1}\alpha_2|\alpha_3) - (\mathcal{L}_{\tilde{H}\alpha_2}\alpha_3|\tilde{H}\alpha_1) + d\alpha_1(\tilde{H}\alpha_3|\tilde{H}\alpha_2) - (di_{\tilde{H}\alpha_3}\alpha_1|\tilde{H}\alpha_2)\\
&= (\tilde{H}\mathcal{L}_{\tilde{H}\alpha_1}\alpha_2|\alpha_3) - (\mathcal{L}_{\tilde{H}\alpha_2}\alpha_3|\tilde{H}\alpha_1) + (i_{\tilde{H}\alpha_2}d\alpha_1|\tilde{H}\alpha_3) - (di_{\tilde{H}\alpha_3}\alpha_1|\tilde{H}\alpha_2)\\
&= (\tilde{H}\mathcal{L}_{\tilde{H}\alpha_1}\alpha_2|\alpha_3) - (\tilde{H}i_{\tilde{H}\alpha_2}d\alpha_1, \alpha_3) - (di_{\tilde{H}\alpha_3}\alpha_1|\tilde{H}\alpha_2) - (\mathcal{L}_{\tilde{H}\alpha_2}\alpha_3|\tilde{H}\alpha_1)\\
&= (\tilde{H}\mathcal{L}_{\tilde{H}\alpha_1}\alpha_2 - \tilde{H}i_{\tilde{H}\alpha_2}d\alpha_1|\alpha_3) - (di_{\tilde{H}\alpha_3}\alpha_1|\tilde{H}\alpha_2) - (\mathcal{L}_{\tilde{H}\alpha_2}\alpha_3, \tilde{H}\alpha_1)\\
&= (\tilde{H}\mathcal{L}_{\tilde{H}\alpha_1}\alpha_2 - \tilde{H}i_{\tilde{H}\alpha_2}d\alpha_1|\alpha_3) - (di_{\tilde{H}\alpha_3}\alpha_1|\tilde{H}\alpha_2) - (i_{\tilde{H}\alpha_2}d\alpha_3 + di_{\tilde{H}\alpha_2}\alpha_3|\tilde{H}\alpha_1)\\
&= (\tilde{H}\mathcal{L}_{\tilde{H}\alpha_1}\alpha_2 - \tilde{H}i_{\tilde{H}\alpha_2}d\alpha_1|\alpha_3) - (d(i_{\tilde{H}\alpha_3}\alpha_1)|\tilde{H}\alpha_2) - (i_{\tilde{H}\alpha_2}d\alpha_3|\tilde{H}\alpha_1) - (di_{\tilde{H}\alpha_2}\alpha_3|\tilde{H}\alpha_1)\\
&= (\tilde{H}\mathcal{L}_{\tilde{H}\alpha_1}\alpha_2 - \tilde{H}i_{\tilde{H}\alpha_2}d\alpha_1, \alpha_3) - \tilde{H}\alpha_2(\tilde{H}\alpha_3|\alpha_1) - \tilde{H}\alpha_1(\tilde{H}\alpha_2|\alpha_3) - d\alpha_3(\tilde{H}\alpha_2, \alpha_1)\\
&= (\tilde{H}\mathcal{L}_{\tilde{H}\alpha_1}\alpha_2 - \tilde{H}i_{\tilde{H}\alpha_2}d\alpha_1|\alpha_3) - \tilde{H}\alpha_2(\tilde{H}\alpha_3|\alpha_1) - \tilde{H}\alpha_1(\tilde{H}\alpha_2|\alpha_3) + (\alpha_3, [\tilde{H}\alpha_2, \tilde{H}\alpha_1]) +\\
&+ \tilde{H}\alpha_1(\alpha_3|\tilde{H}\alpha_2) - \tilde{H}\alpha_2(\alpha_3|\tilde{H}\alpha_1)\\
&= (\tilde{H}\mathcal{L}_{\tilde{H}\alpha_1}\alpha_2 - \tilde{H}i_{\tilde{H}\alpha_2}d\alpha_1 - [\tilde{H}\alpha_2, \tilde{H}\alpha_1]|\alpha_3).
\end{aligned}
$$

D'où le résultat. ■

3.2.1 Quelques structures d'algèbre Lie associées aux structures de Poisson logarithmiques.

Comme dans le Théorème 2.2.7 nous supposons que $h = \prod_{i=1}^{r} h_i$ et nous notons $\mathcal{M}_D := \mathcal{O}_X[D]$ le faisceau des fonctions méromorphes à pôles dans D. Par définition toute section m de $\mathcal{M}_D$ s'écrit :

$$m = \prod_{i=1}^{r} \frac{g_i}{h_i^{r_i}}$$

avec g_i une section de $\mathcal{O}_X^*$.
Par ailleurs, si m est une section de $\mathcal{M}_D$ alors

$$dm = \sum_{i=1}^{r} d(\frac{g_i}{h_i^{r_i}})\frac{h_i^{r_i}}{g_i}m = \left(\sum_{i=1}^{r} -r_i\frac{dh_i}{h_i} + \frac{dg_i}{g_i}\right)m.$$

On en déduit que

$$\frac{dm}{m} = \sum_{i=1}^{r} - r_i \frac{dh_i}{h_i} + \frac{dg_i}{g_i}$$

est une section de $\Omega_X(\log D)$. Notons $\{-,-\}_s$ l'unique prolongement de $\{-,-\}$ sur $\mathcal{M}_D$. On a alors l'expression suivante

$$\{u, \frac{a}{b}\}_s = \frac{1}{b}\{u,a\} - \frac{a}{b^2}\{u,b\} \tag{3.22}$$

de$\{-,-\}_s$ sur $\mathcal{M}_D$.
On considère sur $\mathcal{M}_D$ le crochet suivant

$$\{m_1,m_2\}_D = \begin{cases} (\tilde{H}\frac{dm_1}{m_1}|\frac{dm_2}{m_2}) & \textbf{si} \quad m_i \in \mathcal{M}_D - \mathcal{O}_X, \\ (Hdm_1|\frac{dm_2}{m_2}) & \textbf{si} \quad m_2 \in \mathcal{M}_D - \mathcal{O}_X \quad \textbf{et} \quad m_1 \in \mathcal{O}_X, \\ (Hdm_1|dm_2) & \textbf{si} \quad m_i \in \mathcal{O}_X. \end{cases} \tag{3.23}$$

Ce crochet possède les propriétés suivantes

Proposition 3.2.3 *Le crochet $\{-,-\}_D$ vérifie les propriétés suivantes :*

(1) $\{-,-\}_D$ est $\mathbb{C}$-bilinéaire antisymétrique,

(2)

$$\{m_1,m_2\}_D = \begin{cases} \frac{1}{m_1m_2}\{m_1,m_2\}_s & \textit{si} \quad m_i \in \mathcal{M}_D - \mathcal{O}_X, \\ \frac{1}{m_2}\{m_1,m_2\}_s & \textit{si} \quad m_2 \in \mathcal{M}_D - \mathcal{O}_X \quad \textit{et} \quad m_1 \in \mathcal{O}_X, \\ \{m_1,m_2\} & \textit{si} \quad m_i \in \mathcal{O}_X, \end{cases} \tag{3.24}$$

(3) $\{-,-\}_D$ est une dérivation logarithmique sur $\mathcal{O}_X$ en chacune de ses composantes,

(4) Pour tous $m_1, m_2 \in \mathcal{M}_D - \mathcal{O}_X$, $\frac{1}{m_1m_2}\{m_1,m_2\}_s \in \mathcal{O}_X$.

Preuve. Elle découle des propriétés de formes différentielles logarithmiques. ■
Le crochet $\{-,-\}_D$ possède la propriété suivante.

Corollaire 3.2.4 *$\{-,-\}_D$ est une structure de Lie sur le faisceau $\mathcal{M}_D$ prolongeant $\{-,-\}$*

Preuve. Il découle de la proposition 3.2.3 qu'il est bilinéaire antisymétrique. Il suffit donc de montrer qu'il vérifie l'identité de Jacobi. Pour cela l'on distinguera trois cas :

Cas 1 $u, v \in \mathcal{M}_D - \mathcal{O}_X$ et $a \in \mathcal{O}_X$,

Cas 2 $v \in \mathcal{M}_D - \mathcal{O}_X$ et $a, b \in \mathcal{O}_X$,

Cas 3 $u, v, w \in \mathcal{M}_D - \mathcal{O}_X$.

Si u et v sont des sections de $\mathcal{M}_D - \mathcal{O}_X$ et si a est une section de $\mathcal{O}_X$ alors

$$\begin{aligned}\{u,\{v,a\}_D\}_D &= \{u,\frac{1}{v}\{v,a\}_s\}_D \\ &= \frac{1}{uv}\{u,\{v,a\}_s\}_s - \frac{1}{uv^2}\{u,v\}_s\{v,a\}_s.\end{aligned}$$

Il s'ensuit donc que

$$\begin{aligned}&\{u,\{v,a\}_D\}_D + \circlearrowleft = \\ &= \frac{1}{uv}\{u,\{v,a\}_s\}_s - \frac{1}{uv^2}\{u,v\}_s\{v,a\}_s + \\ &\frac{1}{uv}\{v,\{a,u\}_s\}_s - \frac{1}{u^2v}\{a,u\}_s\{v,u\}_s + \\ &\frac{1}{uv}\{a,\{u,v\}_s\}_s - \frac{1}{uv^2}\{u,v\}_s\{a,v\}_s \\ &-\frac{1}{u^2v}\{u,v\}_s\{a,u\}_s.\end{aligned}$$

Les autres détails de cette preuve sont donnés en annexe A. ■
On en déduit les propriétés suivantes des crochets $\{-,-\}_s$ et $\{-,-\}_D$

Proposition 3.2.5 *Les crochets $\{-,-\}_s$ et $\{-,-\}_D$ vérifient les propriétés suivantes sur $\mathcal{M}_X - \mathcal{O}_X$*

(i) $\{m_1,m_2\}_D(\{\{m_1,m_2\}_D,m_3\}_D + \{m_2,m_3\}_D + \{m_1,m_3\}_D) + \circlearrowleft = 0,$

(ii) $\dfrac{1}{m_1\{m_2,m_3\}_s}\{\{m_2,m_3\}_s,m_1\}_s - \dfrac{1}{m_2m_3}\{m_2,m_1\}_s - \dfrac{1}{m_3m_1}\{m_3,m_1\}_s + \circlearrowleft = 0.$

3.2.2 Structures d'algèbre de Lie-Rinehart sur $\Omega_X(\log D)$.

Précédemment, nous avons montrer que toute structure de Poisson logarithmique induit un morphisme de faisceaux $\tilde{H} : \Omega_X(\log D) \longrightarrow Der_X(\log D)$. [Rubtsov 1980] Nous allons à présent montrer que ce morphisme est une structure d'algèbre de Lie-Rinehart.
Pour toutes sections $\alpha := \alpha_1\frac{dh}{h} + \alpha_1^i dx_i$ et $\beta = \beta_1\frac{dh}{h} + \beta_1^j dx_j$ de $\Omega_X(\log D)$, on pose

$$\begin{aligned}&[\alpha,\beta] \\ &= \frac{\alpha_1}{h}\{h,\beta_1\}\frac{dh}{h} + \frac{\beta_1}{h}\{\alpha_1,h\}\frac{dh}{h} + \frac{\alpha_1}{h}\{h,\beta^j\}dx_j + \\ &+\beta^j\{\alpha_1,x_j\}\frac{dh}{h} + \alpha_1\beta^j d(\frac{1}{h}\{h,\beta^j\}) + \alpha^i\{x_i,\beta_1\}\frac{dh}{h} + \\ &+\frac{\beta_1}{h}\{\alpha^i,h\}dx_i + \alpha^i\beta_1 d(\frac{1}{h}\{x_i,h\}) + \alpha_i\{x_i,\beta^j\}dx_j + \beta^j\{\alpha^i,x_j\}dx_i + \alpha^i\beta^j d\{x_i,x_j\}.\end{aligned} \tag{3.25}$$

Ce crochet vérifie l'égalité suivante

$$\begin{array}{l}[\alpha, a\beta] = \\ a(\frac{\alpha_1}{h}\{h,\beta_1\}\frac{dh}{h} + \frac{\beta_1}{h}\{\alpha_1,h\}\frac{dh}{h} + \frac{\alpha_1}{h}\{h,\beta^j\}dx_j + \beta^j\{\alpha_1,x_j\}\frac{dh}{h} + \\ +\alpha_1\beta^j d(\frac{1}{h}\{h,x_j\}) + \alpha^i\{x_i,\beta_1\}\frac{dh}{h} + \frac{\beta_1}{h}\{\alpha^i,h\}dx_i \\ +\beta_1\alpha^i d(\frac{1}{h}\{x_i,h\}) + \alpha^i\{x_i,\beta^j\}dx_j + \beta^j\{\alpha^i,x_j\}dx_i + \alpha^i\beta^j d\{x_i,x_j\}) \\ +\frac{\alpha_1}{h}\{h,a\}\frac{dh}{h} + \frac{\alpha_1\beta^j}{h}\{h,a\}dx_j \\ +\alpha^i\beta_1\{x_i,a\}\frac{dh}{h} + \alpha^i\beta^j\{x_i,a\}dx_j\end{array} \tag{3.26}$$

Laquelle est équivalente à

$$[\alpha, a\beta] = \tilde{H}(\alpha)(a)\beta + a[\alpha,\beta]. \tag{3.27}$$

Dans l'optique de munir $\Omega_X(\log D)$ d'une structure d'algèbre de Lie-Rinehart, prouvons le lemme essentiel suivant.

Lemme 3.2.6 *Le crochet* $[-,-]$ *définit dans* $\Omega_X(\log D)$ *une structure d'algèbre de Lie-Rinehart.*

<u>Preuve</u>. Soient $\alpha_1, \alpha_2, \alpha_3 \in \Omega_X(\log D)$.

$$\begin{array}{l}[[\alpha_1,\alpha_2],\alpha_3] \\ = [\mathcal{L}_{\tilde{H}\alpha_1}\alpha_2 - i_{\tilde{H}\alpha_2}d\alpha_1, \alpha_3] \\ = -[\alpha_3, \mathcal{L}_{\tilde{H}\alpha_1}\alpha_2 - i_{\tilde{H}\alpha_2}d\alpha_1] \\ = i_{\tilde{H}(\mathcal{L}_{\tilde{H}\alpha_1}\alpha_2 - i_{\tilde{H}\alpha_2}d\alpha_1)}d\alpha_3 - \mathcal{L}_{\tilde{H}\alpha_3}(\mathcal{L}_{\tilde{H}\alpha_1}\alpha_2 - i_{\tilde{H}\alpha_2}d\alpha_1).\end{array}$$

Or d'après le corollaire 3.2.2 on a

$$\tilde{H}(\mathcal{L}_{\tilde{H}\alpha_1}\alpha_2 - i_{\tilde{H}\alpha_2}d\alpha_1) = [\tilde{H}\alpha_1, \tilde{H}\alpha_2].$$

Ainsi

$$\begin{array}{l}[[\alpha_1,\alpha_2],\alpha_3] \\ = i_{[\tilde{H}\alpha_1,\tilde{H}\alpha_2]}d\alpha_3 - \mathcal{L}_{\tilde{H}\alpha_3}\mathcal{L}_{\tilde{H}\alpha_1}\alpha_2 + \mathcal{L}_{\tilde{H}\alpha_3}i_{\tilde{H}\alpha_2}d\alpha_1 \\ = i_{[\tilde{H}\alpha_1,\tilde{H}\alpha_2]}d\alpha_3 - \mathcal{L}_{\tilde{H}\alpha_3}\mathcal{L}_{\tilde{H}\alpha_1}\alpha_2 + \mathcal{L}_{\tilde{H}\alpha_3}\mathcal{L}_{\tilde{H}\alpha_2} - \mathcal{L}_{\tilde{H}\alpha_3}di_{\tilde{H}\alpha_2}\alpha_1 \\ = i_{[\tilde{H}\alpha_1,\tilde{H}\alpha_2]}d\alpha_3 - \mathcal{L}_{\tilde{H}\alpha_3}\mathcal{L}_{\tilde{H}\alpha_1}\alpha_2 + \mathcal{L}_{\tilde{H}\alpha_3}\mathcal{L}_{\tilde{H}\alpha_2} - d\mathcal{L}_{\tilde{H}\alpha_3}i_{\tilde{H}\alpha_2}\alpha_1.\end{array}$$

Etant donné qu'en plus, $\mathcal{L} : Der_X(\log D) \to \mathcal{E}\mathrm{nd}(\Omega^1(\log D))$ est un morphisme de faisceaux d'algèbres de Lie on a

$$[[\alpha_1,\alpha_2],\alpha_3] + \circlearrowleft = i_{[\tilde{H}\alpha_1,\tilde{H}\alpha_2]}d\alpha_3 + \mathcal{L}_{[\tilde{H}\alpha_3,\tilde{H}\alpha_2]\alpha_1} - d\mathcal{L}_{\tilde{H}\alpha_2}i_{\tilde{H}\alpha_2}\alpha_1 + \circlearrowleft .$$

D'autre part, il découle de la formule magique de Cartan et les égalités 3.27 que $\mathcal{L}_{\tilde{H}\alpha_2}i_{\tilde{H}\alpha_2}\alpha_1 = i_{[\tilde{H}\alpha_3,\tilde{H}\alpha_2]} + i_{\tilde{H}\alpha_2}\mathcal{L}_{\tilde{H}\alpha_3}\alpha_1$.
On en déduit que $-d\mathcal{L}_{\tilde{H}\alpha_3}i_{\tilde{H}\alpha_2}\alpha_1 = -d\left(\mathcal{L}_{\tilde{H}\alpha_3}|\tilde{H}\alpha_2\right) - \mathcal{L}_{[\tilde{H}\alpha_3,\tilde{H}\alpha_2]}\alpha_1 + i_{[\tilde{H}\alpha_3,\tilde{H}\alpha_2]}d\alpha_1$.

En substituant $-d\mathcal{L}_{\tilde{H}\alpha_3} i_{\tilde{H}\alpha_2}\alpha_1$ dans l'expression de $[[\alpha_1, \alpha_2], \alpha_3] + \circlearrowleft$ ci-dessus on obtient

$$
\begin{aligned}
&[[\alpha_1, \alpha_2], \alpha_3] + \circlearrowleft \\
&= i_{[\tilde{H}\alpha_1, \tilde{H}\alpha_2]} d\alpha_3 + \mathcal{L}_{[\tilde{H}\alpha_3, \tilde{H}\alpha_2]}\alpha_1 - d\left(\mathcal{L}_{\tilde{H}\alpha_3} | \tilde{H}\alpha_2\right) - \mathcal{L}_{[\tilde{H}\alpha_3, \tilde{H}\alpha_2]}\alpha_1 + i_{[\tilde{H}\alpha_3, \tilde{H}\alpha_2]} d\alpha_1 + \circlearrowleft \\
&= i_{[\tilde{H}\alpha_1, \tilde{H}\alpha_2]} d\alpha_3 + i_{[\tilde{H}\alpha_3, \tilde{H}\alpha_2]} d\alpha_1 - d\left(\mathcal{L}_{\tilde{H}\alpha_3} | \tilde{H}\alpha_2\right) + \circlearrowleft \\
&= i_{[\tilde{H}\alpha_1, \tilde{H}\alpha_2]} d\alpha_3 + i_{[\tilde{H}\alpha_3, \tilde{H}\alpha_2]} d\alpha_1 + i_{[\tilde{H}\alpha_2, \tilde{H}\alpha_3]} d\alpha_1 + i_{[\tilde{H}\alpha_1, \tilde{H}\alpha_3]} d\alpha_2 + \\
&+ i_{[\tilde{H}\alpha_3, \tilde{H}\alpha_1]} d\alpha_2 + i_{[\tilde{H}\alpha_2, \tilde{H}\alpha_1]} d\alpha_3 - d\left(\left(\mathcal{L}_{\tilde{H}\alpha_3} | \tilde{H}\alpha_2\right) + \circlearrowleft\right) \\
&= d\left(\left(\mathcal{L}_{\tilde{H}\alpha_3} | \tilde{H}\alpha_2\right) + \circlearrowleft\right).
\end{aligned}
$$

On en déduit d'après le Théorème 3.2.1 que $\left(\mathcal{L}_{\tilde{H}\alpha_3} | \tilde{H}\alpha_2\right) + \circlearrowleft = 0$.
D'où le résultat. ■
Ces résultats nous permettent d'énoncer la proposition suivante.

Proposition 3.2.7 *$\tilde{H}$ est une structure d'algèbre de Lie-Rinehart sur $\Omega_X(\log D)$*

Preuve. Voir Annexe A ■
Si nous posons $\mathcal{L}alt^p(\Omega_X(\log D))$ le faisceau des p-formes $\mathcal{O}_X$-linéaires anti-symétriques sur $\Omega_X(\log D)$ et
$\mathcal{L}alt(\Omega_X(\log D)) = \bigoplus_{p=0}^{n} \mathcal{L}alt^p(\Omega_X(\log D))$ alors l'application

$$
\begin{aligned}
(\partial_D f)(\alpha_1, ..., \alpha_p) &= \sum_{i=1}^{n}(-1)^{i-1}\tilde{H}(\alpha_i) f(\alpha_1, ..., \hat{\alpha_i}, ..., \alpha_p) + \\
&\sum_{i \leq j}(-1)^{i+j} f([\alpha_i, \alpha_j], \alpha_1, ..., \hat{\alpha_i}, ..., \hat{\alpha_j}, ..., \alpha_p)
\end{aligned}
\tag{3.28}
$$

vérifie

Lemme 3.2.8 $\partial_D^2 = 0$

Preuve. Elle découle de la relation (3.27) et de l'identité de Jacobi du crochet $[-,-]$. ■
Il en résulte que $(\mathcal{L}alt^*(\log D), \partial_D)$ est un complexe de chaines.

Définition 32 *La cohomologie du complexe $(\mathcal{L}alt^*(\log D), \partial_D)$ est appelée cohomologie de Poisson logarithmique de la variété de Poisson logarithmique X.*

Le k^{ime} groupe de cohomologie de ce complexe sera noté $H^k_{PS}(X)$ [2] et le k^{ime} groupe de cohomologie de Poisson associée sera noté $H^k_P(X)$.

3.3 Exemples de calculs de groupes de cohomologie de Poisson logarithmique.

Dans cette partie, nous calculons quelques groupes de cohomologies de Poisson logarithmique. Nous prouvons que ces groupes de cohomologie sont isomorphes aux

2. L'indice P fait référence à **Denis Poisson** alors S est mis pour **Kyoji Saito**

groupes de cohomologie de Poisson associés lorsque la structure de Poisson considérée est logsymplectique. Nous proposons un exemple sur lequel les groupes de cohomologie de Poisson logarithmique sont différents de ceux de la cohomologie de Poisson correspondant. L'essentiel des résultats de cette section se trouve dans [Dongho 2011].

3.3.1 Groupes de cohomologie de Poisson logarithmique des structures logsymplectique.

Soit $(L, [-,-], \rho, \mathcal{I})$ une algèbre de Lie-Rinehart logarithmique. Comme dans [Dongho 2011] nous adoptons la définition suivante.

Définition 33 *On appelle structure d'algèbre de Lie-Rinehart Poisson dans L, logarithmique le long de $\mathcal{I}$ toute 2-forme μ sur L d_ρ-fermée.*

Dans la suite, les structures d'algèbre de Lie-Rinehart Poisson dans L, logarithmique le long de $\mathcal{I}$ seront appelées, structures d'algèbre de Lie-Rinehart Poisson logarithmique.
On dira que L est une algèbre de Lie-Rinehart Poisson logarithmique lorsqu'il existe sur L une structure Lie-Rinehart Poisson logarithmique dans L. Si $\mathcal{A}$ est une algèbre de Poisson de 2-forme associée ω, alors

$$d_H(\omega) = 0. \tag{3.29}$$

En effet, pour tout $a, b, c \in \mathcal{A}$ on a

$$\begin{aligned} d_H(\omega)(da, db, dc) &= H(da)\omega(db, dc) - H(db)\omega(da, dc) + H(dc)\omega(da, db) \\ &\quad -\omega(d\{a,b\}, dc) + \omega(d\{a,c\}, db) - \omega(d\{b,c\}, da). \\ &= -2(Jacobi(a,b,c)) \end{aligned} \tag{3.30}$$

On conclut que toute 2-forme de Poisson dans $\mathcal{A}$ induit dans $\Omega_{\mathcal{A}}$ une structure d'algèbre de Lie-Rinehart Poisson. Il en est de même pour les 2-formes de Poisson logarithmiques lesquelles induisent dans $\Omega^1_{\mathcal{A}}(\log \mathcal{I})$ des structures d'algèbre de Lie-Rinehart Poisson logarithmiques.
A cette notion de structure d'algèbre de Lie-Rinehart Poisson logarithmique est associée celle de structure d'algèbre de Lie-Rinehart-Poisson-symplectique logarithmique.

Définition 34 *On appelle structure d'algèbre de Lie-Rinehart-Poisson-symplectique logarithmique dans L toute structure d'algèbre de Lie-Rinehart Poisson-logarithmique μ dans L pour laquelle l'application*

$$\begin{array}{ccc} L & \to & \mathcal{H}om_{\mathcal{A}}(L, \mathcal{A}) \\ x & \mapsto & \imath_x \mu \end{array} \tag{3.31}$$

est un isomorphisme de $\mathcal{A}$-modules.

Dans la suite, les structures d'algèbre de Lie-Rinehart-symplectique- logarithmiques seront simplement appelées structure d'algèbre de Lie-Rinehart-logsymplectique.
Nous allons à présent montrer que les structures d'algèbre de Lie-Rinehart-Poisson-symplectique logarithmique sont entièrement caractérisées par $\tilde{H}$.
Soit μ la 2-forme associée à une structure de Poisson logarithmique principale $\{-,-\}$ le long d'un idéal $\mathcal{I}$ de $\mathcal{A}$.

Proposition 3.3.1 *μ est une structure d'algèbre de Lie-Rinehart-logsymplectique dans $\Omega_{\mathcal{A}}(\log\mathcal{I})$ si et seulement si $\tilde{H}$ est un isomorphisme de $\mathcal{A}$-modules.*

Preuve. Supposons que $\tilde{H}$ est un isomorphisme.
Soit $x, y \in \Omega_{\mathcal{A}}(\log\mathcal{I})$ tels que $I(x) = I(y)$.
Alors

$$\begin{aligned} -\hat{\sigma}(\tilde{H}(x)) &= I(x) \\ &= I(y) \\ &= -\hat{\sigma}(\tilde{H}(y)) \\ i.e. \quad \tilde{H}(x) &= \tilde{H}(y) \\ i.e. \quad x &= y. \end{aligned}$$

Réciproquement, soit $\psi \in \mathcal{H}(\Omega_{\mathcal{A}}(\log\mathcal{I}), \mathcal{A})$. Cherchons $x \in \Omega_{\mathcal{A}}(\log\mathcal{I})$ tel que $I(x) = \psi$.
Etant donné que $\psi \in \mathcal{H}om(\Omega_{\mathcal{A}}(\log\mathcal{I}), \mathcal{A}) \cong Der_{\mathcal{A}}(\log\mathcal{I}) = \tilde{H}(\Omega_{\mathcal{A}}(\log\mathcal{I}))$, il existe $z \in \Omega_{\mathcal{A}}(\log\mathcal{I})$ tel que $\tilde{H}(z) = \sigma^{-1}(\psi)$.
On a donc

$$I(-z) = \hat{\sigma}(\tilde{H}(z)) = \psi.$$

Il suffit de prendre $x = -z$.
Réciproquement, on suppose que I est un isomorphisme.
Soit x et y dans $\Omega_{\mathcal{A}}(\log\mathcal{I})$. Si $\tilde{H}(x) = \tilde{H}(y)$ alors $-\hat{H}(\tilde{H}(x)) = -\hat{H}(\tilde{H}(y))$ c'est-à-dire $I(x) = I(y)$. Il s'en suit que $x = y$.
Par ailleurs, pour tout $\delta \in \widehat{Der_{\mathcal{A}}(\log\mathcal{I})}$, il existe $x \in \Omega_{\mathcal{A}}(\log\mathcal{I})$ tel que $\hat{\sigma}(\delta) = I(x) = -\sigma(\hat{H}(x))$ c'est-à-dire $\tilde{H}(-x) = \delta$. ■

3.3.1.1 Calcul de la cohomologie de Poisson logarithmique de $\{x, y\} = x$ sur $\mathcal{A} = \mathbb{C}[x, y]$.

Avant d'engager le calcul de ces groupes de cohomologie, revérifions quelques résultats théoriques introduits en section 3.1. On considère sur $\mathcal{A}$ le crochet

$$(f, g) \mapsto \{f, g\} = x(\frac{\partial f}{\partial x}\frac{\partial g}{\partial y} - \frac{\partial f}{\partial y}\frac{\partial g}{\partial x}) \tag{3.32}$$

qui fait de $\mathcal{A}$ une algèbre de Poisson. Par ailleurs, pour tout $f \in \mathcal{A}$ la dérivation

$$D_f := x(\frac{\partial f}{\partial x}\frac{\partial}{\partial y} - \frac{\partial f}{\partial y}\frac{\partial}{\partial x}) \tag{3.33}$$

vérifie

$$D_f(x\mathcal{A}) \subset x\mathcal{A}. \tag{3.34}$$

Elle est donc une dérivation logarithmique principale le long de $\mathcal{I} = x\mathcal{A}$. Il s'en suit que $\mathcal{A}$ est une algèbre de Poisson logarithmique le long de l'idéal $x\mathcal{A}$. Comme structure de Poisson elle induit une application $\mathcal{A}$-linéaire $H : \Omega_{\mathcal{A}} \to Der_{\mathcal{A}}$ définie par

$$H(df) = D_f \tag{3.35}$$

cependant, l'équation (3.34) entraine que $H(\Omega_{\mathcal{A}}) \subset Der(\log x\mathcal{A})$.
On a donc

$$H(dx) = D_x = x\frac{\partial}{\partial y} \quad \text{et} \quad H(dy) = D_y = -x\frac{\partial}{\partial x} \tag{3.36}$$

L'on remarque aussi que

$$\frac{1}{x}D_x(x\mathcal{A}) = \frac{\partial}{\partial y}(x\mathcal{A}) = x\frac{\partial}{\partial y}(\mathcal{A}) \subset x\mathcal{A}. \tag{3.37}$$

Il en découle que $\frac{1}{x}D_x(x\mathcal{A}) \in Der(\log x\mathcal{A})$.
On a donc

$$\tilde{H}(\frac{dx}{x}) = \frac{1}{x}H(dx) = \frac{\partial}{\partial y} \quad \text{et} \quad \tilde{H}(dy) = H(dy) = -x\frac{\partial}{\partial x}. \tag{3.38}$$

Le Lemme suivant nous permet de conclure que ces données suffisent pour définir entièrement $\tilde{H}$.

Lemme 3.3.2

$$\Omega_{\mathcal{A}}(\log \mathcal{I}) \cong \mathcal{A}\frac{dx}{x} \oplus \mathcal{A}dy \cong \mathbb{C}[y]\frac{dx}{x} \oplus \Omega_{\mathcal{A}}. \tag{3.39}$$

Il s'en suit que pour tout $\alpha \in \Omega_{\mathcal{A}}(\log \mathcal{I})$ ils existent a et b dans $\mathcal{A}$ tels que $\alpha = a\frac{dx}{x} + bdy$.
On obtient donc

$$\tilde{H}(a\frac{dx}{x} + bdy) = -bx\frac{\partial}{\partial x} + a\frac{\partial}{\partial y} \in Der(\log x\mathcal{A}). \tag{3.40}$$

On définit dans $\Omega_{\mathcal{A}}(\log \mathcal{I})$ le crochet suivant

$$\begin{aligned}
&[\alpha_1^0\frac{dx}{x} + \alpha_1^1 dy, \alpha_2^0\frac{dx}{x} + \alpha_2^1 dy] := \\
&\left(\frac{\alpha_1^0}{x}\{x,\alpha_2^0\} + \frac{\alpha_2^0}{x}\{\alpha_1^0, x\} + \alpha_2^1\{\alpha_1^0, y\} + \alpha_1^1\{y, \alpha_2^0\}\right)\frac{dx}{x} + \\
&\left(\frac{\alpha_1^0}{x}\{x,\alpha_2^1\} + \frac{\alpha_2^0}{x}\{\alpha_1^1, x\} + \alpha_1^1\{y, \alpha_2^1\} + \alpha_2^1\{\alpha_1^1, y\}\right)dy.
\end{aligned} \tag{3.41}$$

Ce crochet vérifie la propriété suivante

Proposition 3.3.3 *Le crochet défini par (3.41) induit une structure d'algèbre de Lie dans* $\Omega_{\mathcal{A}}(\log \mathcal{I})$.

Preuve. Voir Annexe A. ∎

Remarque 3.3.4

Pour tout $a(y)\frac{dx}{x} \in \mathbb{C}[y]\frac{dx}{x}$ et $bdx + cdy \in \Omega_{\mathcal{A}}$ on a

$$\begin{aligned}[a(y)\frac{dx}{x}, bdx + cdy] &= [a(y)\frac{dx}{x}, bdx] + [a(y)\frac{dx}{x}, cdy] \\ &= a(y)(\frac{\partial b}{\partial y} - b\frac{\partial a(y)}{\partial y})dx + a(y)\frac{\partial c}{\partial y}dy \in \Omega_{\mathcal{A}}.\end{aligned}$$

On conclut que $\Omega_{\mathcal{A}}$ est stable pour le crochet de Lie de $\Omega_{\mathcal{A}}(\log \mathcal{I})$.
Par ailleurs,

$$[a(y)\frac{dx}{x}, b(y)\frac{dx}{x}] = (a(y)\frac{\partial b(y)}{\partial y} - b(y)\frac{\partial a(y)}{\partial y})\frac{dx}{x}$$

et

$$\begin{gathered}[[a(y)\frac{dx}{x}, b(y)\frac{dx}{x}], c(y)\frac{dx}{x}] + \circlearrowleft = \\ [(a(y)\frac{\partial b(y)}{\partial y} - b(y)\frac{\partial a(y)}{\partial y})\frac{dx}{x}, c(y)\frac{dx}{x}] + \circlearrowleft = \\ (a(y)(\frac{\partial b(y)}{\partial y} - b\frac{\partial a(y)}{\partial y})\frac{\partial c(y)}{\partial y} - ca\frac{\partial^2 b(y)}{\partial yy} + cb\frac{\partial^2 a(y)}{\partial yy})\frac{dx}{x} + \circlearrowleft \\ = 0.\end{gathered} \tag{3.42}$$

Donc $\mathbb{C}[y]\frac{dx}{x}$ est stable pour le crochet $[-,-]$.
Dans ce cas particulier l'application hamiltonienne logarithmique associée vérifie la propriété suivante.

Lemme 3.3.5 *Pour tous $\alpha = \alpha_1^0\frac{dx}{x} + \alpha_1^1 dy$ et $\beta = \beta_1^0\frac{dx}{x} + \beta_1^1 dy$ dans $\Omega_{\mathcal{A}}(\log \mathcal{I})$ et pour tout a dans $\mathcal{A}$ on a*

$$[\alpha, a\beta] = \tilde{H}(\alpha)(a)\beta + a[\alpha, \beta] \tag{3.43}$$

Preuve. Voir annexe (A) ■

Proposition 3.3.6 *$\tilde{H} : \Omega_{\mathcal{A}}(\log \mathcal{I}) \longrightarrow Der_{\mathcal{A}}(\log x\mathcal{A})$ est un homomorphisme d'algèbres de Lie.*

Preuve. Voir annexe (A) ■

Pour alléger les notations nous considérons les isomorphismes suivants $\mathcal{L}alt^0(\Omega_{\mathcal{A}}(\log \mathcal{I}), \mathcal{I}) \cong \mathcal{A}$, $\mathcal{L}alt^1(\Omega_{\mathcal{A}}(\log \mathcal{I}), \mathcal{I}) \cong \widehat{Der_{\mathcal{A}}(\log \mathcal{I})} \cong \mathcal{A} \times \mathcal{A}$ et $\mathcal{L}alt^2(\Omega_{\mathcal{A}}(\log \mathcal{I}), \mathcal{I}) \cong \mathcal{A}$. A l'aide de ces derniers le complexe de Poisson logarithmique associé s'écrit

$$0 \longrightarrow \mathcal{A} \xrightarrow{d^0_{\tilde{H}}} \mathcal{A} \times \mathcal{A} \xrightarrow{d^1_{\tilde{H}}} \mathcal{A} \longrightarrow 0 \tag{3.44}$$

où $d^0_{\tilde{H}}(f) = (\partial_y f, -x\partial_x f)$ et $d^1_{\tilde{H}}(f_1, f_2) = \partial_y f_2 + x\partial_x f_1$.
$d^0_{\tilde{H}}$ vérifie la relation

$$d^1_{\tilde{H}}(d^0_{\tilde{H}} f) = x(\partial^2_{xy} f - \partial^2_{xy} f) = 0.$$

Il est donc de carré nul.

Proposition 3.3.7 *La 2-forme de Poisson associée à* $\{x,y\} = x$ *est logsymplectique.*

Preuve.
Par définition la 2-forme de Poisson de $\{-,-\}$ est $\mu = x\partial_x \wedge \partial_y$. On en déduit que $\omega = \frac{dx}{x} \wedge dy$ est la 2-forme logarithmique associée à μ. Celle-ci est bien logsymplectique.
■

Nous allons à présent calculer les groupes de cohomologie associés.

Proposition 3.3.8 $H^0_{PS} \cong \mathbb{C}$, $H^1_{PS} \cong \mathbb{C}$ *et* $H^2_{PS} \cong 0_{\mathcal{A}}$.

Preuve.

1. Calcul de H^0_{PS}.
   Pour tout f dans $\mathcal{A}$ on a $f \in \ker d^0_{\tilde{H}}$ si et seulement si $\frac{\partial f}{\partial y} = \frac{\partial f}{\partial x} = 0$.
   Il s'ensuit que $Kerd^0_{\tilde{H}} \cong \mathbb{C}$.
2. Calcul de H^2_{PS}.
   Pour tout g dans $\mathcal{A}$ on a $g = d^1_{\tilde{H}}(0, \int g dy + k(x))$. Il s'en suit que $d^1_{\tilde{H}}$ est un épimorphisme et par conséquent $H^2_{PS} \cong O_{\mathcal{A}}$.
3. Calcul de H^1_{PS}.
   Remarquons que $\mathcal{A}^2 \cong (\mathbb{C}[y] \times \mathbb{C}[x]) \oplus (x\mathcal{A} \times y\mathcal{A})$.
   Il découle de cette remarque que pour tout (f_1, f_2) dans $\mathcal{A} \times \mathcal{A}$ il existe g_1 dans $\mathbb{C}[y]$, g_2 dans $\mathbb{C}[x]$ et (h_2, h_1) dans $\mathcal{A} \times \mathcal{A}$ tels que $f_1 = g_1(y) + xh_1$ et $f_2 = g_2(x) + yh_2$.
   Etant donné que pour tout $(a(y), b(x))$ dans $\mathbb{C}[y] \times \mathbb{C}[x]$ on a $x\frac{\partial a(y)}{\partial x} + \frac{\partial b(x)}{\partial y} = 0$, l'on déduit que $\mathbb{C}[y] \times \mathbb{C}[x] \subset \ker d^1_{\tilde{H}}$.
   Par ailleurs, nous avons aussi

$$\begin{aligned} \ker(d^1_{\tilde{H}}) : &= \ker(d^1_{\tilde{H}}) \cap \mathcal{A}^2 \\ &= (\mathbb{C}[y] \times \mathbb{C}[x]) \oplus \ker(d^1_{\tilde{H}}) \cap (x\mathcal{A} \times y\mathcal{A}) \\ &= (\mathbb{C}[y] \times \mathbb{C}[x]) \oplus \Theta(\mathcal{A}) \end{aligned}$$

   où Θ est défini par

$$\mathcal{A} \xrightarrow{\Theta} \mathcal{A}^2 \quad a \mapsto (xa, -\int x\frac{\partial xa}{\partial x}dy)$$

   Compte tenu du fait que $\Theta(\mathcal{A}) \subset \ker(d^1_{\tilde{H}})$ et $\mathcal{A} \cong \mathbb{C}[x] \oplus y\mathbb{C}[y] \oplus xy\mathcal{A}$. On en déduit que pour tout $f \in \mathcal{A}$ il existe (f_1, q, p) dans $\mathbb{C}[x] \times \mathbb{C}[y] \times \mathcal{A}$ tel que $f = f_1 + yq + xyp$.
   Ainsi
   $\frac{\partial f}{\partial y} = q + y\frac{\partial q}{\partial y} + x(p + y\frac{\partial p}{\partial y}) = (1 + y\frac{\partial}{\partial y})q + x(1 + y\frac{\partial}{\partial y})p \in \mathbb{C}[y] \oplus x(1 + y\frac{\partial}{\partial y})(\mathcal{A})$
   et
   $-x\frac{\partial f}{\partial x} = -x\frac{\partial f_1}{\partial x} - xyp - x^2y\frac{\partial p}{\partial x} = -x\frac{\partial f_1}{\partial x} - xy(1 + x\frac{\partial}{\partial x})p \in x\mathbb{C}[x] \oplus xy(1 +$

$x\frac{\partial}{\partial x})\mathcal{A}$.

On considère $\Psi : \mathcal{A} \to \mathcal{A}^2, \quad f \mapsto (x(1+y\frac{\partial}{\partial y})f, -xy(1+x\frac{\partial}{\partial x})f)$.

Puisque

$$\begin{aligned}
&(x(1+y\frac{\partial}{\partial y})f, -xy(1+x\frac{\partial}{\partial x})f) = (xf\frac{\partial y}{\partial y} + xy\frac{\partial f}{\partial y}, -x\frac{\partial x}{\partial x}yf - x^2\frac{\partial yf}{\partial x}) \\
&= (\frac{\partial xyf}{\partial y}, -x\frac{\partial xyf}{\partial x}) \\
&= d^0_{\tilde{H}}(xyf)
\end{aligned}$$

et $\Psi(\mathcal{A}) \subset d^0_{\tilde{H}}(\mathcal{A})$. On a

$$(\frac{\partial f}{\partial y}, -x\frac{\partial f}{\partial x}) \quad \in \quad (\mathbb{C}[y] \times x\mathbb{C}[x]) \oplus \Psi(\mathcal{A}).$$

Réciproquement pour tout $F := (f_1(y), xf_2(x)) + \Psi(p)$ dans $(\mathbb{C}[y] \times x\mathbb{C}[x]) \oplus \Psi(\mathcal{A})$ on a

$$F = d^0_{\tilde{H}}(\int f_1 dy - \int f_2 dx) + d^0_{\tilde{H}}(xyp) = d^0_{\tilde{H}}(\int f_1 dy - \int f_2 dx + xyp) \in d^0_{\tilde{H}}(\mathcal{A}).$$

Il s'en suit que

$$d^0_{\tilde{H}}(\mathcal{A}) \cong (\mathbb{C}[y] \times x\mathbb{C}[x]) \oplus \Psi(\mathcal{A}).$$

Etant donné que $d^0_{\tilde{H}}(\int xady) = (xa, -\int x\frac{\partial xa}{\partial x}dy)$ pour tout a dans $\mathcal{A}$ on en déduit que $\Theta(\mathcal{A}) \subset d^0_{\tilde{H}}(\mathcal{A})$. De plus, on obtient par un calcul direct $\Theta(\mathcal{A}) \subset \Psi(\mathcal{A})$.

Puisque $(\mathbb{C}[y] \times \mathbb{C}[x]) \cong (\mathbb{C}[y] \times x\mathbb{C}) \oplus (0_{\mathcal{A}} \times \mathbb{C})$ et $x\frac{\partial \mathcal{A}}{\partial x} \cap \mathbb{C} = 0_{\mathcal{A}}$ alors $d^0_{\tilde{H}}(\mathcal{A}) \cap (0_{\mathcal{A}} \times \mathbb{C}) \cong 0_{\mathcal{A}}$.

D'où

$$H^1_{PS} \quad \cong \quad \mathbb{C}.$$

■

D'après les Propositions 3.3.1 et 3.3.7 les groupes cohomologie de Poisson, de De Rham logarithmique et de Poisson logarithmique associées à la structure de Poisson $\{x, y\} = x$ doivent être isomorphes. La proposition suivante nous permet de confirmer ce résultat.

Proposition 3.3.9 *Les groupes de cohomologies de Poisson de* $\{x, y\} = x$ *sont* $H^0_P \cong \mathbb{C}$, $H^1_P \cong \mathbb{C}$ *et* $H^2_P \cong 0_{\mathcal{A}}$.

Par ailleurs, le complexe de De Rham logarithmique le long de $\mathcal{I}$ est

$$0 \longrightarrow \mathcal{A} \xrightarrow{d^0} \Omega^1_{\mathcal{A}}(\log x\mathcal{A}) \xrightarrow{d^1} \Omega^2_{\mathcal{A}}(\log x\mathcal{A}) \longrightarrow 0 \qquad (3.45)$$

où

$$d^0(a) := x\partial_x(a)\frac{dx}{x} + \partial_y(a)dy$$

et

$$d^1(a\frac{dx}{x} + bdy) := (x\partial_x(b) - \partial_y(a))\frac{dx}{x} \wedge dy.$$

Proposition 3.3.10 *Le diagramme suivant est commutatif*

$$\begin{array}{ccccccccc}
0 & \longrightarrow & \mathcal{A} & \xrightarrow{d^0} & \Omega_{\mathcal{A}}(\log x\mathcal{A}) & \xrightarrow{d^1} & \Omega^2_{\mathcal{A}}(\log x\mathcal{A}) & \longrightarrow & 0 \\
 & & \downarrow & & \downarrow{\scriptstyle -\tilde{H}} & & \downarrow{\scriptstyle -\tilde{H}} & & \\
0 & \longrightarrow & \mathcal{A} & \xrightarrow{d^0_{\tilde{H}}} & \mathcal{A}^2 & \xrightarrow{d^1_{\tilde{H}}} & \mathcal{A} & \longrightarrow & 0
\end{array}$$

<u>**Preuve**</u>. Pour tout a dans $\mathcal{A}$ on a $\tilde{H}(da) = \tilde{H}(x\partial_x(a)\frac{dx}{x} + \partial_y(a)dy) = -\partial_y(a)x\partial_x + x\partial_x(a)\partial_y \cong (-\partial_y(a), x\partial_x(a))$ et $d^0_{\tilde{H}}(a) \cong (\partial_y(a), -x\partial_x(a)) = -\tilde{H}(da)$ De plus pour tout $\alpha = f\frac{dx}{x} + gdy$ dans $\Omega_{\mathcal{A}}(\log \mathcal{I})$ on a $d^1(\alpha) = (x\partial_x(g) - \partial_y(f))\frac{dx}{x} \wedge dy$, $-\tilde{H}(d^1(\alpha)) \cong x\partial_x(g) - \partial_y(f)$.
Par ailleurs, $-\tilde{H}(\alpha) = gx\partial_x - f\partial_y \cong (g, -f)$.
Il s'en suit que $d^1_{\tilde{H}}(-\tilde{H}) = d^1_{\tilde{H}}(gx\partial_x - f\partial_y) \cong x\partial_x(g) - \partial_y(f)$ ∎
La proposition suivante donne les groupes de cohomologie associés à ce complexe.

Proposition 3.3.11 *Les groupes de cohomologie du complexe (3.45) sont :* $H^0_{DS} \cong \mathbb{C}$, $H^1_{DS} \cong \mathbb{C}$ *et* $H^2_{DS} \cong 0_{\mathcal{A}}$.

<u>**Preuve**</u>.
Pour simplifier les notations nous posons

$$\begin{array}{ccc}
\Omega^1_{\mathcal{A}}(\log x\mathcal{A}) & \overset{\cong}{\rightarrow} & \mathcal{A}\times\mathcal{A} \\
a\frac{dx}{x} + bdy & \mapsto & (a,b)
\end{array}
\qquad
\begin{array}{ccc}
\Omega^2_{\mathcal{A}}(\log x\mathcal{A}) & \overset{\cong}{\rightarrow} & \mathcal{A} \\
a\frac{dx}{x} \wedge dy & \mapsto & a
\end{array}$$

Avec ces notations le complexe 3.45 devient

$$0 \longrightarrow \mathcal{A} \xrightarrow{d^0} \mathcal{A}\times\mathcal{A} \xrightarrow{d^1} \mathcal{A} \longrightarrow 0 \tag{3.46}$$

où $d^0(f) = (x\partial_x f, \partial_y f)$ et $d^1(f_1, f_2) = x\partial_x f_2 - \partial_y f_1$.
Pour tout f dans $\mathcal{A}$ on a $f = d^1(-\int f dy, 0)$.
Il s'en suit que $\mathcal{A} \cong d^1(\mathcal{A}\times\mathcal{A})$ et par suite $H^2_{DS} \cong 0$.
Par un calcul direct on obtient $H^0_{DS} \cong \mathbb{C}$.
Soit (f^1, f^2) dans $\mathcal{A}\times\mathcal{A}$. Alors $(f^1, f^2) \in \ker(d^1)$ si et seulement si $f^1 = x\int \partial_x f^2 dy + k(x)$. Donc $\ker(d^1) \cong \{(x\int \partial_x u dy, u); u \in \mathcal{A}\} \oplus x\mathbb{C} \oplus \mathbb{C}$. Or l'application suivante est un monomorphisme de modules

$$\begin{array}{cccc}
\theta : & \mathcal{A} & \rightarrow & x\mathcal{A}\times\mathcal{A} \\
 & u & \mapsto & (x\int \partial_x u dy, u)
\end{array}$$

et de plus $\ker(d^1) \cong \theta(\mathcal{A}) \oplus (x\mathbb{C} \times 0_{\mathcal{A}}) \cong \theta(\mathcal{A}) \oplus (x\mathbb{C} \oplus \mathbb{C})$.
En outre pour u dans $\mathcal{A}$ et pour tout a $\mathbb{C}[x]$ on a

$d^0(\int udy+\int adx) = (x\int \partial_x udy+xa, u) = (x\int \partial_x udy, u)+(xa,0) = \theta(u)+(xa,0) \in \theta(\mathcal{A}) \oplus (x\mathbb{C})$.
Il s'en suit que $\theta(\mathcal{A}) \oplus (x\mathbb{C}) \subset d^0(\mathcal{A})$.
Etant donné que $\mathbb{C} \cap d^0(\mathcal{A}) = 0_{\mathcal{A}}$, l'on a $d^0(\mathcal{A}) = d^0(\mathcal{A}) \cap (\ker(d^1)) \cong \theta(\mathcal{A}) \oplus (x\mathbb{C})$.
Il s'en suit que $\ker(d^1) \cong d^0(\mathcal{A}) \oplus \mathbb{C}$. Par conséquent $H^1_{DS} \cong \mathbb{C}$. ■

3.3.1.2 Calcul des groupes de cohomologie de Poisson et de Poisson logarithmique de $((\mathcal{A} := \mathbb{C}[x,y], \{x,y\} = x^2))$.

Dans cette partie nous proposons un exemple de structure de Poisson non logsymplectique et nous montrons que ses groupes de cohomologies de Poisson et de Poisson logarithmique sont isomorphes.
On considère dans $\mathcal{A} = \mathbb{C}[x,y]$ le crochet de Poisson $\{x,y\} = x^2$ qui est par définition logarithmique principale le long de l'idéal de $\mathcal{A} = \mathbb{C}[x,y]$ engendré par x^2.
Etant donné que $\frac{dx^2}{x^2} = 2\frac{dx}{x}$, nous pouvons conclure que $\Omega_{\mathcal{A}}(\log x^2\mathcal{A})$ est isomorphe au $\mathcal{A}$-module engendré par $\{\frac{dx}{x} \cup \Omega_{\mathcal{A}}\}$.

Cohomologie de Poisson logarithmique de $\mathcal{A} = \mathbb{C}[x,y], \{x,y\} = x^2$.

L'application Hamiltonienne logarithmique associée est définie sur les générateurs de $\Omega_{\mathcal{A}}(\log x^2\mathcal{A})$ par
$\tilde{H}(\frac{dx}{x}) = x\partial_y$ et $\tilde{H}(dy) = -x^2\partial_x$.
On en déduit le complexe de Poisson logarithmique suivant

$$0 \longrightarrow \mathcal{A} \xrightarrow{d^0_{\tilde{H}(H)}} \mathcal{A}\times\mathcal{A} \xrightarrow{d^1_{\tilde{H}}} \mathcal{A} \longrightarrow 0 \tag{3.47}$$

où $d^*_{\tilde{H}}$ est définie par $d^0_{\tilde{H}}(f) = (x\partial_y f, -x^2\partial_x f)$ et $d^1_{\tilde{H}}(f_1,f_2) = x\partial_y f_2 + x^2\partial_x f_1 - xf_1$.
Les isomorphismes suivants

$$\begin{array}{rcl} Der_{\mathcal{A}}(\log x^2\mathcal{A}) & \stackrel{\cong}{\to} & \mathcal{A}\times\mathcal{A} \\ ax\partial_x + b\partial_y & \mapsto & (a,b) \end{array} \qquad \begin{array}{rcl} Der_{\mathcal{A}}(\log x^2\mathcal{A}) \wedge Der_{\mathcal{A}}(\log x^2\mathcal{A}) & \stackrel{\cong}{\to} & \mathcal{A} \\ ax\partial_x \wedge \partial_y & \mapsto & a \end{array}$$

étant sous-entendus.

Calcul du H^2_{PS} de $(\mathcal{A} := \mathbb{C}[x,y], \{x,y\} = x^2)$.

Etant donné que $\mathcal{A} \cong \mathbb{C}[y] \oplus x\mathcal{A}$ alors pour tout g dans $\mathcal{A}$ il existe (g_1, g_2) dans $\mathcal{A}$ tels que $g = g_1 + xg_2$. Il s'en suit que pour tout g dans $\mathcal{A}$ on a
$g \in d^1_{\tilde{H}}(\mathcal{A})$ si et seulement si $g = xg_2 = x\partial_y f_2 + x^2\partial_x f_1 - xf_1$.
Cependant $xg_2 = x\partial_y(x\int \partial_x g_2 dy) - x^2\partial_x g_2 - xg_2$ et de plus l'équation $x(\partial_y v + x\partial_x u - u) = g(y) \in \mathbb{C}[y]^*$ ne possède pas de solution dans $\mathcal{A}\times\mathcal{A}$. Il s'en suit que $\mathcal{A} \cong d^1_{\tilde{H}}(\mathcal{A}\times\mathcal{A}) \oplus \mathbb{C}[y]$.
On en déduit que $H^2_{PS} \cong \mathbb{C}[y]$.

Calcul de H^1_{PS}.

Le calculer H^1_{PS} fait appel au Lemme suivant

Lemme 3.3.12 *Soit $\varphi : E \to F$ un monomorphisme d'espaces vectoriels. Pour tout sous ensemble A, B de E on a $\varphi(A \oplus B) = \varphi(A) \oplus \varphi(B)$*

Preuve. Il est clair que $\varphi(A \oplus B) = \varphi(A) + \varphi(B)$. Par ailleurs, si z est un élément de $\varphi(A) \cap \varphi(B)$ alors $z \in \varphi(A \oplus B) = 0_E$. Il s'en suit que $\varphi(A \oplus B) = \varphi(A) \oplus \varphi(B)$. ■

Pour tout (f_1, f_2) dans $\mathcal{A} \times \mathcal{A}$ on a
$(f_1, f_2) \in \ker(d^1_{\tilde{H}})$ si et seulement si il existe $k \in \mathbb{C}[x]$ tel que $f_2 = \int(1 - x\partial_x)f_1 dy + k(x)$. Par conséquent, $\ker(d^1_{\tilde{H}}) \cong \{(u, \int(1 - x\partial_x)udy), u\mathcal{A}\} \oplus \mathbb{C}[x]$. Pour tout u dans $\mathcal{A}$ on pose $\eta(u) = (u, \int(1 - x\partial_x)udy)$. On définit ainsi une application $\eta : \mathcal{A} \to \mathcal{A} \times \mathcal{A}$ qui est un monomorphisme d'espaces vectoriels. Etant donné que $\mathcal{A} \cong \mathbb{C}[y] \oplus x\mathcal{A}$ alors $\ker(d^1_{\tilde{H}}) \cong \eta(\mathcal{A}) \oplus \mathbb{C}[x] \cong \eta(\mathbb{C}[y]) \oplus \eta(x\mathcal{A}) \oplus \mathbb{C}[x]$. Nous savons aussi que pour tout g dans $\eta(x\mathcal{A}) \oplus (0_{\mathcal{A}}, x^2\mathbb{C}[x])$ il existe u dans $\mathcal{A}$ et v dans $\mathbb{C}[x]$ tels que $g = (xu, -x^2 \int \partial_x dy + x^2 v(x)) = d^0_{\tilde{H}}(\int udy - \int v(x)dx)$. De plus, pour tous $u(y)$ et a_0 dans $\mathbb{C}[y]$ l'équation différentielle

$$\left\{\begin{array}{lcl} xf_y & = & u(y) \\ -x^2 f_x & = & \int u(y)dy + a_0 + a_1 x \end{array}\right.$$

ne possède pas de solution dans $\mathcal{A}$. Il s'en suit que $\ker(d^1_{\tilde{H}}) \cong \eta(\mathbb{C}[y]) \oplus \mathbb{C}_1[x] \oplus d^0_{\tilde{H}}(\mathcal{A})$. Par conséquent

$$H^1_{PS} \cong \eta(\mathbb{C}[y]) \oplus \mathbb{C}_1[x].$$

où $\mathbb{C}_1[x] := \{a_0 + a_1 x \quad \text{avec} \quad a_0, a_1 \in \mathbb{C}\}$. Par ailleurs, η étant un monomorphisme on a $\eta(\mathbb{C}[y]) \cong \mathbb{C}[y]$. On en déduit que

$$H^1_{PS} \cong \mathbb{C}[y] \oplus \mathbb{C}_1[x].$$

Ceci achève la preuve de la proposition suivante.

Proposition 3.3.13 *Les groupes de cohomologie de Poisson logarithmique de $\{x, y\} = x^2$ sont $H^1_{PS} \cong \mathbb{C}[y] \oplus \mathbb{C}_1[x]$, $H^2_{PS} \cong \mathbb{C}[y]$ et $H^0_{PS} \cong \mathbb{C}$.*

Cohomologie de Poisson de $\mathcal{A} = \mathbb{C}[x, y], \{x, y\} = x^2$.

L'application hamiltonienne H se définit sur les générateurs de $\Omega_{\mathcal{A}}$ par $H(dx) = x^2\partial_y$ et $H(dy) = -x^2\partial_x$.
Nous adoptons les isomorphismes suivant

$$\begin{array}{ccc} Der_{\mathcal{A}} & \overset{\cong}{\to} & \mathcal{A} \times \mathcal{A} \\ a\partial_x + b\partial_y & \mapsto & (a, b) \end{array} \qquad \begin{array}{ccc} Der_{\mathcal{A}} \wedge Der_{\mathcal{A}} & \overset{\cong}{\to} & \mathcal{A} \\ a\partial_x \wedge \partial_y & \mapsto & a. \end{array}$$

A l'aide de ces isomorphismes la différentielle de la cohomologie de Poisson s'écrit $d^0_H(f) = (x^2\partial_y f, -x^2\partial_x f)$ et $d^1_H(f_1, f_2) = x^2\partial_x f_1 + x^2\partial_y f_2 - 2xf_1$.

Pour tout g dans $\mathcal{A}$ on a $xg = -2x(-\frac{1}{2}g) + x^2(\frac{1}{2})(-\partial_x g + \partial_y(\int \partial_x g dy))$.
Par suite $\mathcal{A} \cong d_H^1(\mathcal{A} \times \mathcal{A}) \oplus \mathbb{C}[y]$.
Par conséquent

$$H_P^2 \cong \mathbb{C}[y].$$

Soit (f_1, f_2) dans $\mathcal{A} \times \mathcal{A}$.
$(f_1, f_2) \in \ker(d_H^1)$ si et seulement si $u \in \mathcal{A}$ et $a \in \mathbb{C}[x]$. C'est-à-dire $f_1 = xu$ et $f_2 = \int(1 - x\partial_x)udy + a(x)$.
Il s'en suit que $\ker(d_H^1) = \{(xu, \int(1 - x\partial_x)udy + a(x)), \quad u \in \mathcal{A}, a(x) \in \mathbb{C}[x]\}$. On pose $\varphi(u) = (xu, \int(1 - x\partial_x)udy$ pour tout $u \in \mathcal{A}$. Alors $\varphi : \mathcal{A} \to x\mathcal{A} \times \mathcal{A}$ est un isomorphisme d'espaces vectoriels et de plus $\ker(d_H^1) \cong \varphi(\mathcal{A}) \oplus \mathbb{C}[x]$. D'autre part, compte tenu du faite que $\mathcal{A} \cong \mathbb{C}[y] \oplus x\mathcal{A}$ on a $\varphi(\mathcal{A}) \cong \varphi(\mathbb{C}[y]) \oplus \varphi(x\mathcal{A})$. Par ailleurs $\varphi(x\mathcal{A}) \oplus x^2\mathbb{C}[x] \subset d_H^0(\mathcal{A})$ et donc $d_H^0(\mathcal{A}) \cap \varphi(\mathbb{C}[y]) \oplus \mathbb{C}_1[x] \cong 0_{\mathcal{A}}$
Il s'en suit que

$$\ker(d_H^1) \cong \varphi(\mathbb{C}[y]) \oplus \mathbb{C}_1[x] \oplus d_H^0(\mathcal{A}) \cong \mathbb{C}[y] \oplus \mathbb{C}_1[x] \oplus d_H^0(\mathcal{A})$$

On en déduit que

$$H_P^1 \cong \mathbb{C}[y] \oplus \mathbb{C}_1[x]$$

Ceci achève la preuve de la proposition suivante :

Proposition 3.3.14 *Les groupes de cohomologie de Poisson de* $\{x, y\} = x^2$ *sont :* $H_P^1 \cong \mathbb{C}[y] \oplus \mathbb{C}_1[x]$, $H_P^2 \cong \mathbb{C}[y]$ *et* $H_P^0 \cong \mathbb{C}$.

Il découle de la définition des différentielles formelles logarithmiques le long de $x^2\mathcal{A}$ puis de $x\mathcal{A}$ que $\Omega_{\mathcal{A}}(\log x^2\mathcal{A}) \cong \Omega_{\mathcal{A}}(\log x\mathcal{A})$. Ainsi la 2-forme $\omega = \frac{dx}{x^2} \wedge dy$ associée à la 2-forme de Poisson $x^2\frac{\partial}{\partial x} \wedge \frac{\partial}{\partial y}$ de $\{x, y\} = x^2$ n'est pas logarithmique d'autant plus que $\frac{1}{x} \notin \mathbb{C}[x, y]$. Par ailleurs, l'homomorphisme de modules suivant

$$\bar{\mu} : \Omega_{\mathcal{A}}(\log x^2\mathcal{A}) \to \mathcal{H}_{\mathcal{A}}(\Omega_{\mathcal{A}}(\log x^2\mathcal{A}), \mathcal{A}), \quad \alpha_0\frac{dx}{x} + \alpha_0 dy \mapsto -\alpha_1 x^2\frac{\partial}{\partial x} + x\alpha_0\frac{\partial}{\partial y}$$

n'est pas surjectif.
En effet, $-\frac{1}{x}dy$ est l'unique antécédent de $x\frac{\partial}{\partial x}$ qui n'est cependant pas élément de $\Omega_{\mathcal{A}}(\log x^2\mathcal{A})$. [3] Il s'ensuit que $\{x, y\} = x^2$ est une structure de Poisson logarithmique principale non logsymplectique. On obtient donc le théorème suivant.

Théorème 3.3.15 *Le crochet* $\{x, y\} = x^2$ *induit dans* $\mathbb{C}[x, y]$ *une structure de Poisson logarithmique principale le long de l'idéal* $x^2\mathcal{A}$. *Cette structure de Poisson n'est pas logsymplectique mais ses groupes de cohomologie de Poisson et de Poisson logarithmique sont isomorphes.*

3. Il faut par contre signaler que d'après la définition de forme différentielle logarithmique donnée dans [Saito 1980] $-\frac{dy}{x}$ est bien une forme différentielle logarithmique.

3.3.2 Calcul de la cohomologie de Poisson et celle de Poisson logarithmique de la structure de Poisson $\{x,y\}=0, \{x,z\}=0, \{y,z\}=xyz$ sur $\mathcal{A}=\mathbb{C}[x,y,z]$.

Dans cette partie nous montrons que la structure de Poisson logarithmique principale ci-dessus n'est pas logsymplectique et que ses groupes de cohomologie de Poisson et de Poisson logarithmique associés sont différents. Par définition cette structure de Poisson est logarithmique principale le long de l'idéal $xyz\mathcal{A}$ et la différentielle de Poisson logarithmique s'écrit

$$\begin{aligned} d^0_{\tilde H}(f) &= (0, xz\frac{\partial f}{\partial z}, -xy\frac{\partial f}{\partial y}) \\ d^1_{\tilde H}(f_1,f_2,f_3) &= (xz\frac{\partial f_3}{\partial z}+xy\frac{\partial f_2}{\partial y}-xf_1, -xy\frac{\partial f_1}{\partial y}, -xz\frac{\partial f_1}{\partial_z}) \\ d^2_{\tilde H}(f_1,f_2,f_3) &= xz\frac{\partial f_2}{\partial z}+xy\frac{\partial f_3}{\partial y}. \end{aligned} \tag{3.48}$$

Par ailleurs, la différentielle de Poisson associée s'écrit.

$$\begin{aligned} \delta^0(f) &= xyz(0, \frac{\partial f}{\partial z}, -\frac{\partial f}{\partial y}) \\ \delta^1(f_1,f_2,f_3) &= (xyz\frac{\partial f_3}{\partial z}+xyz\frac{\partial f_2}{\partial y}-yzf_1-xzf_2-xyf_3, -xyz\frac{\partial f_1}{\partial y}, -xyz\frac{\partial f_1}{\partial_z}) \\ \delta^2(f_1,f_2,f_3) &= xyz(\frac{\partial f_2}{\partial z}+\frac{\partial f_3}{\partial y}). \end{aligned} \tag{3.49}$$

Calcul de H^3_{PS}.

Nous déduisons des équations (3.48) que $d^2_{\tilde H}(\mathcal{A}^3)\subset x\mathcal{A}$.
Cependant

$$\begin{aligned} \mathcal{A} &\cong \mathbb{C}[y]\oplus z\mathbb{C}[z]\oplus x\mathcal{A} \\ &\cong \mathbb{C}[y]\oplus z\mathbb{C}[z]\oplus x\mathbb{C}[x]\oplus xy\mathbb{C}[y]\oplus xz\mathbb{C}[z]\oplus x^2y\mathcal{A}\oplus x^2z\mathcal{A}\oplus xyz\mathcal{A}. \end{aligned}$$

D'autre part pour tout $xg(x)$ dans $x\mathbb{C}[x]$ l'équation différentielle $z\frac{\partial u}{\partial z}+y\frac{\partial v}{\partial y}=g(x)$ ne possède pas de solution dans $\mathcal{A}\times\mathcal{A}\times\mathcal{A}$. De plus pour tout g dans $xy\mathbb{C}[y]\oplus xz\mathbb{C}[z]\oplus x^2y\mathcal{A}\oplus x^2z\mathcal{A}\oplus xyz\mathcal{A}$
il existe

$$g_1(y), g_2(z), g_3(x,y,z), g_4(x,y,z), g_5(x,y,z)\in\mathcal{A}$$

tel que $g=xyg_1(y)+xzg_2(z)+x^2yg_3(x,y,z)+x^2zg_4(x,y,z)+xyzg_5(x,y,z)$.
On en déduit l'expression des 2-cobords suivante

$$z\frac{\partial f_2}{\partial_z}+y\frac{\partial f_3}{\partial y}=yg_1(y)+zg_2(z)+xyg_3(x,y,z)+xzg_4(x,y,z)+yzg_5(x,y,z). \tag{3.50}$$

Laquelle équivaut à

$$z(\frac{\partial f_2}{\partial_z}-g_2(z)-xg_4(x,y,z))+y(\frac{\partial f_3}{\partial_y}-g_1(y)-xg_3(x,y,z)-zg_5(x,y,z))=0 \tag{3.51}$$

Il suffit donc de prendre

$$f_2 = \int g_2(z) + xg_4(x,y,z)dz; \quad f_3 = \int g_1(y) + xg_3(x,y,z) + zg_5(x,y,z)dy \quad (3.52)$$

pour avoir

$$d^2_{\tilde{H}}(\mathcal{A}^3) \cong xy\mathbb{C}[y] \oplus xz\mathbb{C}[z] \oplus x^2y\mathcal{A} \oplus x^2z\mathcal{A} \oplus xyz\mathcal{A}.$$

On en déduit que

$$H^3_{PS} \cong \mathbb{C}[y] \oplus z\mathbb{C}[z] \oplus x\mathbb{C}[x]. \quad (3.53)$$

Calcul de H^3_P.

De l'équation (3.49), nous déduisons que

$$\delta^2(\mathcal{A}^3) \subset xyz\mathcal{A}. \quad (3.54)$$

Or

$$\begin{aligned}\mathcal{A} \cong \mathbb{C}[y] \oplus z\mathbb{C}[z] \oplus x\mathbb{C}[x] \oplus xy\mathbb{C}[y] \oplus xy\mathbb{C}[x] \oplus xz\mathbb{C}[x] \oplus \\ xz\mathbb{C}[z] \oplus yz\mathbb{C}[y] \oplus yz\mathbb{C}[z] \oplus xyz\mathcal{A}\end{aligned} \quad (3.55)$$

et

$$\begin{aligned}\delta^2(\mathcal{A}^3) \cap \mathbb{C}[y] \oplus z\mathbb{C}[z] \oplus x\mathbb{C}[x] \oplus xy\mathbb{C}[y] \oplus xy\mathbb{C}[x] \oplus \\ xz\mathbb{C}[x] \oplus xz\mathbb{C}[z] \oplus yz\mathbb{C}[y] \oplus yz\mathbb{C}[z] \cong 0_{\mathcal{A}}\end{aligned}$$

Etant donné que le morphisme

$$\mathcal{A} \times \mathcal{A} \to \mathcal{A}, (u,v) \mapsto \frac{\partial u}{\partial z} + \frac{\partial v}{\partial y} \quad (3.56)$$

est surjectif $\delta^3(\mathcal{A}^3) \cong xyz\mathcal{A}$.
Il s'en suit que

$$\begin{aligned}H^3_P \cong \mathbb{C}[y] \oplus z\mathbb{C}[z] \oplus x\mathbb{C}[x] \oplus xy\mathbb{C}[y] \oplus xy\mathbb{C}[x] \oplus \\ xz\mathbb{C}[x] \oplus xz\mathbb{C}[z] \oplus yz\mathbb{C}[y] \oplus yz\mathbb{C}[z]\end{aligned}$$

On a ainsi prouvé le théorème suivant

Théorème 3.3.16 *Le crochet $\{x,y\} = \{x,z\} = 0$ et $\{y,z\} = xyz$ définie sur $\mathcal{A} = \mathbb{C}[x,y,z]$ une structure de Poisson logarithmique principale le long de $\mathcal{I} = xyz\mathcal{A}$. De plus*

(1) son troisième groupe de cohomologie de Poisson est

$$\begin{aligned}H^3_P \cong \mathbb{C}[y] \oplus z\mathbb{C}[z] \oplus x\mathbb{C}[x] \oplus xy\mathbb{C}[y] \oplus xy\mathbb{C}[x] \oplus \\ xz\mathbb{C}[x] \oplus xz\mathbb{C}[z] \oplus yz\mathbb{C}[y] \oplus yz\mathbb{C}[z]\end{aligned}$$

et

(2) son troisième groupe de cohomologie de Poisson logarithmique est

$$H^3_{PS} \cong \mathbb{C}[y] \oplus z\mathbb{C}[z] \oplus x\mathbb{C}[x] \quad (3.57)$$

On a bien $H^3_{PS} \neq H^3_P$.

CHAPITRE 4

Préquantification des structures de Poisson logarithmiques.

Sommaire

Introduction

Dans ce chapitre nous étudions les conditions d'intégralité des structures logsymplectiques et la préquantification des structures de Poisson logarithmiques.

4.1 Préquantification des structures logsymplectiques.

Dans cette partie $\mathcal{A}$ désigne une algèbre commutative, unitaire sur un corps k de caractéristique 0 et $\mathcal{I}$ un idéal propre de $\mathcal{A}$ engendré par $\mathcal{S} = \{u_1, ..., u_p\} \subset \mathcal{A}$.

4.1.1 Quelques propriétés des structures logsymplectiques.

Soit μ une structure d'algèbre de Lie-Rinehart-logsymplectique sur $Der_{\mathcal{A}}(\log \mathcal{I})$. Pour tout $a \in \mathcal{A}$ il existe une unique dérivation principale δ_a telle que

$$i_{(\delta_a)}\mu = da. \tag{4.1}$$

Posons

$$\{a, b\} = -\mu(\delta_a, \delta_b) \tag{4.2}$$

pour tout $a, b \in \mathcal{A}$. On obtient ainsi un crochet de Poisson $\{-,-\}$ sur $\mathcal{A}$. De plus, pour tout $u_i \in \mathcal{S}$ il existe un unique $\tilde{\delta}_{u_i} \in \widehat{Der_k(\log I)}$ tel que

$$i_{\tilde{\delta}_{u_i}}\mu = \frac{du_i}{u_i}.$$

Etant donné que du_i est dans $\Omega_{\mathcal{A}} \subset \Omega_{\mathcal{A}}(\log I)$, il existe δ_{u_i} tel que $i_{\delta_{u_i}}\mu = du_i$. On considère le crochet suivant

$$\{a, b\}_{sing} := \begin{cases} \dfrac{1}{uv}\{u, v\} & \texttt{si} \quad a = u, b = v \in S, \\ \dfrac{1}{u}\{u, b\} & \texttt{si} \quad a = u \in S, b \in \mathcal{A} - S, \\ \{a, b\} & \texttt{si} \quad a, b \in \mathcal{A} - S \end{cases} \tag{4.3}$$

Proposition 4.1.1 *Toute structure d'algèbre de Lie-Rinehart logsymplectique μ sur $\mathcal{A}$ induit dans $\mathcal{A}$ deux structures d'algèbres de Lie $\{-,-\}$ et $\{-,-\}_{sing}$ définies comme ci-dessus. Ces structures vérifient les propriétés suivantes :*

(i) $i_{(\delta_{\{u,v\}} - uv\delta_{\{u,v\}_{sing}})}\mu = \{u, v\}\left(\dfrac{du}{u} + \dfrac{dv}{v}\right)$,

(ii) $\{uv, a\}_{sing} = \{u + v, a\}_{sing}; \forall a \in \mathcal{A} - \mathcal{I}$,

(iii) $\{a, b\} = \delta_a(b)$,

(iv) $[\delta_a, \delta_b] = \delta_{\{a,b\}}$,

(v) $\delta_{\{u,v\}} = uv[\tilde{\delta_u}, \tilde{\delta_v}] + \{u, v\}(\tilde{\delta_v} + \tilde{\delta_u})$.

Preuve. Pour tous $u, v \in \mathcal{I}$, on a :

$$\begin{aligned} i_{(\delta_{\{u,v\}} - uv\delta_{\{u,v\}})}\mu &= i_{\delta_{\{u,v\}}}\mu - \imath_{uv\delta_{\{u,v\}}}\mu \\ &= d\{u, v\} - uvd(\frac{1}{uv}\{u, v\}) \\ &= \{u, v\}\left(\frac{du}{u} + \frac{dv}{v}\right). \end{aligned}$$

D'où la propriété (i).

Pour ce qui est de la propriété (v) nous remarquons que

$$\begin{aligned} i_{\left(uv[\tilde{\delta}_u, \tilde{\delta}_v] + \{u,v\}(\tilde{\delta}_u + \tilde{\delta}_v)\right)}\mu &= uvi_{([\tilde{\delta}_u, \tilde{\delta}_v])}\mu + \{u, v\}\left(\frac{du}{u} + \frac{dv}{v}\right)\mu \\ &= uvi_{[\tilde{\delta}_u, \tilde{\delta}_v]}\mu + i_{\left(\delta_{\{u,v\}} - uv\delta_{\{u,v\}_{sing}}\right)}\mu \\ &= i_{\left(uv[\tilde{\delta}_u, \tilde{\delta}_v] + \delta_{\{u,v\}} - uv\delta_{\{u,v\}_{sing}}\right)}\mu. \end{aligned}$$

Il suffit de montrer que

$$i_{\left(uv[\tilde{\delta}_u, \tilde{\delta}_v]\right)}\mu = i_{\left(uv\delta_{\{u,v\}_{sing}}\right)}\mu.$$

Or

$$\begin{aligned} i_{(uv[\tilde{\delta}_u,\tilde{\delta}_v])}\mu &= uvi_{([\tilde{\delta}_u,\tilde{\delta}_v])}\mu \\ &= uv[\mathcal{L}_{\tilde{\delta}_u}, i_{\tilde{\delta}_v}]\mu \\ &= uv\left(\mathcal{L}_{\tilde{\delta}_u} i_{\tilde{\delta}_v}\mu - i_{\tilde{\delta}_v}\mathcal{L}_{\tilde{\delta}_u}\mu\right) \\ &= uvd\left(\frac{1}{uv}\{u,v\}\right). \end{aligned}$$

Par ailleurs

$$\begin{aligned} i_{\left(uv\delta_{\{u,v\}_{sing}}\right)}\mu &= uvi_{\left(\delta_{\{u,v\}_{sing}}\right)}\mu \\ &= uvd\left(\{u,v\}_{sing}\right) \\ &= uvd\left(\frac{1}{uv}\{u,v\}\right). \end{aligned}$$

D'où l'égalité cherchée et la propriété est ainsi démontrée.

■

4.1.2 Connexion logarithmique.

Soit

$$0 \longrightarrow L' \xrightarrow{f} L \xrightarrow{g} L'' \longrightarrow 0 \tag{4.4}$$

une courte suite d'algèbres de Lie-Rinehart [Huebschmann 1990]. On dit que L est une extension de L'' par L' si la suite (4.4) est exacte. Les extensions d'algèbres de Lie-Rinehart possèdent les propriétés suivantes

- toute extension du type (4.4) induit une application linéaire $\omega : L'' \to L$ telle que $g \circ \omega = id$. En générale ω n'est pas un homomorphisme d'algèbres de Lie-Rinehart ; il induit une application bilinéaire alternée $\Omega : L'' \times L'' \to L'$ définie par $\Omega(x,y) = [\omega(x), \omega(y)] - \omega([x,y])$
- l'extension (4.4) est dite scindée si ω est un homomorphisme d'algèbres de Lie-Rinehart,
- deux extensions

$$L' \overset{f_1}{\hookrightarrow} L_1 \overset{g_1}{\twoheadrightarrow} L'' \text{ et } L' \overset{f_2}{\hookrightarrow} L_2 \overset{g_2}{\twoheadrightarrow} L''$$

sont dites équivalentes s'il existe un homomorphisme $\theta : L_1 \to L_2$ d'algèbres de Lie-Rinehart tel que $\theta \circ f_1 = f_2$ et $g_2 \circ \theta = g_1$.

Théorème 4.1.2 *[Huebschmann 1990][Théorème 2.6]*
Soient L' et L'' deux algèbres de Lie-Rinehart, avec L' abélienne. La correspondance qui à toute classe d'isomorphisme d'extension du type (4.4) associe la classe de $\Omega \in \mathcal{L}alt^2_{\mathcal{A}}(L'', L')$, est une bijection entre l'ensemble des classes d'extensions scindées de L' par L'' et $H^2(\mathcal{L}alt_{\mathcal{A}}(L'', L'))$.

Soient L une algèbre de Lie-Rinehart et M un $\mathcal{A}$-module.
Une L-connexion dans M est une application k-linéaire $\nabla : L \to End(M)$ telle que

$$\nabla(a\alpha)(m) = a(\nabla(\alpha))(m) \tag{4.5}$$

$$\nabla(\alpha)(am) = a\nabla(\alpha)(m) + (\rho_L(\alpha))(a)m. \tag{4.6}$$

Les $Der_{\mathcal{A}}(\log \mathcal{I})$-connexions sur M sont appelées connexions logarithmiques le long de $\mathcal{I}$ sur M.
Toute L-connexion ∇ sur M induit une application $\mathcal{A}$-linéaire
$\tilde{\nabla} : M \to Hom_{\mathcal{A}}(L, M)$ définie par

$$\tilde{\nabla}_\alpha(m) := (\nabla(\alpha))(m). \tag{4.7}$$

De plus, ∇ induit sur $\mathcal{L}alt_{\mathcal{A}}(L, M)$ l'opérateur

$$\begin{array}{rcl}(d^\nabla f)(\alpha_0, ..., \alpha_p) & = & \sum\limits_{i=0}^{i=p}(-1)^i\tilde{\nabla}_{\alpha_i}f(\alpha_0, ..., \hat{\alpha_i}, ..., \alpha_p) + \\ & & \sum\limits_{i<j}(-1)^{i+j}f([\alpha_i, \alpha_j], \alpha_0, ..., \hat{\alpha_i}, ..., \hat{\alpha_j}, ..., \alpha_p).\end{array} \tag{4.8}$$

Il s'ensuit que pour toute L-connexion ∇ dans M

$$\begin{array}{rcl}(d^\nabla f)(\alpha_0, \alpha_1) & = & \tilde{\nabla}_{\alpha_0}(f(\alpha_1)) - \tilde{\nabla}_{\alpha_1}(f(\alpha_0)) - f([\alpha_0, \alpha_1] \\ & = & (\nabla(\alpha_0))(f(\alpha_1)) - (\nabla(\alpha_1)(f(\alpha_0))) - f([\alpha_0, \alpha_1]);\end{array}$$

pour tous α_1 et α_2 dans L.
On en déduit que

$$(d^\nabla\tilde{\nabla}(m))(\alpha_0, \alpha_1) \;=\; \tilde{\nabla}_{\alpha_0}(f(\alpha_1)) - \tilde{\nabla}_{\alpha_1}(f(\alpha_0)) - f([\alpha_0, \alpha_1]$$

et

$$\begin{array}{rcl}d^\nabla \circ d^\nabla(m)(\alpha_0, \alpha_1) & = & (\nabla(\alpha_0))(f(\alpha_1)) - (\nabla(\alpha_1)(f(\alpha_0))) - f([\alpha_0, \alpha_1]) \\ & = & (\nabla(\alpha_0))(\tilde{\nabla}(m)(\alpha_1)) - (\nabla(\alpha_1)(\tilde{\nabla}(m)(\alpha_0))) - \tilde{\nabla}(m)([\alpha_0, \alpha_1]) \\ & = & (\nabla(\alpha_0))(\nabla(\alpha_1)(m)) - (\nabla(\alpha_1)(\nabla(\alpha_0)(m))) - \nabla([\alpha_0, \alpha_1])(m) \\ & = & ((\nabla(\alpha_0))(\nabla(\alpha_1)) - (\nabla(\alpha_1)(\nabla(\alpha_0))) - \nabla([\alpha_0, \alpha_1]))(m) \\ & = & ([\nabla(\alpha_0), \nabla(\alpha_1)] - \nabla([\alpha_0, \alpha_1]))(m).\end{array}$$

On en déduit l'application bilinéaire antisymétrique suivante

$$\begin{array}{cccc}\Omega_M & L \times L & \to & End(M) \\ & (\alpha_1, \alpha_2) & \mapsto & [\nabla(\alpha_0), \nabla(\alpha_1)] - \nabla[\alpha_0, \alpha_1]\end{array}$$

Définition 35 *Ω_M est appelée courbure de la L-connexion ∇ dans M.*

Notons $Pic(\mathcal{A})$ le groupe des classes d'isomorphismes de $\mathcal{A}$-modules projectifs de rang 1.

Théorème 4.1.3 *[Huebschmann 1990] Pour toute algèbre de Lie-Rinehart L l'application*

$$\begin{array}{rccc}C : & Pic(\mathcal{A}) & \to & H^2(\mathcal{L}alt_{\mathcal{A}}(L, \mathcal{A})) \\ & M & \mapsto & [\Omega_M]\end{array}$$

est un homomorphisme de $\mathcal{A}$-modules.

Pour $L = Der_{\mathcal{A}}(\log \mathcal{I})$, le théorème 4.1.3 implique que l'application

$$\begin{array}{llll} C: & Pic(\mathcal{A}) & \rightarrow & H^2(\mathcal{L}alt_{\mathcal{A}}(Der_{\mathcal{A}}(\log \mathcal{I}), \mathcal{A})) \\ & M & \mapsto & [\Omega_M] \end{array} \tag{4.9}$$

est un morphisme de $\mathcal{A}$-modules. Dans ce cas Ω_M est une 2-forme logarithmique le long de $\mathcal{I}$.
Soient X une variété complexe de dimension n et D une hypersurface de X d'équation $h(z) = 0$.
Nous identifions tout fibré en droite complexe $p : L \rightarrow X$ au faisceau $\mathcal{F} := \mathcal{F}(L)$ de $\mathcal{O}_X$-module de ses sections.
Soit $\mathcal{F}$ un un fibré en droite complexe dans X.
Une connexion dans $\mathcal{F}$ à pôles logarithmiques le long de D (voir [Aleksandrov 2002], [Calderón-Moreno 1998] et [Deligne 1970]) est un homomorphisme $\mathbb{C}$−linéaire

$$\nabla : \mathcal{F} \rightarrow \Omega^1_X(\log D) \otimes \mathcal{F} \tag{4.10}$$

vérifiant la règle de Leibniz suivante

$$\nabla(fs) = df \otimes s + f\nabla(s) \tag{4.11}$$

Proposition 4.1.4 *Toute connexion dans $\mathcal{F}$ logarithmique le long de D est une $Der_X(\log D)$-connexion dans $\mathcal{F}$.*

Dans la suite, la courbure de toute connexion logarithmique ∇ dans $\mathcal{F}$ sera notée K_∇.
Soit ∇ une connexion logarithmique dans $\mathcal{F}$. Soit $(U_i)_{1 \leq i \leq n}$ un recouvrement à base d'ouverts de X et soit $s_0 \in H^0(U_i, \mathcal{F})$ tel que $0 \notin s_0(U_i)$. S'il existe $\sigma \in H^0(U_i, \Omega^1_X(\log D))$ tel que $\nabla s_0 = \sigma \otimes s_0$, alors $K_\nabla = d\sigma$.

Lemme 4.1.5 *Soit $\mathcal{F}$ un fibré en droite complexe dans X et ∇ une connexion logarithmique sur $\mathcal{F}$. Alors pour toute 1-forme fermée τ dans $H^0\left(X, \Omega^1_X(\log D)\right)$, l'application $\nabla + \tau \otimes id$ est une connexion logarithmique sur $\mathcal{F}$ de courbure K_∇.*

Preuve. Supposons que ∇ est défini par $\nabla(s) = \sigma \otimes s$ pour toute section non nulle s de $\mathcal{F}$.
Alors

$$\begin{aligned} (\nabla + \tau \otimes id)(s) &= \nabla(s) + \tau \otimes s \\ &= \sigma \otimes s + \tau \otimes s \\ &= (\sigma + \tau) \otimes s \end{aligned}$$

et

$$\begin{aligned} (\nabla + \tau \otimes id)(fs) &= \nabla(fs) + \tau \otimes id(fs) \\ &= df \otimes s + f\sigma \otimes s + f\tau \otimes s \\ &= df \otimes s + f(\nabla + \tau \otimes id)s. \end{aligned}$$

■

Si D est un diviseur à croisements normaux alors il existe un système de coordonnées $(z^i)_{1\leq i\leq n}$ de X en tout point p de D tel que

$$\sigma = \sum_{i=1}^{r} a_i \frac{dz^i}{z^i} + \sum_{i=r+1}^{n} a_i dz^i \tag{4.12}$$

où $a_i \in H^0(X, \mathcal{O}_X)$.

Lemme 4.1.6 *Soient D un diviseur à croisements normaux et $\alpha \in H^0(X, \Omega^1_X(\log D))$. Si $d\alpha = 0$ alors le résidu de α est constant sur toute composante de la partie singulière de D. Chacune de ces formes ayant au moins un résidu non nul admet la représentation suivante.*

$$\alpha = \sum_{j=1}^{r} \alpha_i \frac{df_j}{f_j}, \qquad \alpha_1, ..., \alpha_r \in \mathbb{C}. \tag{4.13}$$

A l'aide de ce lemme nous démontrons la proposition suivante.

Proposition 4.1.7 *Si D est à croisements normaux de X et ∇ une connexion dans $\mathcal{F}$ à pôles logarithmiques le long de D, alors la courbure K_∇ de ∇ est nulle si et seulement si la 1-forme connexion associée est de la forme $\sigma = \sum_{i=1}^{r} a_i \frac{dz^i}{z^i}$ avec $a_i \in \mathbb{C}$.*

La relation (4.6) montre que toute connexion ∇ dans $\mathcal{F}$ logarithmique le long de D vérifie la relation suivante

$$\nabla_\delta(fs) - f\nabla_\delta s = \delta(f)s$$

pour tous $s \in \mathcal{M}, f \in \mathcal{O}_X$ et $\delta \in Der_X(\log D)$.
On suppose que h est la fonction de définition de D et on rappelle qu'un opérateur différentiel φ d'ordre r sur $\mathcal{F}$ est dit logarithmique le long de D si $s \mapsto [\varphi(hs) - h\varphi(s)]h^{-1}$ est un opérateur différentiel d'ordre $(r-1)$ sur $\mathcal{F}$. On note $\mathrm{Diff}_1^+(\log D)$ le module des opérateurs différentiels d'ordre ≤ 1, logarithmiques le long de D sur $\mathcal{F}$.
Pour toute connexion logarithmique ∇ et tout $\delta \in Der_X(\log D)$ on a $\nabla_\delta \in \mathrm{Diff}_1^+(\log D)$.

Lemme 4.1.8 *Soit φ un opérateur différentiel logarithmique de premier ordre. Pour tout $f \in \mathcal{O}_X$ il existe un unique $\tilde{f} \in \mathcal{O}_X$ tel que $[\varphi(fs) - f\varphi(s)] = \tilde{f}s$.*

Preuve. Pour tout opérateur différentiel logarithmique de premier ordre φ on a $[s \mapsto \varphi(fs) - f\varphi(s)] \in \mathrm{Diff}_0^+(\log D)$. Il existe $\tilde{f} \in \mathcal{O}_X$ tel que $[\varphi(fs) - f\varphi(s)] = \tilde{f}s$. Si g est un autre élément de $\mathcal{O}_X$ tel que $[\varphi(fs) - f\varphi(s)] = gs$ alors $\tilde{f}s = gs$ pour tout $s \in \mathcal{E}$. Donc $\tilde{f} = g$. ■

Corollaire 4.1.9 *Si φ est un opérateur différentiel logarithmique de premier ordre le long de D alors $\tilde{h} \in h\mathcal{O}_X$*

Preuve. Pour tous $s \in \mathcal{F}, \varphi(hs) - h\varphi(s) = \tilde{h}s$ et il existe $g \in \mathcal{O}_X$ tel que $\varphi(hs) - h\varphi(s) = hgs$. Par suite, $(\tilde{h} - hg)s = 0$ pour tout s. ■

Il s'ensuit que tout opérateur différentiel φ logarithmique de premier ordre donne lieu à une application $\sigma_\varphi : \mathcal{O}_X \to \mathcal{O}_X$ définie par $\sigma_\varphi(f) = \tilde{f}$ telle que $[\varphi(fs) - f\varphi(s)] = \tilde{f}s$ pour tout $s \in \mathcal{F}$.

Lemme 4.1.10 *Pour tout φ dans $Diff_1^+(\log D)$ on a $\sigma_\varphi \in H^0(X, Der_X^1(\log D))$*

Preuve. Soient $f, g \in \mathcal{O}_X$ et $s \in \mathcal{F}$ on a

$$\begin{aligned} \sigma_\varphi(f.g)s &= \varphi(f(gs) - fg\varphi(s)) \\ &= \sigma_\varphi(f)(gs) + f\varphi(gs) - fg\varphi(s) \\ &= \sigma_\varphi(f)(gs) + f(\varphi(gs) - g\varphi(s)) \\ &= (\sigma_\varphi(f)g + f\sigma_\varphi(g))s \end{aligned}$$

d'autre part

$$\begin{aligned} \sigma_\varphi(h)s &= \varphi(hs) - h\varphi(s) \\ &= hm_{\tilde{h}}(s) \end{aligned}$$

donc $(\sigma_\varphi(h) - hm_{\tilde{h}})s = 0$ pour tout s.
Par suite, $\sigma_\varphi(h) \in h\mathcal{O}_X$ c'est-à-dire σ_φ appartient à $H^0(X, Der_X^1(\log D))$. ■

Proposition 4.1.11 *$Diff_1^+(\log D)$ est stable pour le commutateur.*

Preuve. Soit φ_1, φ_2 deux éléments de $\mathrm{Diff}_1^+(\log D)$ on a

$$\begin{aligned} \varphi_1\varphi_2(fs) &= \varphi_1\left(f\varphi_2(s) + \bar{f}^2 s\right) \\ &= f\varphi_1(f\varphi_2(s) + \varphi_1(\bar{f}^2 s)) \\ &= f\varphi_1\left(\varphi_2(s)\right) + \bar{f}^1\varphi_2(s) + \bar{f}^2\varphi_1(s) + \bar{\bar{f}}^{2^1} s. \end{aligned}$$

De façon analogue
$\varphi_2\varphi_1(fs) = f\varphi_2\left(\varphi_1(s)\right) + \bar{f}^2\varphi_1(s) + \bar{f}^1\varphi_2(s) + \bar{\bar{f}}^{1^2} s$
par suite
$\varphi_1\varphi_2(fs) - \varphi_2\varphi_1(fs) - f\left(\varphi_1\varphi_2 - \varphi_2\varphi_1\right)(s) = (\bar{\bar{f}}^{2^1} - \bar{\bar{f}}^{1^2})s.$
Par ailleurs, pour tout $\varphi_1, \varphi_2 \in \mathrm{Diff}_1^+(\log D)$ il existe h_1 et h_2 dans $\mathcal{O}_X$ tels que $[\varphi_2(hs) - h\varphi_2(s)]\frac{1}{h} = h_2 s$ et $[\varphi_1(hs) - h\varphi_1(s)]\frac{1}{h} = h_1 s$
c'est-à-dire $\bar{h}^2 = hh_2$ et $\bar{h}^1 = hh_1$.
De même, il existe $h_{21}, h_{12} \in \mathcal{O}_X$ tels que $\bar{\bar{h}}^{1^2} = hh_{12}$ et $\bar{\bar{h}}^{2^1} = hh_{21}$.
Par suite,
$\varphi_1\varphi_2(hs) - \varphi_2\varphi_1(hs) - h\left(\varphi_1\varphi_2 - \varphi_2\varphi_1\right)(s) = (\bar{\bar{h}}^{2^1} - \bar{\bar{h}}^{1^2})s = h[h_{21} - h_{12}]s$ ■

4.1.3 Integralité des 2-formes logarithmiques fermées.

Soit X une variété complexe de dimension $2n$ et D une hypersurface de X. Désignons par $H^k_{DR-Log}(X)$ le k^{ime} groupe de cohomologie de De Rham logarithmique de X. Nous avons la suite de morphismes de groupes suivante

$$\cdots \longrightarrow H^2(X,\mathbb{Z}) \xrightarrow{\ i\ } H^2(X,\mathbb{C}) \xrightarrow{\ p\ } H^2(X,\Omega^*_X(\log D)) \longrightarrow \cdots \qquad (4.14)$$
$$H^2(X,\mathbb{C}) \xrightarrow{\ \cong\ } H^2(X,\Omega^*_X)$$

Soit $[\omega]$ un élément de $H^2(X,\Omega^*_X(\log D))$.

Définition 36 *ω est dite intégrale si $[\omega]$ appartient à l'image de $p \circ i$.*

Le théorème suivant nous donne une caractérisation des 2-formes logarithmiques fermées et intégrales admettant une écriture du type $\omega = \frac{dh}{h} \wedge \xi + \eta$ avec ξ et η holomorphes.

Théorème 4.1.12 *Soit ω une 2-forme fermée logarithmique le long de D.
Les propriétés suivantes sont équivalentes :*

(a) $\omega = \frac{dh}{h} \wedge \psi + \eta$ est intégrale.

(b) $res(\omega)$ est exacte et il existe $[\omega_0] \in H^2(X,\mathbb{C})$ intégrale telle que $[\omega_0] = [\eta]$.

Preuve. Si ω est intégrale alors il existe $[\omega_1] \in H^2(X,\mathbb{Z})$ tel que $[\omega] = p \circ i[\omega_1]$.
Montrons que $[\omega_0] = i([\omega_1])$.
Puisque ω est intégrale, il existe $[\omega_1] \in H^2(X,\mathbb{Z})$ tel que $[\omega] = p \circ i[\omega_1]$. Autrement dit il existe une 1-forme logarithmique $\alpha = \alpha_0 \frac{dh}{h} + \alpha_1$ telle que $\omega - \omega_0 = d\alpha$. Donc $-d\alpha_0 = \psi$ et $\eta = \omega_0 + d\alpha_1$.
Réciproquement, si $\omega_0 + d\lambda = \eta$ et $\psi = d\beta$ avec ω_0 integrale, alors

$$\begin{aligned} \omega &= d(-\beta\frac{dh}{h}) + \eta \\ &= \omega_0 + d\lambda + d(-\beta\frac{dh}{h}) \\ &= \omega_0 + d(\lambda - \beta\frac{dh}{h}) \end{aligned}$$

Par suite, $[\omega] = [\eta] = [\omega_0]$. ■
Les travaux de Kostant dans [Kostant 1970] et de Souriau dans [Souriau 1970] reposent sur le principe de quantification proposé par Dirac dans [Dirac 1958]. Ce principe permet de modéliser mathématiquement ce que les physiciens appellent quantification. Il est basé sur la construction d'un isomorphisme entre l'algèbre de Lie des opérateurs auto-adjoints sur un espace de Hilbert $\mathcal{H}$ et l'algèbre de Lie des observables classiques $\mathcal{F}(X)$ constitués de certaine fonctions holomorphes sur une variété symplectique (X,ω). Plus précisément, si φ est une telle correspondance, il devrait satisfaire les propriétés suivantes :

(i) φ est bijectif

(ii) si f est un observable constant alors $\varphi(f)$ est la multiplication par f.

(iii) $[f_1, f_2] = f_3$ alors $\varphi(f_1)\varphi(f_2) - \varphi(f_2)\varphi(f_1) = -ih\varphi(f_3)$ où h désigne la constante de Planck.

Ce qui équivaut à l'existence d'une représentation φ de $(\mathcal{F}(X), \omega)$ rendant commutatif le diagramme d'algèbres de Lie-Rinehart suivant.

$$\begin{array}{ccccccccc} 0 & \longrightarrow & \mathcal{F}(X) & \xrightarrow{m} & \mathrm{Diff}_1^+(\Gamma(L)) & \xrightarrow{\sigma} & Der_X & \longrightarrow & 0 \\ & & \uparrow & & \uparrow \varphi & & \uparrow & & \\ 0 & \longrightarrow & \mathbb{R} & \longrightarrow & (\mathcal{F}(X), \omega) & \longrightarrow & \mathcal{H}am(\mathcal{F}(X)) & \longrightarrow & 0 \end{array} \tag{4.15}$$

avec φ défini par

$$\varphi(as) = \nabla_{v(a)}s + 2i\pi as \tag{4.16}$$

(voir [Urwin 1992]) où ∇ est une connexion dans un fibré en droite complexe L dans X et $\mathcal{H}am(\mathcal{F}(X))$ est l'algèbre de Lie des champs globalement hamiltoniens. Lorsque l'on remplace la variété symplectique (X, ω) par une variété logsymplectique (X, ω, D) la deuxième ligne du diagramme (4.15) est remplacée par

$$0 \longrightarrow \mathbb{C} \longrightarrow (\mathcal{O}_X, \omega) \longrightarrow \mathcal{H}_X^{\omega}(\mathcal{O}_X) \longrightarrow 0$$

Si nous maintenons l'expression de φ donnée par (4.16), alors pour tous $f, g \in H^0(X, \mathcal{O}_X)$ et $s \in \mathcal{E}$ on a

$$\begin{aligned} \varphi(f)\varphi(g)s &= \varphi(f)(\varphi(g)s) \\ &= \varphi(f)[\nabla_{v(g)}s + 2\pi igs] \\ &= \nabla_{v(f)}(\nabla_{v(g)}s + 2\pi igs) + 2\pi i(f\nabla_{v(g)}s + 2\pi ifgs) \\ &= \nabla_{v(f)}\nabla_{v(g)}s + 2\pi i\nabla_{v(f)}(gs) + 2\pi i\nabla_{v(g)}s - 4\pi^2 fgs \\ &= \nabla_{v(f)}\nabla_{v(g)}s + 2\pi i(H(df).g)s + 2\pi ig\nabla_{v(f)}s + 2\pi if\nabla_{v(g)}s - 4\pi^2 fg \end{aligned}$$

en échangeant les rôles de f et g on obtient

$$\varphi(g)\varphi(f)s = \nabla_{v(g)}\nabla_{v(f)}s + 2\pi i(H(dg).f)s + 2\pi ig\nabla_{v(g)}s + 2\pi ig\nabla_{v(f)}s - 4\pi^2 gfs$$

par suite

$$[\varphi(f), \varphi(g)]s = [\nabla_{v(f)}, \nabla_{v(g)}]s + 4\pi i\omega(v(f), v(g))s$$

D'autre part

$$\begin{aligned} \varphi(\{f, g\}) &= \nabla_{v(\{f,g\})}s + 2\pi i\{f, g\}s \\ &= \nabla_{[v(f),v(g)]}s + 2\pi i\{f, g\}s \\ &= [\nabla_{v(f)}, \nabla_{v(g)}] - K_{\nabla}(v(f), v(g))s + 2\pi i\{f, g\}s \\ &= [\varphi(f), \varphi(g)]s + 2\pi i\{f, g\}s - K_{\nabla}(v(f), v(g))s \end{aligned}$$

Dans ce cas, la propriété (iii) du principe de Dirac est satisfaite si et seulement si

$$K_{\nabla} = 2\pi i\omega. \tag{4.17}$$

On a ainsi prouvé la proposition suivante

Proposition 4.1.13 *Une variété logsymplectique (X, ω, D) est préquantifiable si et seulement si il existe un fibré en droite complexe sur X possédant une connexion logarithmique le long de D de courbure $2i\pi\omega$.*

4.2 Préquantification des structures de Poisson logarithmiques.

Dans cette partie (X, D, Υ) désignera une variété de Poisson logarithmique le long d'un diviseur D de X de tenseur de Poisson associé Υ. Sauf mention expresse du contraire, nous supposerons que D est libre et satisfait la propriété (iv) du théorème 2.2.7 et qu'il a pour équation $h(z) = 0$ où $h = h_1 \dots h_p$ est une fonction holomorphe à carré libre. Les principales références de la partie sont : [Vaisman 1994], [Boyom 2009] et [Woodhouse 1992]

4.2.1 Quelques remarques sur la cohomologie des variétés de Poisson logarithmiques.

On note ∂_D la différentielle de Poisson logarithmique de Υ. La classe de cohomologie de Poisson logarithmique d'un cocycle P sera notée $[P]^D$.
Il découle de la définition de ∂_D et de la différentielle d de De Rham logarithmique le lemme suivant

Lemme 4.2.1 *L'application $\tilde{H}$ vérifie*

$$\partial_D \circ \tilde{H} = -\tilde{H} \circ d.$$

On en déduit la proposition suivante

Proposition 4.2.2 *Si $H^*_{DR-Log}(X)$ est le groupe de cohomologie de De Rham logarithmique de X alors $\tilde{H} : (\Omega^*_X(\log D), d) \to (Der^*_X(\log D), \partial_{\log})$ induit un morphisme défini par*

$$\begin{array}{llll} \tilde{H}: & H^*_{DR-Log}(X) & \to & H^*_{PS}(X) \\ & [\alpha] & \mapsto & [\tilde{H}(\alpha)]^D \end{array}$$

4.2.2 Classe de Chern-Poisson logarithmique.

Soit $p : L \to X$ un fibré en droite complexe sur X et $\Gamma(L)$ son module de sections.

Définition 37 *Une dérivation logarithmique contravariante $D^{\log}$ sur $p : L \to X$ est une application $D^{\log}$: $\mathbb{C}$-linéaire $\Omega^1_X(\log D) \to End_{\mathbb{C}}(\Gamma(L))$ telle que*

$$D^{\log}_\alpha(fs) = fD^{\log}_\alpha s + (\tilde{H}(\alpha)f)s \tag{4.18}$$

pour tout $\alpha \in \Omega^1_X(\log D)$ et s une section locale de $\Gamma(L)$.

$D^{\log}$ est dit compatible avec une métrique hermitienne h sur $p : L \to X$ si pour tout α dans $\Omega_X(\log D)$ et tous s_1 et s_2 dans $\Gamma(L)$

$$\tilde{H}(\alpha)(h(s_1, s_2)) = h(D^{\log}_\alpha s_1, s_2) + h(s_1, D^{\log}_\alpha s_2).$$

Remarque 4.2.3 *Si ∇ est une connexion logarithmique sur $p : L \to X$ alors $D_\alpha = \nabla_{\tilde{H}(\alpha)}$ est une dérivation logarithmique contravariante sur $p : L \to X$.*

Définition 38 *On appelle courbure d'une dérivation logarithmique contravariante $D^{\log}$ sur $p : L \to X$ toute application*

$$C_D : \Omega^1_X(\log D) \times \Omega^1_X(\log D) \to End_{\mathbb{C}}(\Gamma(L))$$

définie par

$$C_D(\alpha, \beta) = D^{\log}_\alpha \circ D^{\log}_\beta - D^{\log}_\beta \circ D^{\log}_\alpha - D^{\log}_{\{\alpha,\beta\}} \tag{4.19}$$

pour tous $\alpha, \beta \in \Omega^1_X(\log D)$.

On a la propriété suivante des dérivations logarithmiques contravariantes.

Proposition 4.2.4 *C_D est $\mathcal{O}_X$-bilinéaire antisymétrique.*

Preuve. Pour tous α et β dans $\Omega^1_X(\log D)$ on a

$$\begin{aligned} C_D(\beta, \alpha)s &= (D^{\log}_\beta \circ D^{\log}_\alpha - D^{\log}_\alpha \circ D^{\log}_\beta - D^{\log}_{\{\beta,\alpha\}})s \\ &= -(D^{\log}_\alpha \circ D^{\log}_\beta - D^{\log}_\beta \circ D^{\log}_\alpha - D^{\log}_{\{\alpha,\beta\}})s \\ &= -C_D(\alpha, \beta). \end{aligned}$$

Soit f une section de $\mathcal{O}_X$ on a

$$\begin{aligned} & C_D(f\alpha, \beta)s \\ &= (D^{\log}_{f\alpha} \circ D^{\log}_\beta - D^{\log}_\beta \circ D^{\log}_{f\alpha} - D^{\log}_{\{f\alpha,\beta\}})s \\ &= fD^{\log}_\alpha \circ D^{\log}_\beta s - D^{\log}_\beta(fD_\alpha s) - D^{\log}_{f\{\alpha,\beta\}+(\tilde{H}(\beta)f)\alpha} s \\ &= fD^{\log}_\alpha \circ D^{\log}_\beta s - fD^{\log}_\beta(D_\alpha s) - (\tilde{H}(\beta)f)D^{\log}_\alpha s - fD^{\log}_{\{\alpha,\beta\}}s + (\tilde{H}(\beta)f)D^{\log}_\alpha s \\ &= f(D^{\log}_{f\alpha} \circ D^{\log}_\beta - D^{\log}_\beta \circ D^{\log}_{f\alpha} - D^{\log}_{\{f\alpha,\beta\}})s \\ &= fC_D(\alpha, \beta)s. \end{aligned}$$

■

Proposition 4.2.5 *Soit $p : L \to X$ un fibré en droite complexe sur (X, D, Υ) muni d'une dérivation logarithmique contravariante $D^{\log}$ de courbure C_D. Alors*

(i) C_D définit une classe de cohomologie $[C_D]^D$ dans $H^2_{PS}(X)$,

(ii) $[C_D]^D$ ne dépend pas de D^{log},

(iii) Si de plus D^{log} est compatible avec la métrique hermitienne h sur $p : L \to X$ alors $\bar{C_D} = -C_D$.

Preuve. (i) Soit s une section de $p : L \to X$ ne s'annulant pas sur X. Puisque chaque fibre de $p : L \to X$ est uni-dimensionnelle alors la dualité entre $\Omega^1_X(\log D)$ et $Der^1_X(\log D))$ implique que l'application $\alpha \mapsto \frac{D_\alpha s}{s}$ est $\mathbb{C}$-linéaire. Il existe donc un unique champ de vecteurs logarithmique δ sur X tel que

$$D^{\log}_\alpha s = \langle \alpha, \delta \rangle s \tag{4.20}$$

où $\langle -, - \rangle$ désigne le crochet de dualité entre $(\Omega^1_X(\log D)$ et $Der^1_X(\log D))$.
De plus, pour tous $\alpha, \beta \in \Omega_X(\log D)$ on a

$$\begin{aligned} C_{D^{\log}}(\alpha,\beta)s &= (D^{\log}_\alpha D^{\log}_\beta - D^{\log}_\beta D^{\log}_\alpha - D^{\log}_{\{\alpha,\beta\}})s \\ &= D^{\log}_\alpha(\langle \beta,\delta\rangle s) - D^{\log}_\beta(\langle \alpha,\delta\rangle s) - \langle \{\alpha,\beta\},\delta\rangle s \\ &= \langle \alpha,\delta\rangle\langle \beta,\delta\rangle s + \tilde{H}(\langle \alpha,\delta\rangle)s - \langle \beta,\delta\rangle\langle \alpha,\delta\rangle s - \tilde{H}(\langle \beta,\delta\rangle)s - \langle \{\alpha,\beta\},\delta\rangle s \\ &= \tilde{H}(\alpha)(\langle \beta,\delta\rangle)s - \tilde{H}(\beta)(\langle \alpha,\delta\rangle)s - \langle \{\alpha,\beta\},\delta\rangle s \\ &= \partial_D\delta(\alpha,\beta)s \end{aligned}$$

Donc $C_{D^{\log}} = \partial_D\delta$. Et par suite, $\partial_D C_{D^{\log}} = \partial^2_D\delta = 0$. Donc C_D est un cocycle de Poisson logarithmique.
(ii) Soit D' une autre dérivation logarithmique contravariante sur $p : L \to X$ de courbure associée C'_D et δ' le champ de vecteurs logarithmique associé.
On a $C_{D'} - C_{D^{\log}} = \partial_D\delta' - \partial_D\delta$ c'est-à-dire $C_{D'} = C_{D^{\log}} + \partial_D(\delta' - \delta)$.
Par ailleurs, pour tout $\alpha \in \Omega^1_X(\log D)$ l'on a $D'_\alpha - D_\alpha \in End_{\mathbb{C}}(\Gamma(L))$
Il existe donc un champ de vecteurs logarithmique δ'' tel que pour tout $s \in \Gamma(L)$ $(D'_\alpha - D^{\log}_\alpha)s = \langle \alpha, \delta''\rangle s$
donc $\langle \alpha, \delta" \rangle s = D'_\alpha s - D^{\log}_\alpha s = \langle \alpha, \delta' \rangle - \langle \alpha, \delta \rangle s$ c'est-à-dire $\langle \alpha, \delta" \rangle = \langle \alpha, \delta' - \delta \rangle$ c'est-à-dire $\delta'' = \delta' - \delta$.
Et donc $C_{D'} = C_{D^{\log}} + \partial_D(\delta' - \delta) = C_{D^{\log}} + \partial_D\delta"$. C'est-à-dire $[C_{D'}]^{\log} = [C_{D^{\log}}]^{\log}$.
(iii) Supposons que $D^{\log}$ est compatible avec une métrique hermitienne h sur $p : L \to X$ et soit (e) une base orthogonale locale de $\Gamma(L)$ alors $\alpha \in \Omega^1_X(\log D)$.
On a donc
$\tilde{H}(\alpha)(h(e,e)) = h(D^{\log}_\alpha e, e) + h(e, D^{\log}_\alpha e)$ i.e ; $0 = h(\langle \alpha,\delta\rangle e, e) + h(e, \langle \alpha,\delta\rangle e)$ i.e ; $\langle \alpha,\delta\rangle + \overline{\langle \alpha,\delta\rangle} = 0$ i.e ; $\delta + \overline{\delta} = 0$. Il s'ensuit que δ et donc $C_{D^{\log}} = \partial_D\delta$ sont imaginaires pures. ■
Il découle de la propriété *(iii)* du théorème 4.2.5 que $\frac{1}{2\pi i}[C_{D^{\log}}]^D \in H^2_{PS}(X)$.
On en déduit la définition suivante.

Définition 39 $\frac{1}{2\pi i}[C_{D^{\log}}]^D$ *est la première classe de Chern-Poisson logarithmique de* $p : L \to X$.

Nous allons à présent établir un lien entre la première classe de Chern $C_1(L)$ d'un fibré en droite complexe hermitien $p : L \to X$ sur une variété de Poisson logarithmique (X, D, Υ) et sa classe de Chern-Poisson logarithmique $\frac{1}{2\pi i}[C_{D^{\log}}]^D$. Soit ∇ une connexion logarithmique sur un fibré en droite complexe hermitien L sur X. La 1-forme de connexion logarithmique α_0 définie par la relation $\nabla_\delta s = \langle \alpha_0, \delta \rangle s$ vérifie $d\alpha_0 = K_\triangle$.
On a donc

$$c_1(L) = [\frac{i}{2\pi}K_\triangle]^D = [\frac{i}{2\pi}d\alpha_0]. \tag{4.21}$$

On pose $D_\alpha := \nabla_{\tilde{H}(\alpha)}$ pour tout α dans $\Omega^1_X(\log D)$.
Soit δ un champ de vecteurs logarithmique défini par la relation (4.20) on a
$D_\alpha s = \nabla_{\tilde{H}(\alpha)} s \Leftrightarrow \langle \alpha, \delta \rangle s = \langle \alpha_0, \tilde{H}(\alpha) \rangle s \Leftrightarrow \langle \alpha, \delta \rangle s = -\langle \alpha, \tilde{H}(\alpha_0) \rangle \Leftrightarrow \delta = -\tilde{H}(\alpha_0)$.
Par suite, $C_{D^{\log}} = \partial_D \delta = -\partial_D \tilde{H}(\alpha_0) = \tilde{H}(d\alpha_0)$.
On a donc $[\frac{i}{2\pi} C_{D^{\log}}]^D = [\frac{i}{2\pi} \tilde{H}(d\alpha_0)] = \tilde{H}([\frac{i}{2\pi}]d\alpha_0) = \tilde{H}(c_1(L))$.
Autrement dit les classes de Chern-Poisson logarithmique et celle de Chern du fibré en droite complexe hermitien L sont liées par la relation

$$[\frac{i}{2\pi} C_{D^{\log}}]^D = \tilde{H}(c_1(L)). \tag{4.22}$$

Soit $p : L \to X$ un fibré en droite complexe hermitien muni d'une dérivation contravariante logarithmique $D^{\log}$ le long de D. D'après le principe de quantification de Dirac [Dirac 1958] le morphisme

$$\varphi : \mathcal{O}_X \to End_{\mathbb{C}}(\Gamma(L))$$

défini par

$$\varphi(f)s = D^{\log}_{df} s + 2\pi i f s \tag{4.23}$$

doit être une représentation de l'algèbre de Lie $(\mathcal{O}_X, \{-,-\}_\Upsilon)$ par $\Gamma(L)$.
Ce qui implique que

$$C_{D^{\log}} = -2\pi i \Upsilon \tag{4.24}$$

On en déduit que

Proposition 4.2.6 *L'opérateur φ est un homomorphisme d'algèbres de Lie si et seulement si $C_{D^{\log}} = -2\pi i \Upsilon$*

Nous adoptons la définition suivante

Définition 40 *Une variété de Poisson logarithmique (X, D, Υ) est dite log préquantifiable s'il existe un fibré en droite complexe hermitien $p : L \to X$, pour lequel l'opérateur φ défini par (4.23) est bien défini et est un morphisme d'algèbres de Lie.*

Proposition 4.2.7 *Une variété de Poisson logarithmique (X, D, Υ) est log préquantifiable s'il existe un champ de vecteurs logarithmique δ et une 2-forme logarithmique ω intégrale telle que*

$$\Upsilon + \partial_D \delta = \tilde{H}(\omega). \tag{4.25}$$

Preuve. Supposons (X, D, Υ) log préquantifiable et notons $C_{D^{\log}}$ la courbure de la dérivation contravariante $D^{\log}$ associée au fibré préquantique $L \to X$ correspondant. Alors $\frac{i}{2\pi} C_{D^{\log}} = \Upsilon$. Soit K_∇ la courbure de la connexion hermitienne ∇ sur L. D'après (4.21), on a $c_1(L) = [\frac{i}{2\pi} K_\nabla]$. On prend $\omega = \frac{i}{2\pi} K_\nabla$. Par ailleurs, ∇ induit une dérivation logarithmique contravariante $\overline{D}$ définie par $\overline{D}_\alpha = \nabla_{\tilde{H}(\alpha)}$, pour tout $\alpha \in \Omega^1_X(\log D)$. On note $C_{\overline{D}}$ sa courbure. D'après la relation (4.21) on a

$$\tilde{H}([\omega]) = [\frac{i}{2\pi} C_{\overline{D}}]$$

Or cela équivaut à $[\tilde{H}(\omega)] = [\frac{i}{2\pi}C_{\bar{D}}]^D$. Il découle de la Proposition 4.2.5 (ii) que $[C_{D^{\log}}]^D = [C_{\bar{D}}]^D$. Ce qui implique qu'il existe un champ de vecteurs logarithmique λ tel que $\frac{i}{2\pi}C_{D^{\log}} = \frac{i}{2\pi}\partial_D\lambda + \frac{i}{2\pi}C_{\bar{D}} = \frac{i}{2\pi}\partial_{\log}\lambda + \tilde{H}(\omega)$. C'est-à-dire $\Upsilon + \partial_{\log}(-\frac{i}{2\pi}\lambda) = \tilde{H}(\omega)$. Il suffit donc de prendre $\delta = -\frac{i}{2\pi}\lambda$.
Réciproquement, l'on suppose qu'ils existent δ et ω comme dans les hypothèses de la Proposition 4.2.7. Alors en vertu de l'intégralité de ω il existe un fibré en droite complexe hermitien $L \to X$ avec une connexion hermitienne logarithmique ∇ et de courbure $-2\pi\omega$. Posons $D^{\log}(\alpha)s = \nabla_{\tilde{H}(\alpha)}s + 2\pi i\langle\delta, \alpha\rangle$ et montrons que c'est une dérivation contravariante logarithmique dont la courbure $C_{D^{\log}}$ de $D^{\log}$ vérifie la relation (4.24).
Il est clair que c'est une dérivation contravariante logarithmique.
Soient $\alpha, \beta \in \Omega^1_X(\log D)$ et s une section de L. On a :

$$\begin{aligned}
C_{D^{\log}}(\alpha,\beta)s &= (D^{\log}_\alpha \circ D^{\log}_\beta - D^{\log}_\beta \circ D^{\log}_\alpha - D^{\log}_{[\alpha,\beta]})s \\
&= D^{\log}_\alpha(\nabla_{\tilde{H}(\beta)}s + 2\pi i\langle\beta,\delta\rangle)s - D^{\log}_\beta(\nabla_{\tilde{H}(\alpha)}s + 2\pi i\langle\alpha,\delta\rangle s) \\
&- \nabla_{\tilde{H}[\alpha,\beta]}s - 2\pi i\langle[\alpha,\beta],\delta\rangle s \\
&= \nabla_{\tilde{H}(\alpha)}((\nabla_{\tilde{H}(\beta)}s + 2\pi i\langle\beta,\delta\rangle)s) + 2\pi i\langle\alpha,\delta\rangle((\nabla_{\tilde{H}(\beta)}s + 2\pi i\langle\beta,\delta\rangle)s) \\
&- \nabla_{\tilde{H}(\beta)}((\nabla_{\tilde{H}(\alpha)}s + 2\pi i\langle\alpha,\delta\rangle)s) - 2\pi i\langle\beta,\delta\rangle((\nabla_{\tilde{H}(\alpha)}s + 2\pi i\langle\alpha,\delta\rangle)s) \\
&- \nabla_{[\tilde{H}(\alpha),\tilde{H}(\beta)]}s - 2\pi i\langle[\alpha,\beta],\delta\rangle s \\
&= \left(\nabla_{\tilde{H}(\alpha)}\nabla_{\tilde{H}(\beta)}s - \nabla_{\tilde{H}(\beta)}\nabla_{\tilde{H}(\alpha)}s - \nabla_{[\tilde{H}(\alpha),\tilde{H}(\beta)]}s\right) \\
&+ 2\pi i\left(\tilde{H}(\alpha)\langle\beta,\delta\rangle)s - \tilde{H}(\beta)\langle\alpha,\delta\rangle)s - \langle[\alpha,\beta],\delta\rangle s\right) \\
&= -2\pi i\,(\omega)\,(\tilde{H}(\alpha),\tilde{H}(\beta))s + 2\pi i\partial_D\delta\,(\alpha,\beta)\,s \\
&= -2\pi i\Upsilon(\alpha,\beta)s
\end{aligned}$$

pour $\alpha, \beta \in \Omega^1_X(\log D)$ et pour toute section locale s de L. ∎
Puisque D satisfait les hypothèses (iv) de Théorème 2.2.7 alors les sections α de $\Omega^1_X(\log D)$ sont telles que $\tilde{H}(\alpha) = \sum_{i=1}^{k}\frac{R^i}{h_i}(\tilde{H}(dh_i)) + H(\alpha_0)$ avec R^i section locale de $\mathcal{O}_X$ et ω_0 une section de Ω_X. On en déduit le corollaire suivant.

Corollaire 4.2.8 *Une variété de Poisson logarithmique (X, D, Υ) est log préquantifiable s'il existe un champ de vecteurs logarithmique δ, des fonctions holomorphes $R^i, i = 1, ..., k$ et une 2-forme ω_0, holomorphe sur X et intégrale telle que*

$$\Upsilon + \partial_D(\delta - \sum_{i=1}^{k}\frac{R^i}{h_i}(\tilde{H}(dh_i))) = H(\omega_0) \tag{4.26}$$

4.3 Exemples d'applications.

4.3.1 Préquantification de $(\mathbb{C}^2, \pi = z_1\partial_{z_1} \wedge \partial_{z_2})$.

Posons $X = \mathbb{C}^2$ et $D = \{(0, z), z \in \mathbb{C}\}$. Nous savons que $\omega_0 = dz_1 \wedge dz_2$ est une structure symplectique sur $\mathbb{C}^2$ dont la structure de Poisson associée est définie par

$\{z_1, z_2\} = 1$. En posant $\{f, g\}_{new} := \{f, h_1\}\{g, h_2\} - \{f, h_2\}\{g, h_1\}$ où $h_1 = z_1$ et $h_2 = z_1 z_2$ on obtient $\{z_1, z_2\}_{new} = z_1$ qui est notre structure de Poisson π. Montrons que cette structure est log préquantifiable. Pour cela, nous devons chercher une section ω_0 de $\Omega_X^2(\log D)$ telle que :

1. Il existe une section $\alpha_0 \in \Omega_X^2$ intégrale et $\alpha_0 \in [\omega_0]$
2. $\tilde{H}(\omega_0) \in [z_1\partial_{z_1} \wedge \partial_{z_2}]$

Considérons donc le complexe de De Rham logarithmique suivant.

$$K: \qquad 0 \longrightarrow \Omega_{\mathcal{A}}(\log \mathcal{I})_X \xrightarrow{d^0} \Omega_X^1(\log D)^2 \xrightarrow{d^1} \Omega_{\mathcal{A}}(\log \mathcal{I})_X \longrightarrow 0$$

où $d^0(f) := z_1\partial_{z_1} f \frac{dz_1}{z_1} + \partial_{z_2} f dz_2$ et $d^1(f_1 \frac{dz_1}{z_1} + f_2 dz_2) = (z_1\partial_{z_1} f_2 - \partial_{z_2} f_1)\frac{dz_1}{z_1} \wedge dz_2$.
Alors $H^2(K) = 0$. En effet, pour toute section g de $\Omega_X^1(\log D)$ il existe une section f de $\mathcal{O}_X$ telle que $d^1(f dz_2) = g\frac{dz_1}{z_1} \wedge dz_2$.
Il s'ensuit que toute section de $\Omega_X^1(\log D)$ sera solution du problème. Il suffit de prendre $\alpha_0 = 0$.

4.3.2 Préquatification de $\mathbb{CP}^1$ munie de la structure de SD-KKS.

Dans [Khoroshkin *et al.* 1993], il est démontré que les structures de Poisson de Sklyanin-Drinfel'd (SD) et de Kirillov-Konstant-Souriau (KKS) sont compatibles sur $\mathbb{CP}^1$. Autrement dit, leur combinaison linéaire induit également une structure de Poisson sur $\mathbb{CP}^1$. Dans [Khoroshkin *et al.* 1993] et [Kotov 1997], les auteurs montrent que cette structure est paramétrée sur $\mathbb{C}$ par

$$\pi_\lambda := -\frac{i}{2}(z\bar{z}+1)(\lambda + (\lambda+2)z\bar{z}))\frac{\partial}{\partial z} \wedge \frac{\partial}{\partial \bar{z}}. \tag{4.27}$$

et qu'elle est singulière pour $\lambda \in [-2, 0]$.
Kotov montre également dans [Kotov 1997] que les groupes de cohomologie de Poisson de cette structure sont $H^0 \cong H^1 \cong \mathbb{C}$ et $H^2 \cong \mathbb{C}^2$

4.3.2.1 Etude du cas $\lambda = 0$.

Pour $\lambda = 0$ on a

$$\pi_0 = -i(z\bar{z}+1)z\frac{\partial}{\partial z} \wedge \bar{z}\frac{\partial}{\partial \bar{z}} \tag{4.28}$$

où $z\partial_z := \frac{z}{2}(\partial_x - i\partial_y)$ et $\bar{z}\partial_{\bar{z}} := \frac{\bar{z}}{2}(\partial_x + i\partial_y)$. Pour toutes fonctions a, b on a

$$\{a, b\} = -i(1+z\bar{z})z\bar{z}(\frac{\partial a}{\partial z}\frac{\partial b}{\partial \bar{z}} - \frac{\partial b}{\partial z}\frac{\partial a}{\partial \bar{z}}). \tag{4.29}$$

Celle-ci est bien logarithmique le long du diviseur $D_0 := \{z\bar{z} = 0\}$.
Pour toute fonction a on a

$$\begin{aligned} \partial_0 f &= \frac{\partial a}{\partial z}\{z, -\} - \frac{\partial a}{\partial \bar{z}}\{-, \bar{z}\} \\ &= i(1+z\bar{z})(\bar{z}\frac{\partial a}{\partial \bar{z}}z\frac{\partial}{\partial z} - z\frac{\partial a}{\partial z}\bar{z}\frac{\partial}{\partial \bar{z}}). \end{aligned} \tag{4.30}$$

De l'équation (4.30), nous déduisons que $H^0 \cong \mathbb{C}$.
De même, pour tout champ de vecteurs logarithmique $\delta = az\frac{\partial}{\partial z} + b\bar{z}\frac{\partial}{\partial \bar{z}}$ on a

$$\partial_1 \delta \quad = \quad i(1+z\bar{z})(z\partial_z a - \bar{z}\partial_{\bar{z}} b) + iz\bar{z}(a+b). \tag{4.31}$$

Par ailleurs, cette structure induit sur $X - D_0$ la structure symplectique définie par $\omega_0 = i\frac{1}{1+z\bar{z}}\frac{dz}{z} \wedge \frac{d\bar{z}}{\bar{z}}$.
De plus, pour toutes fonctions a et b on a
$(1+z\bar{z})(z\partial_z(a) - \bar{z}\partial_{\bar{z}}(b)) \neq 1$.
En effet s'il existe a_0, b_0 tels que $(1+z\bar{z})(z\partial_z(a_0) - \bar{z}\partial_{\bar{z}}(b_0)) = 1$ alors pour tout $z \in U := \{z \in \mathbb{C}; 0 < |z| < 4\}$, on aura $za(0) - \bar{z}b(0) = \frac{1}{1+z\bar{z}}$. Ce qui est absurde car cela entrainerait que $\frac{1}{3} = \frac{1}{4}$ lorsqu'on prend $z = 2$ puis $z = 3$.
Ceci montre que $\omega_0 \neq 0 \in H^2(\mathbb{CP}^1, \Omega^*(\log D_0))$
On peut donc conclure que ω_0 est une structure logsymplectique sur $\mathbb{CP}^1$. Par conséquent $\tilde{H} : \Omega^*(\log D_0) \to Der^*_X(\log D)$ est quasi-isomorphisme.
Et donc

$$H^2 \cong \tilde{H}^{-1}\left(\frac{\mathbb{C}[[z,\bar{z}]]}{\langle 1+z\bar{z}\rangle} i\frac{1}{1+z\bar{z}}\frac{dz}{z} \wedge \frac{d\bar{z}}{\bar{z}}\right). \tag{4.32}$$

Remarquons que

$$\tilde{H}(i\frac{1}{1+z\bar{z}}\frac{dz}{z} \wedge \frac{d\bar{z}}{\bar{z}}) = -i(1+z\bar{z})z\partial_z \wedge \bar{z}\partial_{\bar{z}} \tag{4.33}$$

Il s'ensuit que π_0 est log préquantifiable si et seulement si
$[i\frac{1}{1+z\bar{z}}\frac{d\bar{z}}{\bar{z}}] = 0 \in H^1((\mathbb{CP}^1, \Omega^*(\log D_0)) \cong \mathbb{C}[[\bar{z}]]\frac{dz}{z} \oplus \mathbb{C}[[z]]\frac{d\bar{z}}{\bar{z}}$.
Ce qui est absurde. Donc π_0 n'est pas log préquantifiable.

ANNEXE A

Points de détail de quelques démonstrations.

A.1. Démonstration de Corollaire 2.1.10

- Cas $\mathcal{A} = k[x, y]$.

  D'après le lemme 2.1.9, il suffit de prouver que

  $$\{a, a_0\}_0\{b, c\}_0 + \{b, a_0\}_0\{c, a\}_0 + \{c, a_0\}_0\{a, b\}_0 = 0 \tag{A.1}$$

  pour tous a, b et c dans $\mathcal{A}$.

  Or pour tous f et g dans $\mathcal{A}$,

  $$\{f, g\} = (\frac{\partial f}{\partial x}\frac{\partial g}{\partial y} - \frac{\partial f}{\partial y}\frac{\partial g}{\partial x})\{x, y\}. \tag{A.2}$$

  Il s'en suit que

  $$\{a, a_0\}_0 = (\frac{\partial a}{\partial x}\frac{\partial a_0}{\partial y} - \frac{\partial a}{\partial y}\frac{\partial a_0}{\partial x})\{x, y\}_0, \quad \{b, c\}_0 = (\frac{\partial b}{\partial x}\frac{\partial c}{\partial y} - \frac{\partial b}{\partial y}\frac{\partial c}{\partial x})\{x, y\}_0$$

  $$\{b, a_0\}_0 = (\frac{\partial b}{\partial x}\frac{\partial a_0}{\partial y} - \frac{\partial b}{\partial y}\frac{\partial a_0}{\partial x})\{x, y\}_0, \quad \{c, a\}_0 = (\frac{\partial c}{\partial x}\frac{\partial a}{\partial y} - \frac{\partial c}{\partial y}\frac{\partial a}{\partial x})\{x, y\}_0$$

  $$\{c, a_0\}_0 = (\frac{\partial c}{\partial x}\frac{\partial a_0}{\partial y} - \frac{\partial c}{\partial y}\frac{\partial a_0}{\partial x})\{x, y\}_0, \quad \{a, b\}_0 = (\frac{\partial a}{\partial x}\frac{\partial b}{\partial y} - \frac{\partial a}{\partial y}\frac{\partial b}{\partial x})\{x, y\}_0$$

  on en déduit que

  $$\begin{gathered}
  \frac{1}{(\{x, y\}_0)^2}\{a, a_0\}_0\{b, c\}_0 + \{b, a_0\}_0\{c, a\}_0 + \{c, a_0\}_0\{a, b\}_0 = \\
  \frac{\partial a}{\partial x}\frac{\partial a_0}{\partial y}\frac{\partial b}{\partial x}\frac{\partial c}{\partial y} - \frac{\partial a}{\partial x}\frac{\partial a_0}{\partial y}\frac{\partial b}{\partial y}\frac{\partial c}{\partial x} - \frac{\partial a}{\partial y}\frac{\partial a_0}{\partial x}\frac{\partial b}{\partial x}\frac{\partial c}{\partial y} + \frac{\partial a}{\partial y}\frac{\partial a_0}{\partial x}\frac{\partial b}{\partial y}\frac{\partial c}{\partial x} \quad + \\
  \frac{\partial b}{\partial x}\frac{\partial a_0}{\partial y}\frac{\partial c}{\partial x}\frac{\partial a}{\partial y} - \frac{\partial b}{\partial x}\frac{\partial a_0}{\partial y}\frac{\partial c}{\partial y}\frac{\partial a}{\partial x} - \frac{\partial b}{\partial y}\frac{\partial a_0}{\partial x}\frac{\partial c}{\partial x}\frac{\partial a}{\partial y} + \frac{\partial b}{\partial y}\frac{\partial a_0}{\partial x}\frac{\partial c}{\partial y}\frac{\partial a}{\partial x} \quad + \\
  \frac{\partial c}{\partial x}\frac{\partial a_0}{\partial y}\frac{\partial a}{\partial x}\frac{\partial b}{\partial y} - \frac{\partial c}{\partial x}\frac{\partial a_0}{\partial y}\frac{\partial a}{\partial y}\frac{\partial b}{\partial x} - \frac{\partial c}{\partial y}\frac{\partial a_0}{\partial x}\frac{\partial a}{\partial x}\frac{\partial b}{\partial y} + \frac{\partial c}{\partial y}\frac{\partial a_0}{\partial x}\frac{\partial a}{\partial y}\frac{\partial b}{\partial x} \\
  = \\
  [\frac{\partial a}{\partial x}\frac{\partial a_0}{\partial y}\frac{\partial b}{\partial x}\frac{\partial c}{\partial y} - \frac{\partial b}{\partial x}\frac{\partial a_0}{\partial y}\frac{\partial c}{\partial y}\frac{\partial a}{\partial x}] + [\frac{\partial a}{\partial x}\frac{\partial a_0}{\partial y}\frac{\partial b}{\partial y}\frac{\partial c}{\partial x} - \frac{\partial c}{\partial x}\frac{\partial a_0}{\partial y}\frac{\partial a}{\partial x}\frac{\partial b}{\partial y}] \quad + \\
  [\frac{\partial a}{\partial y}\frac{\partial a_0}{\partial x}\frac{\partial b}{\partial x}\frac{\partial c}{\partial y} - \frac{\partial c}{\partial y}\frac{\partial a_0}{\partial x}\frac{\partial a}{\partial y}\frac{\partial b}{\partial x}] + [\frac{\partial a}{\partial y}\frac{\partial a_0}{\partial x}\frac{\partial b}{\partial y}\frac{\partial c}{\partial x} - \frac{\partial b}{\partial y}\frac{\partial a_0}{\partial x}\frac{\partial c}{\partial x}\frac{\partial a}{\partial y}] \quad + \\
  [\frac{\partial b}{\partial x}\frac{\partial a_0}{\partial y}\frac{\partial c}{\partial x}\frac{\partial a}{\partial y} - \frac{\partial c}{\partial x}\frac{\partial a_0}{\partial y}\frac{\partial a}{\partial y}\frac{\partial b}{\partial x}] + [\frac{\partial b}{\partial y}\frac{\partial a_0}{\partial x}\frac{\partial c}{\partial y}\frac{\partial a}{\partial x} - \frac{\partial c}{\partial y}\frac{\partial a_0}{\partial x}\frac{\partial a}{\partial x}\frac{\partial b}{\partial y}] \\
  = 0
  \end{gathered}$$

- cas $\mathcal{A} = k[x_1, x_2, x_3]$. Posons $h := a_0$.
Alors pour tous f, g et k dans $\mathcal{A}$ on a
$\{f,h\}_0 = (\frac{\partial f}{\partial x_1}\frac{\partial h}{\partial x_2} - \frac{\partial f}{\partial x_2}\frac{\partial h}{\partial x_1})\{x_1,x_2\}_0 + (\frac{\partial f}{\partial x_1}\frac{\partial h}{\partial x_3} - \frac{\partial f}{\partial x_3}\frac{\partial h}{\partial x_1})\{x_1,x_3\}_0 +$
$(\frac{\partial f}{\partial x_2}\frac{\partial h}{\partial x_3} - \frac{\partial f}{\partial x_3}\frac{\partial h}{\partial x_2})\{x_2,x_3\}_0$

$\{g,k\}_0 = (\frac{\partial g}{\partial x_1}\frac{\partial k}{\partial x_2} - \frac{\partial g}{\partial x_2}\frac{\partial k}{\partial x_1})\{x_1,x_2\}_0 + (\frac{\partial g}{\partial x_1}\frac{\partial k}{\partial x_3} - \frac{\partial g}{\partial x_3}\frac{\partial k}{\partial x_1})\{x_1,x_3\}_0 +$
$(\frac{\partial g}{\partial x_2}\frac{\partial k}{\partial x_3} - \frac{\partial g}{\partial x_3}\frac{\partial k}{\partial x_2})\{x_2,x_3\}_0$

$\{f,h\}_0\{g,k\}_0 = (\frac{\partial f}{\partial x_1}\frac{\partial h}{\partial x_2} - \frac{\partial f}{\partial x_2}\frac{\partial h}{\partial x_1})(\frac{\partial g}{\partial x_1}\frac{\partial k}{\partial x_2} - \frac{\partial g}{\partial x_2}\frac{\partial k}{\partial x_1})(\{x_1,x_2\}_0)^2 +$

$+(\frac{\partial f}{\partial x_1}\frac{\partial h}{\partial x_3} - \frac{\partial f}{\partial x_3}\frac{\partial h}{\partial x_1})(\frac{\partial g}{\partial x_1}\frac{\partial k}{\partial x_3} - \frac{\partial g}{\partial x_3}\frac{\partial k}{\partial x_1})(\{x_1,x_3\}_0)^2 +$

$(\frac{\partial f}{\partial x_2}\frac{\partial h}{\partial x_3} - \frac{\partial f}{\partial x_3}\frac{\partial h}{\partial x_2})(\frac{\partial g}{\partial x_2}\frac{\partial k}{\partial x_3} - \frac{\partial g}{\partial x_3}\frac{\partial k}{\partial x_2})(\{x_2,x_3\}_0)^2$

$[(\frac{\partial f}{\partial x_1}\frac{\partial h}{\partial x_2} - \frac{\partial f}{\partial x_2}\frac{\partial h}{\partial x_1})(\frac{\partial g}{\partial x_1}\frac{\partial k}{\partial x_3} - \frac{\partial g}{\partial x_3}\frac{\partial k}{\partial x_1}) + (\frac{\partial f}{\partial x_1}\frac{\partial h}{\partial x_3} - \frac{\partial f}{\partial x_3}\frac{\partial h}{\partial x_1})(\frac{\partial g}{\partial x_1}\frac{\partial k}{\partial x_2} -$
$\frac{\partial g}{\partial x_2}\frac{\partial k}{\partial x_1})](\{x_1,x_2\}_0)(\{x_1,x_3\}_0) +$

$[(\frac{\partial f}{\partial x_1}\frac{\partial h}{\partial x_2} - \frac{\partial f}{\partial x_2}\frac{\partial h}{\partial x_1})(\frac{\partial g}{\partial x_2}\frac{\partial k}{\partial x_3} - \frac{\partial g}{\partial x_3}\frac{\partial k}{\partial x_2}) + (\frac{\partial f}{\partial x_2}\frac{\partial h}{\partial x_3} - \frac{\partial f}{\partial x_3}\frac{\partial h}{\partial x_2})(\frac{\partial g}{\partial x_1}\frac{\partial k}{\partial x_2} -$
$\frac{\partial g}{\partial x_2}\frac{\partial k}{\partial x_1})](\{x_1,x_2\}_0)(\{x_2,x_3\}_0) +$

$[(\frac{\partial f}{\partial x_1}\frac{\partial h}{\partial x_3} - \frac{\partial f}{\partial x_3}\frac{\partial h}{\partial x_1})(\frac{\partial g}{\partial x_2}\frac{\partial k}{\partial x_3} - \frac{\partial g}{\partial x_3}\frac{\partial k}{\partial x_2}) + (\frac{\partial g}{\partial x_1}\frac{\partial k}{\partial x_3} - \frac{\partial g}{\partial x_3}\frac{\partial k}{\partial x_1})(\frac{\partial f}{\partial x_2}\frac{\partial h}{\partial x_3} -$
$\frac{\partial f}{\partial x_3}\frac{\partial h}{\partial x_2})](\{x_1,x_3\}_0\{x_2,x_3\}_0)$

On en déduit que :
Le **Coefficient de** $(\{x_1,x_2\}_0)^2$ est
$\frac{\partial f}{\partial x_1}\frac{\partial h}{\partial x_2}\frac{\partial g}{\partial x_1}\frac{\partial k}{\partial x_2} - \frac{\partial f}{\partial x_1}\frac{\partial h}{\partial x_2}\frac{\partial g}{\partial x_2}\frac{\partial k}{\partial x_1} - \frac{\partial f}{\partial x_2}\frac{\partial h}{\partial x_1}\frac{\partial g}{\partial x_1}\frac{\partial k}{\partial x_2} + \frac{\partial f}{\partial x_2}\frac{\partial h}{\partial x_1}\frac{\partial g}{\partial x_2}\frac{\partial k}{\partial x_1}$

Le **Coéfficient de** $(\{x_1,x_3\}_0)^2$ est
$\frac{\partial f}{\partial x_1}\frac{\partial h}{\partial x_3}\frac{\partial g}{\partial x_1}\frac{\partial k}{\partial x_3} - \frac{\partial f}{\partial x_1}\frac{\partial h}{\partial x_3}\frac{\partial g}{\partial x_3}\frac{\partial k}{\partial x_1} - \frac{\partial f}{\partial x_3}\frac{\partial h}{\partial x_1}\frac{\partial g}{\partial x_1}\frac{\partial k}{\partial x_3} + \frac{\partial f}{\partial x_3}\frac{\partial h}{\partial x_1}\frac{\partial g}{\partial x_3}\frac{\partial k}{\partial x_1}$

Le **Coefficient de** $(\{x_2,x_3\}_0)^2$ est
$\frac{\partial f}{\partial x_2}\frac{\partial h}{\partial x_3}\frac{\partial g}{\partial x_2}\frac{\partial k}{\partial x_3} - \frac{\partial f}{\partial x_2}\frac{\partial h}{\partial x_3}\frac{\partial g}{\partial x_3}\frac{\partial k}{\partial x_2} - \frac{\partial f}{\partial x_3}\frac{\partial h}{\partial x_2}\frac{\partial g}{\partial x_2}\frac{\partial k}{\partial x_3} + \frac{\partial f}{\partial x_3}\frac{\partial h}{\partial x_2}\frac{\partial g}{\partial x_3}\frac{\partial k}{\partial x_2}$

Le **Coefficient de** $\{x_1,x_2\}\{x_1,x_3\}$ est
$\frac{\partial f}{\partial x_1}\frac{\partial h}{\partial x_3}\frac{\partial g}{\partial x_1}\frac{\partial k}{\partial x_2} - \frac{\partial f}{\partial x_1}\frac{\partial h}{\partial x_3}\frac{\partial g}{\partial x_2}\frac{\partial k}{\partial x_1} - \frac{\partial f}{\partial x_3}\frac{\partial h}{\partial x_1}\frac{\partial g}{\partial x_1}\frac{\partial k}{\partial x_2} + \frac{\partial f}{\partial x_3}\frac{\partial h}{\partial x_1}\frac{\partial g}{\partial x_2}\frac{\partial k}{\partial x_1} +$
$\frac{\partial f}{\partial x_1}\frac{\partial h}{\partial x_2}\frac{\partial g}{\partial x_1}\frac{\partial k}{\partial x_3} - \frac{\partial f}{\partial x_1}\frac{\partial h}{\partial x_2}\frac{\partial g}{\partial x_3}\frac{\partial k}{\partial x_1} - \frac{\partial f}{\partial x_2}\frac{\partial h}{\partial x_1}\frac{\partial g}{\partial x_1}\frac{\partial k}{\partial x_3} + \frac{\partial f}{\partial x_2}\frac{\partial h}{\partial x_1}\frac{\partial g}{\partial x_3}\frac{\partial k}{\partial x_1}$

Le **Coefficient de** $\{x_1,x_3\}\{x_2,x_3\}$ est

$$\frac{\partial f}{\partial x_1}\frac{\partial h}{\partial x_3}\frac{\partial g}{\partial x_2}\frac{\partial k}{\partial x_3}-\frac{\partial f}{\partial x_1}\frac{\partial h}{\partial x_3}\frac{\partial g}{\partial x_3}\frac{\partial k}{\partial x_2}-\frac{\partial f}{\partial x_3}\frac{\partial h}{\partial x_1}\frac{\partial g}{\partial x_2}\frac{\partial k}{\partial x_3}+\frac{\partial f}{\partial x_3}\frac{\partial h}{\partial x_1}\frac{\partial g}{\partial x_3}\frac{\partial k}{\partial x_2}+$$
$$\frac{\partial g}{\partial x_1}\frac{\partial k}{\partial x_3}\frac{\partial f}{\partial x_2}\frac{\partial h}{\partial x_3}-\frac{\partial g}{\partial x_1}\frac{\partial k}{\partial x_3}\frac{\partial f}{\partial x_3}\frac{\partial h}{\partial x_2}-\frac{\partial g}{\partial x_3}\frac{\partial k}{\partial x_1}\frac{\partial f}{\partial x_2}\frac{\partial h}{\partial x_3}+\frac{\partial g}{\partial x_3}\frac{\partial k}{\partial x_1}\frac{\partial f}{\partial x_3}\frac{\partial h}{\partial x_2}$$

L'action de la permutation (fgk) sur le coefficient de $\{x_1,x_3\}\{x_2,x_3\}$ dans (A.1) nous donne

$$\frac{\partial f}{\partial x_1}\frac{\partial h}{\partial x_3}\frac{\partial g}{\partial x_2}\frac{\partial k}{\partial x_3}-\frac{\partial f}{\partial x_1}\frac{\partial h}{\partial x_3}\frac{\partial g}{\partial x_3}\frac{\partial k}{\partial x_2}-\frac{\partial f}{\partial x_3}\frac{\partial h}{\partial x_1}\frac{\partial g}{\partial x_2}\frac{\partial k}{\partial x_3}+\frac{\partial f}{\partial x_3}\frac{\partial h}{\partial x_1}\frac{\partial g}{\partial x_3}\frac{\partial k}{\partial x_2}+$$
$$\frac{\partial g}{\partial x_1}\frac{\partial k}{\partial x_3}\frac{\partial f}{\partial x_2}\frac{\partial h}{\partial x_3}-\frac{\partial g}{\partial x_1}\frac{\partial k}{\partial x_3}\frac{\partial f}{\partial x_3}\frac{\partial h}{\partial x_2}-\frac{\partial g}{\partial x_3}\frac{\partial k}{\partial x_1}\frac{\partial f}{\partial x_2}\frac{\partial h}{\partial x_3}+\frac{\partial g}{\partial x_3}\frac{\partial k}{\partial x_1}\frac{\partial f}{\partial x_3}\frac{\partial h}{\partial x_2}+$$
$$\frac{\partial g}{\partial x_1}\frac{\partial h}{\partial x_3}\frac{\partial k}{\partial x_2}\frac{\partial f}{\partial x_3}-\frac{\partial g}{\partial x_1}\frac{\partial h}{\partial x_3}\frac{\partial k}{\partial x_3}\frac{\partial f}{\partial x_2}-\frac{\partial g}{\partial x_3}\frac{\partial h}{\partial x_1}\frac{\partial k}{\partial x_2}\frac{\partial f}{\partial x_3}+\frac{\partial g}{\partial x_3}\frac{\partial h}{\partial x_1}\frac{\partial k}{\partial x_3}\frac{\partial f}{\partial x_2}+$$
$$\frac{\partial k}{\partial x_1}\frac{\partial f}{\partial x_3}\frac{\partial g}{\partial x_2}\frac{\partial h}{\partial x_3}-\frac{\partial k}{\partial x_1}\frac{\partial f}{\partial x_3}\frac{\partial g}{\partial x_3}\frac{\partial h}{\partial x_2}-\frac{\partial k}{\partial x_3}\frac{\partial f}{\partial x_1}\frac{\partial g}{\partial x_2}\frac{\partial h}{\partial x_3}+\frac{\partial k}{\partial x_3}\frac{\partial f}{\partial x_1}\frac{\partial g}{\partial x_3}\frac{\partial h}{\partial x_2}+$$
$$\frac{\partial k}{\partial x_1}\frac{\partial h}{\partial x_3}\frac{\partial f}{\partial x_2}\frac{\partial g}{\partial x_3}-\frac{\partial k}{\partial x_1}\frac{\partial h}{\partial x_3}\frac{\partial f}{\partial x_3}\frac{\partial g}{\partial x_2}-\frac{\partial k}{\partial x_3}\frac{\partial h}{\partial x_1}\frac{\partial f}{\partial x_2}\frac{\partial g}{\partial x_3}+\frac{\partial k}{\partial x_3}\frac{\partial h}{\partial x_1}\frac{\partial f}{\partial x_3}\frac{\partial g}{\partial x_2}+$$
$$\frac{\partial f}{\partial x_1}\frac{\partial g}{\partial x_3}\frac{\partial k}{\partial x_2}\frac{\partial h}{\partial x_3}-\frac{\partial f}{\partial x_1}\frac{\partial g}{\partial x_3}\frac{\partial k}{\partial x_3}\frac{\partial h}{\partial x_2}-\frac{\partial f}{\partial x_3}\frac{\partial g}{\partial x_1}\frac{\partial k}{\partial x_2}\frac{\partial h}{\partial x_3}+\frac{\partial f}{\partial x_3}\frac{\partial g}{\partial x_1}\frac{\partial k}{\partial x_3}\frac{\partial h}{\partial x_2}$$

On vérifie que ce dernier est nul.
De même, on montre que les coefficients dans (A.1) de,

$$\{x_1,x_2\}\{x_1,x_3\},(\{x_2,x_3\}_0)^2,(\{x_1,x_3\}_0)^2,(\{x_1,x_2\}_0)^2$$

sont tous nuls. D'où le résultat.

A.2. Démonstration de Proposition 3.1.2.

Tout d'abord rappelons que si $G : E^p \to F$ est une application bilinéaire antisymétrique telle que pour tout $y \in E$ l'application partielle $G_y : E^{n-1} \to F$ est nulle alors $G = 0$.
Soit $x \in L$, nous définissons les applications linéaires $d_x : \mathcal{L}\mathrm{alt}^q(L,P) \to \mathcal{L}\mathrm{alt}^q(L,P)$ par

$$(d_x f)(x_1,...,x_q) = \rho(x)f(x_1,...,x_q) - \sum_{i=1}^{q} f(x_1,...,[x_i,x],...,x_q) \qquad \text{(A.3)}$$

et $F_x : \mathcal{L}\mathrm{alt}^{q+1}(L,P) \to \mathcal{L}\mathrm{alt}^q(L,P)$ définie par

$$(F_x(f))(x_1,...,x_q) = f(x,x_1,...,x_q). \qquad \text{(A.4)}$$

Ces applications sont liées par les relations

$$F_y(d_x f) = d_x(F_y(f)) - F_{[x,y]}(f) \qquad \text{(A.5)}$$

et

$$F_x(d_\rho f) = d_x f - d_\rho(F_x(f)). \tag{A.6}$$

La relation (A.3) induit une application $\mathcal{A}$-linéaire $d : L \to End(\mathcal{L}\text{alt}^q(L,P))$ définie par $x \mapsto d_x$.
Montrons que pour tout $q \in \mathbb{N}$, d est une représentation de L par $\mathcal{L}\text{alt}^i(L,P)$. Nous allons effectuer une preuve par induction sur q.
$\rho(y)\rho(x)f - \rho(x)\rho(y)f - \rho([x,y])f = 0$ pour tout $f \in P$ et $x, y \in L$. Ceci montre que $d : L \to End(\mathcal{L}\text{alt}^0(L,P))$ est un morphisme d'algèbres de Lie. Supposons l'hypothèse vraie pour tout $1 \leqq k \leqq q-1$ et soit $f \in \mathcal{L}\text{alt}^q(L,P))$. Pour tout $z \in L$ on a

$$\begin{array}{rcl} F_z(d_y d_x f) & = & d_y[F_z(d_x f)] - F_{[z,y]}(d_x f) \\ & = & d_y\left(d_x F_z(f) - F_{[z,x]}(f)\right) - F_{[z,y]}(d_x f) \\ & = & d_y d_x F_z(f) - d_y(F_{[z,x]}(f)) \\ & = & d_y d_x F_z(f) - F_{[z,x]}(d_y f) - F_{[[z,x],y]}(f) - F_{[z,y]}(d_x f). \end{array}$$

Donc

$$\begin{array}{rcl} F_z(d_y d_x f) - F_z(d_x d_y f) & = & d_y d_x F_z(f) - d_x d_y F_z(f) + (F_{[[z,x],y]} + F_{[[z,y],x]})(f) \\ & = & d_{[x,y]} F_z(f) - F_{[[y,x],z]}(f) \\ & = & (d_{[x,y]} F_z - F_{[[y,x],z]})(f)) \\ & = & F_z(d_{[x,y]}). \end{array}$$

Puisque $z \in L$ est arbitraire, on conclut d'après le principe d'induction que d est bien une représentation de L par $\mathcal{L}\text{alt}^q(L,P))$ pour tout q.
Montrons que le diagramme suivant est commutatif pour tout $q \in \mathbb{N}$ et $x \in L$

$$\begin{array}{ccc} \mathcal{L}\text{alt}^q(L,P)) & \xrightarrow{d_\rho} & \mathcal{L}\text{alt}^{q+1}(L,P)) \\ \Big\downarrow{\scriptstyle d_x} & & \Big\downarrow{\scriptstyle d_x} \\ \mathcal{L}\text{alt}^q(L,P)) & \xrightarrow[d_\rho]{} & \mathcal{L}\text{alt}^{q+1}(L,P)) \end{array}$$

Si $f \in \mathcal{L}\text{alt}^0(L,P)) = P$ alors pour tout $y \in L$ on a

$$\begin{array}{rcl} (d_x d_\rho f)(y) & = & \rho(x)(d_\rho f)(y) - (d_\rho f)([y,x]) \\ & = & (\rho(x)\rho(y) - \rho[y,x])(f) \\ & = & \rho(y)\rho(x)(f) = \rho(y)(d_x f) = (d_\rho d_x f)(x) \end{array}$$

Supposons que ce diagramme est commutatif pour tout $1 \leqq k \leqq q-1$ et soit $f \in \mathcal{L}\text{alt}^{q+1}(L,P))$ avec $q > 0$. En appliquant les relations (A.5), (A.6) et le fait que d est un morphisme d'algèbres de Lie, on obtient :

$$\begin{array}{rl} & F_y(d_\rho d_x f) - F_y(d_x d_\rho f) \\ = & d_y d_x f - d_\rho[F_y(d_x f)] - d_x[F_y(d_\rho f)] + F_{[y,x]}(d_\rho f) \\ = & d_y d_x f - d_\rho d_x F_y(f) - d_\rho(F_{[y,x]}) - d_x[F_y(d_\rho f)] + d_{[y,x]} f - d_\rho(F_{[y,z]}(f)) \\ = & d_y d_x f - d_\rho d_x(F_y(f)) - d_x d_y f + d_x d_\rho(F_y(f)) + d_{[y,x]} f \\ = & d_x d_\rho(F_y(f)) - d_\rho d_x(F_y(f)) = 0. \end{array}$$

A l'aide de ces propriétés, nous démontrons la proposition par induction sur l'ordre des chaines. D'après l'idée de la preuve de la Proposition 3.1.2, le résultat est vrai pour $q = 0, 1$. Supposons le résultat vrai pour $f \in \mathcal{L}\mathrm{alt}^k(L, P))$ avec $1 \leqq k \leqq q-1$ et soit $f \in \mathcal{L}\mathrm{alt}^q(L, P)), q > 0$. D'après ce qui précède, on a

$$F_x(d_\rho d_\rho f) = d_x d_\rho f - d_\rho[F_x((d_\rho f))] = d_x d_\rho f - d_\rho d_x f + d_\rho d_\rho (F_x(f)) = 0$$

A.3. Démonstration de Proposition 3.1.11

Soit $a, b \in \mathcal{A}$ et $u, v \in \mathcal{S}$.

1. Des propriétés (1) de la Proposition 2.1.6, nous déduisons que

$$\begin{aligned}
&\mathcal{L}_{\tilde{H}[a\frac{d(u)}{u}]}(\frac{d(v)}{v})\\
&= a\mathcal{L}_{\tilde{H}[\frac{d(u)}{u}]}(\frac{d(v)}{v}) + \hat{\sigma}[\tilde{H}(\frac{d(u)}{u})]\left(\frac{d(v)}{v}\right)d(a)\\
&= a\mathcal{L}_{\tilde{H}[\frac{d(u)}{u}]}(\frac{d(v)}{v}) + \frac{1}{u}\hat{\sigma}(H\circ d(u))(\frac{d(v)}{v})d(a)\\
&= a\mathcal{L}_{\tilde{H}[\frac{d(u)}{u}]}(\frac{d(v)}{v}) + \frac{1}{u}\hat{\sigma}(\{u,-\})(\frac{d(v)}{v})d(a)\\
&= ad(\tfrac{1}{uv}\{u,v\}) + \frac{1}{uv}\{u,v\}d(a),
\end{aligned}$$

2. d'après la Proposition 2.1.6 on a

$$\begin{aligned}
&\mathcal{L}_{\tilde{H}[\frac{d(u)}{u}]}(b\frac{d(v)}{v})\\
=\;& [\tilde{H}(\frac{d(u)}{u})](b)\frac{d(u)}{u} + b\mathcal{L}_{\tilde{H}[\frac{d(u)}{u}]}(\frac{d(v)}{v})\\
=\;& \frac{1}{u}\{u,b\}\frac{d(v)}{v} + bd(\frac{1}{uv}\{u,v\})
\end{aligned}$$

partant

$$\begin{aligned}
&\mathcal{L}_{\tilde{H}(a\frac{d(u)}{u})}(b\frac{d(v)}{v})\\
=\;& a\mathcal{L}_{\tilde{H}[\frac{d(u)}{u}]}(b\frac{d(v)}{v}) + \hat{\sigma}(\tilde{H}(\frac{d(u)}{u}))\left(b\frac{d(v)}{v}\right)d(a)\\
=\;& \frac{a}{u}\{u,b\}\frac{d(v)}{v} + \frac{b}{uv}\{u,v\}d(a) + abd(\frac{1}{uv}\{u,v\}),
\end{aligned}$$

3. en intervertissant les rôles de u et v, nous obtenons

$$\mathcal{L}_{\tilde{H}(b\frac{d(v)}{v})}(a\frac{d(u)}{u}) = \frac{b}{v}\{v,a\}\frac{d(u)}{u} + \frac{a}{uv}\{v,u\}d(b) + abd(\frac{1}{uv}\{v,u\})$$

4. Puisque $\omega_0(x,y) := [\Phi(x)]y$ pour tout $x, y \in \Omega_{\mathcal{A}}(\log \mathcal{I})$
$\omega(a\frac{d(u)}{u}, b\frac{d(v)}{v}) = \frac{ab}{uv}\{u,v\}$
alors

$$\begin{aligned} d\omega(a\frac{d(u)}{u}, b\frac{d(v)}{v}) &= d[\frac{ab}{uv}\{u,v\}] = abd(\frac{1}{uv}\{u,v\}) + d(ab)(\frac{1}{uv}\{u,v\}) \\ &= abd(\frac{1}{uv}\{u,v\}) + bd(a)(\frac{1}{uv}\{u,v\}) + ad(b)(\frac{1}{uv}\{u,v\}) \end{aligned}$$

A.4. Démonstration de Proposition 3.1.18

Soient $a \in \mathcal{A}$ et $u, v, w \in \mathcal{S}$. D'après le Corollaire 3.1.17 on a $[\frac{du}{u}, \frac{dv}{v}]_\omega = d(\frac{1}{uv}\{u,v\})$ et $[da, \frac{du}{u}]_\omega = d(\frac{1}{u}\{a,u\})$.
Etant donné que la structure de Poisson $\{-,-\}$ est logarithmique principale le long de $\mathcal{I}$, on a $\frac{1}{uv}\{u,v\} \in \mathcal{A}$. On a donc

$$\left[\left[\frac{du}{u}, \frac{dv}{v}\right]_\omega, \frac{dw}{w}\right]_\omega = \left[d(\frac{1}{uv}\{u,v\}), \frac{dw}{w}\right]_\omega = d(\frac{1}{w}\{\frac{1}{uv}\{u,v\},w\}).$$

$$\left[\left[\frac{dv}{v}, \frac{dw}{w}\right]_\omega, \frac{du}{u}\right]_\omega = \left[d(\frac{1}{vw}\{v,w\}), \frac{du}{u}\right]_\omega$$

$$\left[\left[\frac{dw}{w}, \frac{du}{u}\right]_\omega, \frac{dv}{v}\right]_\omega = \left[d(\frac{1}{uw}\{w,u\}), \frac{dv}{v}\right]_\omega.$$

Or en appliquant le Lemme 3.1.15 on obtient

$$\begin{aligned} \frac{1}{w}\{\frac{1}{uv}\{u,v\},w\} &= \frac{1}{w}(\frac{1}{uv}\{\{u,v\},w\} - \frac{1}{u^2v^2}\{u,v\}\{uv,w\}) \\ &= \frac{1}{uvw}\{\{u,v\},w\} - \frac{1}{wu^2v}\{u,v\}\{u,w\} - \frac{1}{wuv^2}\{u,v\}\{v,w\} \end{aligned}$$

$$\begin{aligned} \frac{1}{u}\{\frac{1}{vw}\{v,w\},u\} &= \frac{1}{u}(\frac{1}{vw}\{\{v,w\},u\} - \frac{1}{v^2w^2}\{v,w\}\{vw,u\}) \\ &= \frac{1}{vwu}\{\{v,w\},u\} - \frac{1}{uv^2w}\{v,w\}\{v,u\} - \frac{1}{uvw^2}\{v,w\}\{w,u\} \end{aligned}$$

$$\begin{aligned} \frac{1}{v}\{\frac{1}{wu}\{w,u\},v\} &= \frac{1}{v}(\frac{1}{vu}\{\{w,u\},v\} - \frac{1}{w^2u^2}\{w,u\}\{wu,v\}) \\ &= \frac{1}{wuv}\{\{w,u\},v\} - \frac{1}{vvw^2u}\{w,u\}\{w,v\} - \frac{1}{vwu^2}\{w,u\}\{u,v\}. \end{aligned}$$

On obtient donc

$$\begin{aligned}
& \left[\left[\frac{du}{u},\frac{dv}{v}\right]_\omega,\frac{dw}{w}\right]_\omega+\left[\left[\frac{dv}{v},\frac{dw}{w}\right]_\omega,\frac{du}{u}\right]_\omega+\left[\left[\frac{dw}{w},\frac{du}{u}\right]_\omega,\frac{dv}{v}\right]_\omega \\
= & \frac{1}{uvw}\{\{u,v\},w\}-\frac{1}{wu^2v}\{u,v\}\{u,w\}-\frac{1}{wuv^2}\{u,v\}\{v,w\} \\
+ & \frac{1}{vwu}\{\{v,w\},u\}-\frac{1}{uv^2w}\{v,w\}\{v,u\}-\frac{1}{uvw^2}\{v,w\}\{w,u\} \\
+ & \frac{1}{wuv}\{\{w,u\},v\}-\frac{1}{vw^2u}\{w,u\}\{w,v\}-\frac{1}{vwu^2}\{w,u\}\{u,v\} \\
= & \frac{1}{uvw}\left(\{\{v,w\},u\}+\{\{w,u\},v\}+\{\{u,v\},w\}\right) \\
= & 0
\end{aligned}$$

La dernière égalité découle de l'identité de Jacobi de $\{-,-\}$.

A.5. Démonstration de Proposition 3.1.19

Pour ce qui est de la première assertion, étant donnés $u,v\in\mathcal{S}$ et $w\in\mathcal{A}$ nous avons l'identité suivante :

$$\left[\left[\frac{du}{u},\frac{dv}{v}\right],dw\right]=\left[d(\frac{1}{uv}\{u,v\}),dw\right]=d\left(\{\frac{1}{uv}\{u,v\},w\}\right).$$

Or $\left\{\frac{1}{uv}\{u,v\},w\right\}=\frac{1}{uv}\{\{u,v\},w\}-\frac{1}{uv^2}\{u,v\}\{v,w\}-\frac{1}{vu^2}\{u,v\}\{u,w\}$

par conséquent

$$\left[\left[\frac{du}{u},\frac{dv}{v}\right],dw\right]=d\left(\frac{1}{uv}\{\{u,v\},w\}-\frac{1}{uv^2}\{u,v\}\{v,w\}-\frac{1}{vu^2}\{u,v\}\{u,w\}\right).$$

Mutatis mutandis on a

$$\left[\left[\frac{dv}{v},dw\right],\frac{du}{u}\right]=\left[d\left(\frac{1}{v}\{v,w\}\right),\frac{du}{u}\right]=d\left(\frac{1}{u}\left\{\frac{1}{v}\{v,w\},u\right\}\right).$$

Puisque $\frac{1}{u}\left\{\frac{1}{v}\{v,w\},u\right\}=\frac{1}{u}\left(\frac{1}{v}\{\{v,w\},u\}-\frac{1}{v^2}\{v,w\}\{v,u\}\right)=\frac{1}{uv}\{\{v,w\},u\}-\frac{1}{uv^2}\{v,w\}\{v,u\}$

on a $\left[\left[\frac{dv}{v},dw\right],\frac{du}{u}\right]=d\left(\frac{1}{uv}\{\{v,w\},u\}-\frac{1}{uv^2}\{v,w\}\{v,u\}\right)$

et donc,

$$\left[\left[dw,\frac{du}{u}\right],\frac{dv}{v}\right]=\left[\left(\frac{1}{u}\{w,u\}\right),\frac{dv}{v}\right]=d\left(\frac{1}{v}\left\{\frac{1}{u}\{w,u\},v\right\}\right).$$

Par ailleurs, $\frac{1}{v}\left\{\frac{1}{u}\{w,u\},v\right\}=\frac{1}{vu}\{\{w,u\},v\}-\frac{1}{vu^2}\{w,u\}\{u,v\}$.

Donc

$$\left[\left[dw,\frac{du}{u}\right],\frac{dv}{v}\right]=d\left(\frac{1}{vu}\{\{w,u\},v\}-\frac{1}{vu^2}\{w,u\}\{u,v\}\right).$$

L'identité de Jacobi de $\{-,-\}$ jointe aux calculs ci-dessus donne :

$$\left[\left[\frac{du}{u},\frac{dv}{v}\right],dw\right]+\left[\left[\frac{dv}{v},dw\right],\frac{du}{u}\right]+\left[\left[dw,\frac{du}{u}\right],\frac{dv}{v}\right]=0.$$

A.6. Démonstration de Proposition 3.1.20

Soient a_1, a_2, a_3, u_1, u_2 et u_3 définis par les hypothèses de la Proposition 3.1.20.

P1. D'après le Lemme 3.1.15, nous avons

$$\frac{1}{u_3}\{\frac{1}{u_1u_2}\{u_1,u_2\},u_3\}+\frac{1}{u_1}\{\frac{1}{u_2u_3}\{u_2,u_3\},u_1\}+\frac{1}{u_2}\{\frac{1}{u_3u_1}\{u_3,u_1\},u_2\}$$
$$=\frac{1}{u_1u_2u_3}\{\{u_1,u_2\},u_3\}-\frac{1}{u_3u_1u_2^2}\{u_1,u_2\}\{u_2,u_3\}-\frac{1}{u_3u_1^2u_2}\{u_1,u_2\}\{u_1,u_3\}+$$
$$+\frac{1}{u_1u_2u_3}\{\{u_2,u_3\},u_1\}-\frac{1}{u_3u_1u_2^2}\{u_2,u_3\}\{u_2,u_1\}-\frac{1}{u_3^2u_1u_2}\{u_2,u_3\}\{u_3,u_1\}+$$
$$\frac{1}{u_1u_2u_3}\{\{u_3,u_1\},u_2\}-\frac{1}{u_3u_1^2u_2}\{u_3,u_1\}\{u_1,u_2\}-\frac{1}{u_3^2u_1u_2}\{u_3,u_1\}\{u_3,u_2\}$$
$$=\frac{1}{u_1u_2u_3}(\{\{u_1,u_2\},u_3\}+\{\{u_2,u_3\},u_1\}+\{\{u_3,u_1\},u_2\})+$$
$$-\frac{\{u_2,u_3\}}{u_3u_1u_2^2}(\{u_1,u_2\}+\{u_2,u_1\})-\frac{\{u_1,u_2\}}{u_3u_1^2u_2}(\{u_1,u_3\}+\{u_3,u_1\})+$$
$$-\frac{\{u_3,u_1\}}{u_3^2u_1u_2}(\{u_2,u_3\}+\{u_3,u_2\})$$

Cependant, le crochet $\{-,-\}$ étant antisymétrique, $\{u_i,u_j\}+\{u_j,u_i\}=0$ pour tout (i,j).
On termine la preuve de P1 en utilisant l'identité de Jacobi de $\{-,-\}$.

P2. En appliquant Lemme 3.1.15 on obtient :

$$\frac{a_1}{u_1}\{\frac{a_2}{u_2}\{u_2,a_3\},u_1\}\frac{du_3}{u_3}$$
$$=\left(\frac{a_1}{u_1u_2}\{a_2\{u_2,a_3\},u_1\}-\frac{a_1a_2}{u_1u_2^2}\{u_2,a_3\}\{u_2,u_1\}\right)\frac{du_3}{u_3}$$
$$=\left(\frac{a_1a_2}{u_1u_2}\{\{u_2,a_3\},u_1\}+\frac{a_1}{u_1u_2}\{u_2,a_3\}\{a_2,u_1\}-\frac{a_1a_2}{u_1u_2^2}\{u_2,a_3\}\{u_2,u_1\}\right)\frac{du_3}{u_3}.$$

Par un raisonnement analogue on démontre les autres propriétés

A.7. Démonstration de Proposition 3.1.21

D'après Proposition 3.1.20 on a

$$\left[\left[a_1\frac{du_1}{u_1},a_2\frac{du_2}{u_2}\right],a_3\frac{du_3}{u_3}\right]+\left[\left[a_2\frac{du_2}{u_2},a_3\frac{du_3}{u_3}\right],a_1\frac{du_1}{u_1}\right]+\left[\left[a_3\frac{du_3}{u_3},a_1\frac{du_1}{u_1}\right],a_2\frac{du_2}{u_2}\right]=$$

$$\frac{a_1}{u_1u_2}\{u_1,a_2\}\{u_2,a_3\}\frac{du_3}{u_3}+\frac{a_3a_1}{u_3u_1}\{\{u_1,a_2\},u_3\}\frac{du_2}{u_2}+\frac{a_3}{u_3u_1}\{u_1,a_2\}\{a_1,u_3\}\frac{du_2}{u_2}+$$
$$-\frac{a_3a_1}{u_1^2u_3}\{u_1,a_2\}\{u_1,u_3\}\frac{du_2}{u_2}+\frac{a_1a_3}{u_1}\{u_1,a_2\}d(\frac{1}{u_2u_3}\{u_2,u_3\})+\frac{a_2}{u_2u_1}\{a_1,u_2\}\{u_1,a_3\}\frac{du_3}{u_3}+$$
$$+\frac{a_3a_2}{u_3u_2}\{\{a_1,u_2\},u_3\}\frac{du_1}{u_1}+\frac{a_3}{u_3u_2}\{a_1,u_2\}\{a_2,u_3\}\frac{du_1}{u_1}-\frac{a_3a_2}{u_3u_2^2}\{a_1,u_2\}\{u_2,u_3\}\frac{du_1}{u_1}+$$
$$\frac{a_2a_3}{u_2}\{a_1,u_2\}d(\frac{1}{u_1u_3}\{u_1,u_3\})+\frac{a_1a_2}{u_1u_2}\{\{u_1,u_2\},a_3\}\frac{du_3}{u_3}-\frac{a_1a_2}{u_1u_2^2}\{u_1,u_2\}\{u_2,a_3\}\frac{du_3}{u_3}+$$
$$-\frac{a_1a_2}{u_1^2u_2}\{u_1,u_2\}\{u_1,a_3\}\frac{du_3}{u_3}+\frac{a_3a_1}{u_3}\{a_2,u_3\}d(\frac{1}{u_1u_2}\{u_1,u_2\})+\frac{a_3a_2}{u_3}\{a_1,u_3\}d(\frac{1}{u_1u_2}\{u_1,u_2\})$$
$$+a_1a_2a_3d(\frac{1}{u_3}\{\frac{1}{u_1u_2}\{u_1,u_2\},u_3\})$$

$+$

$$\frac{a_2}{u_2u_3}\{u_2,a_3\}\{u_3,a_1\}\frac{du_1}{u_1}+\frac{a_1a_2}{u_1u_2}\{\{u_2,a_3\},u_1\}\frac{du_3}{u_3}+\frac{a_1}{u_1u_2}\{u_2,a_3\}\{a_2,u_1\}\frac{du_3}{u_3}+$$
$$-\frac{a_1a_2}{u_2^2u_1}\{u_2,a_3\}\{u_2,u_1\}\frac{du_3}{u_3}+\frac{a_2a_1}{u_2}\{u_2,a_3\}d(\frac{1}{u_3u_1}\{u_3,u_1\})+\frac{a_3}{u_3u_2}\{a_2,u_3\}\{u_2,a_1\}\frac{du_1}{u_1}+$$
$$+\frac{a_1a_3}{u_1u_3}\{\{a_2,u_3\},u_1\}\frac{du_2}{u_2}+\frac{a_1}{u_1u_3}\{a_2,u_3\}\{a_3,u_1\}\frac{du_2}{u_2}-\frac{a_1a_3}{u_1u_3^2}\{a_2,u_3\}\{u_3,u_1\}\frac{du_2}{u_2}+$$
$$\frac{a_3a_1}{u_3}\{a_2,u_3\}d(\frac{1}{u_2u_1}\{u_2,u_1\})+\frac{a_2a_3}{u_2u_3}\{\{u_2,u_3\},a_1\}\frac{du_1}{u_1}-\frac{a_2a_3}{u_2u_3^2}\{u_2,u_3\}\{u_3,a_1\}\frac{du_1}{u_1}+$$
$$-\frac{a_2a_3}{u_2^2u_3}\{u_2,u_3\}\{u_2,a_1\}\frac{du_1}{u_1}+\frac{a_1a_2}{u_1}\{a_3,u_1\}d(\frac{1}{u_2u_3}\{u_2,u_3\})+\frac{a_1a_3}{u_1}\{a_2,u_1\}d(\frac{1}{u_2u_3}\{u_2,u_3\})$$
$$+a_2a_3a_1d(\frac{1}{u_1}\{\frac{1}{u_2u_3}\{u_2,u_3\},u_1\})$$

$+$

$$\frac{a_3}{u_3u_1}\{u_3,a_1\}\{u_1,a_2\}\frac{du_2}{u_2}+\frac{a_2a_3}{u_2u_3}\{\{u_3,a_1\},u_2\}\frac{du_1}{u_1}+\frac{a_2}{u_2u_3}\{u_3,a_1\}\{a_3,u_2\}\frac{du_1}{u_1}+$$
$$-\frac{a_2a_3}{u_3^2u_2}\{u_3,a_1\}\{u_3,u_2\}\frac{du_1}{u_1}+\frac{a_3a_2}{u_3}\{u_3,a_1\}d(\frac{1}{u_1u_2}\{u_1,u_2\})+\frac{a_1}{u_1u_3}\{a_3,u_1\}\{u_3,a_2\}\frac{du_2}{u_2}+$$
$$+\frac{a_2a_1}{u_2u_1}\{\{a_3,u_1\},u_2\}\frac{du_3}{u_3}+\frac{a_2}{u_2u_1}\{a_3,u_1\}\{a_1,u_2\}\frac{du_3}{u_3}-\frac{a_2a_1}{u_2u_1^2}\{a_3,u_1\}\{u_1,u_2\}\frac{du_3}{u_3}+$$
$$\frac{a_1a_2}{u_1}\{a_3,u_1\}d(\frac{1}{u_3u_2}\{u_3,u_2\})+\frac{a_3a_1}{u_3u_1}\{\{u_3,u_1\},a_2\}\frac{du_2}{u_2}-\frac{a_3a_1}{u_3u_1^2}\{u_3,u_1\}\{u_1,a_2\}\frac{du_2}{u_2}+$$
$$-\frac{a_3a_1}{u_3^2u_1}\{u_3,u_1\}\{u_3,a_2\}\frac{du_2}{u_2}+\frac{a_2a_3}{u_2}\{a_1,u_2\}d(\frac{1}{u_3u_1}\{u_3,u_1\})+\frac{a_2a_1}{u_2}\{a_3,u_2\}d(\frac{1}{u_3u_1}\{u_3,u_1\})$$
$$+a_3a_1a_2d(\frac{1}{u_2}\{\frac{1}{u_3u_1}\{u_3,u_1\},u_2\}).$$

En vertu des calculs antérieurs, l'égalité ci-dessus est équivalente à

$$\left[\left[a_1\frac{du_1}{u_1},a_2\frac{du_2}{u_2}\right],a_3\frac{du_3}{u_3}\right]+\left[\left[a_2\frac{du_2}{u_2},a_3\frac{du_3}{u_3}\right],a_1\frac{du_1}{u_1}\right]+\left[\left[a_3\frac{du_3}{u_3},a_1\frac{du_1}{u_1}\right],a_2\frac{du_2}{u_2}\right]=$$
$$\frac{a_1}{u_1u_2}\{u_2,a_3\}\left(\{u_1,a_2\}+\{u_2,a_1\}\right)\frac{du_3}{u_3}$$

$+$

$$\frac{a_3a_1}{u_3u_1}\left(\{\{u_1,a_2\},u_3\}+\{\{a_2,u_3\},u_1\}+\{\{u_3,u_1\},a_2\}\right)\frac{du_2}{u_2}$$
$$+\{u_1,a_2\}\frac{a_3}{u_3u_1}\left(\{a_1,u_3\}+\{u_3,a_1\}\right)\frac{du_2}{u_2}+-\{u_1,a_2\}\frac{a_3a_1}{u_1^2u_3}\left(\{u_1,u_3\}+\{u_3,u_1\}\right)\frac{du_2}{u_2}+$$

$$\frac{a_1a_3}{u_1}\left(\{u_1,a_2\}+\{a_2,u_1\}\right)d(\frac{1}{u_2u_3}\{u_2,u_3\})+\{a_1,u_2\}\frac{a_2}{u_2u_1}\left(\{u_1,a_3\}+\{a_3,u_1\}\right)\frac{du_3}{u_3}$$
$$+\frac{a_3a_2}{u_3u_2}\left(\{\{a_1,u_2\},u_3\}+\{\{u_2,u_3\},a_1\}+\{\{u_3,a_1\},u_2\}\right)\frac{du_1}{u_1}$$
$$+\{a_2,u_3\}\frac{a_3}{u_3u_2}\left(\{a_1,u_2\}+\{u_2,a_1\}+\right)\frac{du_1}{u_1}-\{u_2,u_3\}\frac{a_3a_2}{u_3u_2^2}\left(\{a_1,u_2\}+\{u_2,a_1\}\right)\frac{du_1}{u_1}+$$
$$\frac{a_2a_3}{u_2}\{a_1,u_2\}d\left(\frac{1}{u_1u_3}\{u_1,u_3\}+\frac{1}{u_3u_1}\{u_3,u_1\}\right)$$
$$+\frac{a_1a_2}{u_1u_2}\left(\{\{u_1,u_2\},a_3\}+\{\{u_2,a_3\},u_1\}+\{\{a_3,u_1\},u_2\}\right)\frac{du_3}{u_3}+$$
$$-\{u_2,a_3\}\frac{a_1a_2}{u_1u_2^2}\left(\{u_1,u_2\}+\{u_2,u_1\}\right)\frac{du_3}{u_3}-\{u_1,u_2\}\frac{a_1a_2}{u_1^2u_2}\left(\{u_1,a_3\}+\{a_3,u_1\}\right)\frac{du_3}{u_3}$$
$$+\frac{a_3a_1}{u_3}\{a_2,u_3\}d(\frac{1}{u_1u_2}\left(\{u_1,u_2\}+\{u_2,u_1\}\right)))+\frac{a_3a_2}{u_3}d(\frac{1}{u_1u_2}\{u_1,u_2\}\left(\{a_1,u_3\}+\{u_3,a_1\}\right))+$$
$$\{u_3,a_1\}\frac{a_2}{u_2u_3}\left(\{u_2,a_3\}+\{a_3,u_2\}\right)\frac{du_1}{u_1}+\frac{a_2a_1}{u_2}\left(\{u_2,a_3\}+\{a_3,u_2\}\right)d(\frac{1}{u_3u_1}\{u_3,u_1\})+$$
$$\{a_3,u_1\}\frac{a_1}{u_1u_3}\left(\{a_2,u_3\}+\{u_3,a_2\}\right)\frac{du_2}{u_2}-\{u_3,u_1\}\frac{a_1a_3}{u_1u_3^2}\left(\{a_2,u_3\}+\{u_3,a_2\}\right)\frac{du_2}{u_2}$$
$$-\{u_3,a_1\}\frac{a_2a_3}{u_2u_3^2}\left(\{u_2,u_3\}+\{u_3,u_2\}\right)\frac{du_1}{u_1}+\frac{a_1a_2}{u_1}\{a_3,u_1\}d(\frac{1}{u_2u_3}\left(\{u_2,u_3\}\right)+\{u_3,u_2\}))$$
$$+a_1a_2a_3d\left(\frac{1}{u_3}\{\frac{1}{u_1u_2}\{u_1,u_2\},u_3\}+\frac{1}{u_1}\{\frac{1}{u_2u_3}\{u_2,u_3\},u_1\}+\frac{1}{u_2}\{\frac{1}{u_3u_1}\{u_3,u_1\},u_2\}\right)=0.$$

A.8. Démonstration de Proposition 3.1.22

Il découle des propriétés des structures de Poisson logarithmiques principales détaillées à Proposition 3.1.20 que l'on a les égalités qui suivent :

$$\left[[a_1\frac{du_1}{u_1},a_2\frac{du_2}{u_2}]_\omega,b_3dv_3\right]_\omega=\frac{a_1}{u_1u_2}\{u_1,a_2\}\{u_2,b_3\}dv_3+\frac{b_3a_1}{u_1}\{\{u_1,a_2\},v_3\}\frac{du_2}{u_2}+$$
$$\frac{b_3}{u_1}\{u_1,a_2\}\{a_1,v_3\}\frac{du_2}{u_2}-\frac{b_3a_1}{u_1^2}\{u_1,a_2\}\{u_1,v_3\}\frac{du_2}{u_2}+\frac{a_1b_3}{u_1}\{u_1,a_2\}d(\frac{1}{u_2}\{u_2,v_3\})+$$
$$\frac{a_2}{u_2u_1}\{a_1,u_2\}\{u_1,b_3\}dv_3+\frac{b_3a_2}{u_2}\{\{a_1,u_2\},v_3\}\frac{du_1}{u_1}+\frac{b_3}{u_2}\{a_1,u_2\}\{a_2,,v_3\}\frac{du_1}{u_1}+$$
$$-\frac{b_3a_2}{u_2^2}\{a_1,u_2\}\{u_2,v_3\}\frac{du_1}{u_1}+\frac{a_2b_3}{u_2}\{a_1,u_2\}d(\frac{1}{u_1}\{u_1,v_3\})+\frac{a_2a_1}{u_1u_2}\{\{u_1,u_2\},b_3\}dv_3+$$
$$-\frac{a_1a_2}{u_1^2u_2}\{u_1,u_2\}\{u_1,b_3\}dv_3-\frac{a_1a_2}{u_1u_2^2}\{u_1,u_2\}\{u_2,b_3\}dv_3+b_3a_1\{a_2,v_3\}d(\frac{1}{u_1u_2}\{u_1,u_2\})$$
$$+b_3a_2\{a_1,v_3\}d(\frac{1}{u_1u_2}\{u_1,u_2\})+a_1a_2b_3d(\{\frac{1}{u_1u_2}\{u_1,u_2\},v_3\}).$$

$$\left[[a_2\frac{du_2}{u_2}, b_3dv_3]_\omega, a_1\frac{du_1}{u_1}\right]_\omega = \frac{a_2}{u_2}\{u_2,b_3\}\{v_3,a_1\}\frac{du_1}{u_1} + \frac{a_1a_2}{u_1u_2}\{\{u_2,b_3\},u_1\}dv_3$$
$$+\frac{a_1}{u_1u_2}\{u_2,b_3\}\{a_2,u_1\}dv_3 - \frac{a_1a_2}{u_1u_2^2}\{u_2,b_3\}\{u_2,u_1\}dv_3 + \frac{a_1a_2}{u_2}\{u_2,b_3\}d(\frac{1}{u_1}\{v_3,u_1\})$$
$$+\frac{b_3}{u_2}\{a_2,v_3\}\{u_2,a_1\}\frac{du_1}{u_1} + \frac{a_1b_3}{u_1}\{\{a_2,v_3\},u_1\}\frac{du_2}{u_2} + \frac{a_1}{u_1}\{a_2,v_3\}\{b_3,u_2\}\frac{du_2}{u_2}$$
$$+a_1b_3\{a_2,v_3\}d(\frac{1}{u_1u_2}\{u_2,u_1\}) + \frac{a_2b_3}{u_2}\{\{u_2,v_3\},a_1\}\frac{du_1}{u_1} - \frac{a_2b_3}{u_2^2}\{u_2,a_1\}\{u_2,v_3\}\frac{du_1}{u_1}$$
$$+\frac{a_1a_2}{u_1}\{b_3,u_1\}d(\frac{1}{u_2}\{u_2,v_3\}) + \frac{a_1b_3}{u_1}\{a_2,u_1\}d(\frac{1}{u_2}\{u_2,v_3\})+$$
$$a_2b_3a_1d(\frac{1}{u_1}\{\frac{1}{u_2}\{u_2,v_3\},u_1\})$$

et

$$\left[[b_3dv_3, a_1\frac{du_1}{u_1}]_\omega, a_2\frac{du_2}{u_2}\right]_\omega = \frac{b_3}{u_1}\{v_3,a_1\}\{u_1,a_2\}\frac{du_2}{u_2} + \frac{a_2b_3}{u_2}\{\{v_3,a_1\},u_2\}\frac{du_1}{u_1}$$
$$+\frac{a_2}{u_2}\{v_3,a_1\}\{b_3,u_2\}\frac{du_1}{u_1} + b_3a_2\{v_3,a_1\}d(\frac{1}{u_1u_2}\{u_1,u_2\}) + \frac{a_1}{u_1}\{b_3,u_1\}\{v_3,a_2\}\frac{du_2}{u_2}$$
$$+\frac{a_2a_1}{u_1u_2}\{\{b_3,u_1\},u_2\}dv_3 + \frac{a_2}{u_1u_2}\{b_3,u_1\}\{a_1,u_2\}dv_3 - \frac{a_2a_1}{u_1^2u_2}\{b_3,u_1\}\{u_1,u_2\}dv_3+$$
$$\frac{a_1a_2}{u_1}\{b_3,u_1\}d(\frac{1}{u_2}\{v_3,u_2\}) + \frac{b_3a_1}{u_1}\{\{v_3,u_1\},a_2\}\frac{du_2}{u_2} - \frac{b_3a_1}{u_1^2}\{v_3,u_3\}\{u_1,a_2\}\frac{du_2}{u_2}$$
$$+\frac{a_1a_2}{u_2}\{b_3,u_2\}d(\frac{1}{u_1}\{v_3,u_1\}) + \frac{a_2b_3}{u_2}\{a_1,u_2\}d(\frac{1}{u_1}\{v_3,u_1\})+$$
$$a_1b_3a_2d(\frac{1}{u_2}\{\frac{1}{u_1}\{v_3,u_1\},u_2\}).$$

Or le membre de droite de la dernière égalité peut s'écrire sous la forme :

$$\{u_2,b_3\}\frac{a_1}{u_1u_2}\left(\{u_1,a_2\}+\{a_2,u_1\}\right)dv_3 + \frac{b_3}{u_1}\{u_1,a_2\}\left(\{a_1,v_3\}+\{v_3,a_1\}\right)\frac{du_2}{u_2}+$$
$$\frac{b_3a_1}{u_1}\left(\{\{u_1,a_2\},v_3\}+\{\{v_3,u_1\},a_2\}+\{\{a_2,v_3\},u_1\}+\right)\frac{du_2}{u_2}+$$
$$-\{u_1,a_2\}\frac{b_3a_1}{u_1^2}\left(\{u_1,v_3\}+\{v_3,u_1\}\right)\frac{du_2}{u_2} + \frac{a_1b_3}{u_1}\left(\{u_1,a_2\}+\{a_2,u_1\}\right)d(\frac{1}{u_2}\{u_2,v_3\})+$$
$$\frac{a_2}{u_2u_1}\{a_1,u_2\}(\{u_1,b_3\}+\{b_3,u_1\})dv_3 + \{a_2,v_3\}\frac{b_3}{u_2}(\{a_1,u_2\}+\{u_2,a_1\})\frac{du_1}{u_1}+$$
$$\frac{b_3a_2}{u_2}(\{\{a_1,u_2\},v_3\}+\{\{u_2,v_3\},a_1\}+\{\{v_3,a_1\},u_2\})\frac{du_1}{u_1}+$$
$$-\{u_2,v_3\}\frac{b_3a_2}{u_2^2}(\{a_1,u_2\}+\{u_2,a_1\})\frac{du_1}{u_1} + \frac{a_2b_3}{u_2}\{a_1,u_2\}d(\frac{1}{u_1}(\{u_1,v_3\}+\{v_3,u_1\}))+$$
$$\frac{a_2a_1}{u_1u_2}(\{\{u_1,u_2\},b_3\}+\{\{u_2,b_3\},u_1\}+\{\{b_3,u_1\},u_2\})dv_3+$$
$$-\{u_1,u_2\}\frac{a_1a_2}{u_1^2u_2}(\{u_1,b_3\}+\{b_3,u_1\})dv_3 - \{u_2,b_3\}\frac{a_1a_2}{u_1u_2^2}(\{u_1,u_2\}+\{u_2,u_1\}dv_3)dv_3$$
$$+b_3a_1\{a_2,v_3\}d(\frac{1}{u_1u_2}(\{u_2,u_1\}+\{u_1,u_2\})) + b_3a_2(\{a_1,v_3\}+\{v_3,a_1\})d(\frac{1}{u_1u_2}\{u_1,u_2\})$$
$$+a_1a_2b_3d(\{\frac{1}{u_1u_2}\{u_1,u_2\},v_3\} + \frac{1}{u_1}\{\frac{1}{u_2}\{u_2,v_3\},u_1\} + \frac{1}{u_2}\{\frac{1}{u_1}\{v_3,u_1\},u_2\})+$$
$$\{v_3,a_1\}\frac{a_2}{u_2}(\{u_2,b_3\}+\{b_3,u_2\})\frac{du_1}{u_1} + \frac{a_1a_2}{u_2}(\{u_2,b_3\}+\{b_3,u_2\})d(\frac{1}{u_1}\{v_3,u_1\})$$
$$+\{b_3,u_2\}\frac{a_1}{u_1}(\{a_2,v_3\}+\{v_3,a_2\})\frac{du_2}{u_2} + +\{b_3,u_1\}\frac{a_1a_2}{u_1}d(\frac{1}{u_2}(\{u_2,v_3\}+\{v_3,u_2\})).$$

cela achève la démonstration.

A.9. Démonstration de Proposition 3.1.25

Soient $u_1, u_3 \in \mathcal{S}$, a_1, a_3, b_2 et v_2 dans $\mathcal{A}$. D'après la remarque 3.1.23 nous avons

$$\left[[a_1\frac{du_1}{u_1}, b_2dv_2]_\omega, a_3\frac{du_3}{u_3}\right]_\omega + \left[[b_2dv_2, a_3\frac{du_3}{u_3}]_\omega, a_1\frac{du_1}{u_1}\right]_\omega + \left[[a_3\frac{du_3}{u_3}, a_1\frac{du_1}{u_1}]_\omega, b_2dv_2\right]_\omega =$$

$$\frac{a_1}{u_1}\{u_1, b_2\}\{v_2, a_3\}\frac{du_3}{u_3} + \frac{a_3a_1}{u_3u_1}\{\{u_1, b_2\}, u_3\}dv_3 + \frac{a_3}{u_3u_1}\{a_1, u_3\}\{u_1, b_2\}dv_3 +$$

$$-\frac{a_3a_1}{u_3u_1^2}\{u_1, b_2\}\{u_1, u_3\}dv_2 + \frac{a_1a_3}{u_1}\{u_1, b_2\}d(\frac{1}{u_3}\{v_2, u_3\}) + \frac{b_2}{u_1}\{a_1, v_2\}\{u_1, a_3\}\frac{du_3}{u_3} +$$

$$\frac{a_3b_2}{u_3}\{\{a_1, v_2\}, u_3\}\frac{du_1}{u_1} + \frac{a_3}{u_3}\{b_2, u_3\}\{a_1, v_2\}\frac{du_1}{u_1} + a_3b_2\{a_1, v_2\}d(\frac{1}{u_1u_3}\{u_1, u_3\})$$

$$+\frac{a_1b_2}{u_1}\{\{u_1, v_2\}, a_3\}\frac{du_3}{u_3} - \frac{a_1b_2}{u_1^2}\{u_1, a_3\}\{u_1, v_2\}\frac{du_3}{u_3} + \frac{a_3a_1}{u_3}\{b_2, u_3\}d(\frac{1}{u_1}\{u_1, v_2\})$$

$$+\frac{a_3b_2}{u_3}\{a_1, u_3\}d(\frac{1}{u_1}\{u_1, v_2\}) + a_1b_2a_3d(\frac{1}{u_3}\{\frac{1}{u_1}\{u_1, v_2\}, u_3\})$$

$$+\frac{b_2}{u_3}\{v_2, a_3\}\{u_3, a_1\}\frac{du_1}{u_1} + \frac{a_1b_2}{u_1}\{\{v_2, a_3\}, u_1\}\frac{du_3}{u_3}$$

$$+\frac{a_1}{u_1}\{v_2, a_3\}\{b_2, u_1\}\frac{du_3}{u_3} + b_2a_1\{v_2, a_3\}d(\frac{1}{u_3u_1}\{u_3, u_1\}) + \frac{a_3}{u_3}\{b_2, u_3\}\{v_2, a_1\}\frac{du_1}{u_1}$$

$$+\frac{a_1a_3}{u_3u_1}\{\{b_2, u_3\}, u_1\}dv_2 + \frac{a_1}{u_3u_1}\{b_2, u_3\}\{a_3, u_1\}dv_2 - \frac{a_1a_3}{u_3^2u_1}\{b_2, u_3\}\{u_3, u_1\}dv_2 +$$

$$\frac{a_3a_1}{u_3}\{b_3, u_3\}d(\frac{1}{u_1}\{v_2, u_1\}) + \frac{b_2a_3}{u_3}\{\{v_2, u_3\}, a_1\}\frac{du_1}{u_1} - \frac{b_2a_3}{u_3^2}\{v_2, u_3\}\{u_3, a_1\}\frac{du_1}{u_1}$$

$$+\frac{a_3a_1}{u_1}\{b_2, u_1\}d(\frac{1}{u_3}\{v_2, u_3\}) + \frac{a_1b_2}{u_1}\{a_3, u_1\}d(\frac{1}{u_3}\{v_2, u_3\}) +$$

$$a_3b_3a_1d(\frac{1}{u_1}\{\frac{1}{u_3}\{v_2, u_3\}, u_1\})$$

$$+\frac{a_3}{u_3u_1}\{u_3, a_1\}\{u_1, b_2\}dv_2 + \frac{b_2a_3}{u_3}\{\{u_3, a_1\}, v_2\}\frac{du_1}{u_1} +$$

$$\frac{b_2}{u_3}\{u_3, a_1\}\{a_3, v_2\}\frac{du_1}{u_1} - \frac{b_2a_3}{u_3^2}\{u_3, a_1\}\{u_3, v_2\}\frac{du_1}{u_1} + \frac{a_3b_2}{u_3}\{u_3, a_1\}d(\frac{1}{u_1}\{u_1, v_2\}) +$$

$$\frac{a_1}{u_1u_3}\{a_3, u_1\}\{u_3, b_2\}dv_2 + \frac{b_2a_1}{u_1}\{\{a_3, u_1\}, v_2\}\frac{du_3}{u_3} + \frac{b_2}{u_1}\{a_3, u_1\}\{a_1, v_2\}\frac{du_3}{u_3} +$$

$$-\frac{b_2a_1}{u_1^2}\{a_3, u_1\}\{u_1, v_2\}\frac{du_3}{u_3} + \frac{a_1b_2}{u_1}\{a_3, u_1\}d(\frac{1}{u_3}\{u_3, v_2\}) + \frac{a_1a_3}{u_3u_1}\{\{u_3, u_1\}, b_2\}dv_2 +$$

$$-\frac{a_3a_1}{u_3^2u_1}\{u_3, u_1\}\{u_3, b_2\}dv_2 - \frac{a_3a_1}{u_3u_1^2}\{u_3, u_1\}\{u_1, b_2\}dv_2 + b_2a_3\{a_1, v_2\}d(\frac{1}{u_3u_1}\{u_3, u_1\})$$

$$+b_2a_1\{a_3, v_2\}d(\frac{1}{u_3u_1}\{u_3, u_1\}) + a_3a_1b_2d(\{\frac{1}{u_3u_1}\{u_3, u_1\}, v_2\}).$$

On a ainsi

$$\left[[a_1\frac{du_1}{u_1}, b_2dv_2]_\omega, a_3\frac{du_3}{u_3}\right]_\omega + \left[[b_2dv_2, a_3\frac{du_3}{u_3}]_\omega, a_1\frac{du_1}{u_1}\right]_\omega + \left[[a_3\frac{du_3}{u_3}, a_1\frac{du_1}{u_1}]_\omega, b_2dv_2\right]_\omega$$

$$= \{v_2, a_3\}\frac{a_1}{u_1}(\{u_1, b_2\} + \{b_2, u_1\})\frac{du_3}{u_3} + \{u_1, b_2\}\frac{a_3}{u_3u_1}(\{a_1, u_3\} + \{u_3, a_1\})dv_2$$

$$\frac{a_3a_1}{u_3u_1}(\{\{u_1, b_2\}, u_3\} + \{\{b_2, u_3\}, u_1\} + \{\{u_3, u_1\}, b_2\})dv_2+$$

$$-\{u_1, b_2\}\frac{a_3a_1}{u_3u_1^2}(\{u_1, u_3\} + \{u_3, u_1\})dv_2 + \frac{a_1a_3}{u_1}(\{u_1, b_2\} + \{b_2, u_1\})d(\frac{1}{u_3}\{v_2, u_3\})+$$

$$\frac{a_3b_2}{u_3}(\{\{a_1, v_2\}, u_3\} + \{\{u_3, a_1\}, v_2\} + \{\{v_2, u_3\}, a_1\})\frac{du_1}{u_1}+$$

$$+\{b_2, u_3\}\frac{a_3}{u_3}(\{a_1, v_2\} + \{v_2, a_1\})\frac{du_1}{u_1} + a_3b_2\{a_1, v_2\}d(\frac{1}{u_1u_3}(\{u_1, u_3\} + \{u_3, u_1\})$$

$$+(\frac{a_1b_2}{u_1}\{\{u_1, v_2\}, a_3\} + \{\{v_2, a_3\}, u_1\} + \{\{a_3, u_1\}, v_2\})\frac{du_3}{u_3}$$

$$-\{u_1, v_2\}\frac{a_1b_2}{u_1^2}(\{u_1, a_3\} + \{a_3, u_1\})\frac{du_3}{u_3} + \frac{a_3a_1}{u_3}\{b_2, u_3\}d(\frac{1}{u_1}(\{u_1, v_2\} + \{v_2, u_1\}))+$$

$$\frac{a_3b_2}{u_3}(\{a_1, u_3\} + \{u_3, a_1\})d(\frac{1}{u_1}\{u_1, v_2\}) + \frac{b_2}{u_3}\{v_2, a_3\}(\{u_3, a_1\} + \{a_1, u_3\})\frac{du_1}{u_1}$$

$$+b_2a_1(\{v_2, a_3\} + \{a_3, v_2\})d(\frac{1}{u_3u_1}\{u_3, u_1\}) + \{a_3, u_1\}\frac{a_1}{u_3u_1}(\{b_2, u_3\} + \{u_3, b_2\}dv_2$$

$$-\frac{a_1a_3}{u_3^2u_1}\{b_2, u_3\}(\{u_3, u_1\} + \{u_1, u_3\})dv_2 - \frac{b_2a_3}{u_3^2}\{u_3, a_1\}(\{v_2, u_3\} + \{v_2, u_3\})\frac{du_1}{u_1}.$$

A.10. Démonstration de Théorème 3.2.1

Soit $\alpha_i = \frac{dh}{h} + \alpha_i^1$, on a $\left(\mathcal{L}_{\tilde{H}(\alpha_1)}\alpha_2|\tilde{H}(\alpha_3)\right) = \left(\frac{1}{h}\mathcal{L}_{H(dh)}\alpha_2^1|\frac{1}{h}H(dh)\right) - \left(\frac{H(dh)(\alpha_2^1)}{h}\frac{dh}{h}|\frac{1}{h}H(dh)\right) + \left(\frac{1}{h}\mathcal{L}_{H(dh)}\alpha_2^1|H(\alpha_3^1)\right) - \left(\frac{H(dh)(\alpha_2^1)}{h}\frac{dh}{h}|H(\alpha_3^1)\right) - \left(\frac{H(\alpha_1^1)h}{h}\frac{dh}{h}|\frac{1}{h}H(dh)\right) - \left(\frac{H((\alpha_1^1)}{h}\frac{dh}{h}|H(\alpha_3^1)\right) + \left(\frac{1}{h}\mathcal{L}_{H(\alpha_1^1)}dh|\frac{1}{h}H(dh)\right) + \left(\frac{1}{h}\mathcal{L}_{H(\alpha_1^1)}dh|H(\alpha_3^1)\right) + \left(\mathcal{L}_{H(\alpha_1^1)}\alpha_2^1|\frac{1}{h}H(dh)\right) + \left(\mathcal{L}_{H(\alpha_1^1)}\alpha_2^1|H(\alpha_3^1)\right)$

Reécrivons la dernière égalité sous la forme suivante

$$\left(\mathcal{L}_{\tilde{H}(\alpha_1)}\alpha_2|\tilde{H}(\alpha_3)\right) = \frac{1}{h^2}\left(\mathcal{L}_{H(dh)}\alpha_2^1|H(dh)\right) + \frac{1}{h}\left(\mathcal{L}_{H(dh)}\alpha_2^1|H(\alpha_3^1)\right) - \frac{H(dh)(\alpha_2^1)}{h^2}\left(dh|H(\alpha_3^1)\right) - \frac{H(\alpha_1^1)h}{h^2}\left(dh|H(\alpha_3^1)\right) + \frac{1}{h^2}\left(\mathcal{L}_{H(\alpha_1^1)}dh|H(dh)\right) + \frac{1}{h}\left(\mathcal{L}_{H(\alpha_1^1)}dh|H(\alpha_3^1)\right) + \frac{1}{h}\left(\mathcal{L}_{H(\alpha_1^1)}\alpha_2^1|H(dh)\right) + \left(\mathcal{L}_{H(\alpha_1^1)}\alpha_2^1|H(\alpha_3^1)\right).$$

En sommant sous la permutation cyclique on obtient

$$\left(\mathcal{L}_{\tilde{H}(\alpha_1)}\alpha_2|\tilde{H}(\alpha_3)\right) + \circlearrowleft = \frac{1}{h^2}\left(\mathcal{L}_{H(dh)}\alpha_2^1|H(dh)\right) + \frac{1}{h}\left(\mathcal{L}_{H(dh)}\alpha_2^1|H(\alpha_3^1)\right) - \frac{H(dh)\alpha_2^1}{h^2}\left(dh|H(\alpha_3^1)\right) - \frac{H(\alpha_1^1)(h)}{h^2}\left(dh|H(\alpha_3^1)\right) + \frac{1}{h^2}\left(\mathcal{L}_{H(\alpha_1^1)}dh|H(dh)\right) + \frac{1}{h}\left(\mathcal{L}_{H(\alpha_1^1)}dh|H(\alpha_3^1)\right) + \frac{1}{h}\left(\mathcal{L}_{H(\alpha_1^1)}\alpha_2^1|H(dh)\right) + \left(\mathcal{L}_{H(\alpha_1^1)}\alpha_2^1|H(\alpha_3^1)\right) + \frac{1}{h^2}\left(\mathcal{L}_{H(dh)}\alpha_3^1|H(dh)\right) + \frac{1}{h}\left(\mathcal{L}_{H(dh)}\alpha_3^1|H(\alpha_1^1)\right) - \frac{H(dh)(\alpha_3^1)}{h^2}\left(dh|H(\alpha_1^1)\right) -$$

$\frac{H(\alpha_2^1)h}{h^2}\left(dh|H(\alpha_1^1)\right)$ + $\frac{1}{h^2}\left(\mathcal{L}_{H(\alpha_2^1)}dh|H(dh)\right)$ + $\frac{1}{h}\left(\mathcal{L}_{H(\alpha_2^1)}dh|H(\alpha_1^1)\right)$ +
$\frac{1}{h}\left(\mathcal{L}_{H(\alpha_2^1)}\alpha_3^1|H(dh)\right)+\left(\mathcal{L}_{H(\alpha_2^1)}\alpha_3^1|H(\alpha_1^1)\right)+\frac{1}{h^2}\left(\mathcal{L}_{H(dh)}\alpha_1^1|H(dh)\right)+\frac{1}{h}\left(\mathcal{L}_{H(dh)}\alpha_1^1|H(\alpha_2^1)\right)-$
$\frac{H(dh)(\alpha_1^1)}{h^2}\left(dh|H(\alpha_2^1)\right)$ − $\frac{H(\alpha_3^1)h}{h^2}\left(dh|H(\alpha_2^1)\right)$ + $\frac{1}{h^2}\left(\mathcal{L}_{H(\alpha_3^1)}dh|H(dh)\right)$ +
$\frac{1}{h}\left(\mathcal{L}_{H(\alpha_3^1)}dh|H(\alpha_2^1)\right)+\frac{1}{h}\left(\mathcal{L}_{H(\alpha_3^1)}\alpha_1^1|H(dh)\right)+\left(\mathcal{L}_{H(\alpha_3^1)}\alpha_1^1|H(\alpha_2^1)\right).$
On obtient :
$$\left(\mathcal{L}_{\tilde{H}(\alpha_1)}\alpha_2|\tilde{H}(\alpha_3)\right)+\circlearrowleft=$$

$=$
$$\left[\left(\mathcal{L}_{H(\alpha_3^1)}\alpha_1^1|H(\alpha_2^1)\right)+\left(\mathcal{L}_{H(\alpha_1^1)}\alpha_2^1|H(\alpha_3^1)\right)+\left(\mathcal{L}_{H(\alpha_2^1)}\alpha_3^1|H(\alpha_1^1)\right)\right] \quad (A.7)$$

$+$
$$\frac{1}{h}\left[\left(\mathcal{L}_{H(\alpha_3^1)}\alpha_1^1|H(dh)\right)+\left(\mathcal{L}_{H(\alpha_1^1)}dh|H(\alpha_3^1)\right)+\left(\mathcal{L}_{H(dh)}\alpha_3^1|H(\alpha_1^1)\right)\right]+ \quad (A.8)$$

$+$
$$\frac{1}{h}\left[\left(\mathcal{L}_{H(\alpha_3^1)}dh|H(\alpha_2^1)\right)+\left(\mathcal{L}_{H(dh)}\alpha_2^1|H(\alpha_3^1)\right)+\left(\mathcal{L}_{H(\alpha_2^1)}\alpha_3^1|H(dh)\right)\right]+ \quad (A.9)$$

$+$
$$\frac{1}{h^2}\left[\left(\mathcal{L}_{H(\alpha_3^1)}dh|H(dh)\right)+\left(\mathcal{L}_{H(dh)}dh|H(\alpha_3^1)\right)+\left(\mathcal{L}_{H(dh)}|\alpha_3^1 H(dh)\right)\right]+ \quad (A.10)$$

$+$
$$\frac{1}{h^2}\left[\left(\mathcal{L}_{H(\alpha_3^1)}dh|H(dh)\right)+\left(\mathcal{L}_{H(dh)}dh|H(\alpha_3^1)\right)+\left(\mathcal{L}_{H(dh)}\alpha_3^1|H(dh)\right)\right]+ \quad (A.11)$$

$+$
$$\frac{1}{h}\left[\left(\mathcal{L}_{H(dh)}\alpha_1^1|H(\alpha_2^1)\right)+\left(\mathcal{L}_{H(\alpha_1^1)}\alpha_2^1|H(dh)\right)+\left(\mathcal{L}_{H(\alpha_2^1)}dh|H(\alpha_1^1)\right)\right]+ \quad (A.12)$$

$+$
$$-\frac{1}{h^2}\left[H(\alpha_1^1)(dh)\left(dh|H(\alpha_2^1)\right)+H(\alpha_3^1)(dh)\left(dh|H(\alpha_2^1)\right)\right]+$$

$+$
$$-\frac{1}{h^2}\left[H(\alpha_3^1)(dh)\left(dh|H(\alpha_1^1)\right)+H(\alpha_2^1)(dh)\left(dh|H(\alpha_1^1)\right)\right]+ \quad (A.13)$$

$+$
$$-\frac{1}{h^2}\left[H(dh)(\alpha_2^1)\left(dh|H(\alpha_3^1)\right)+H(dh)(\alpha_1^1)\left(dh|H(\alpha_3^1)\right)\right].$$

Puisque H est hamiltonien, les relations (A.7-A.12) sont nulles. On a donc
$$\left(\mathcal{L}_{\tilde{H}(\alpha_1)}\alpha_2|\tilde{H}(\alpha_3)\right)+\circlearrowleft=$$
$$-\frac{H(dh)(\alpha_1^1)}{h^2}\left(dh|H(\alpha_2^1)\right)-\frac{H(dh)(\alpha_3^1)}{h^2}\left(dh|H(\alpha_2^1)\right)$$
$$-\frac{H(dh)(\alpha_3^1)}{h^2}\left(dh|H(\alpha_1^1)\right)-\frac{H(dh)(\alpha_2^1)}{h^2}\left(dh|H(\alpha_1^1)\right)$$
$$-\frac{H(dh)(\alpha_2^1)}{h^2}\left(dh|H(\alpha_3^1)\right)-\frac{H(dh)(\alpha_1^1)}{h^2}\left(dh|H(\alpha_3^1)\right)$$
$$=-\left[\frac{H(\alpha_1^1)(dh)}{h^2}\left(dh|H(\alpha_2^1)\right)+\frac{H(dh)(\alpha_2^1)}{h^2}\left(dh|H(\alpha_1^1)\right)\right]$$
$$-\left[\frac{H(\alpha_3^1)(dh)}{h^2}\left(dh|H(\alpha_2^1)\right)+\frac{H(dh)(\alpha_2^1)}{h^2}\left(dh|H(\alpha_3^1)\right)\right]$$
$$-\left[\frac{H(\alpha_3^1)(dh)}{h^2}\left(dh|H(\alpha_1^1)\right)+\frac{H(dh)(\alpha_1^1)}{h^2}\left(dh|H(\alpha_3^1)\right)\right]$$
$$=0.$$

En vertu de (3.15) et (3.17) quelque soit $\alpha_i = \alpha_i^0 \frac{dh}{h} + \alpha_i^1 \in \Omega_X(\log D)$ et pour tout i dans $\{1, 2, 3\}$ on a

$$\begin{aligned}
&\mathcal{L}_{\frac{\alpha_1^0}{h}H(dh)+H(\alpha_1^1)}(\alpha_2^0\frac{dh}{h} + \alpha_2^1) = \alpha_1^0\frac{H(dh)}{h}.(\alpha_2^0)\frac{dh}{h} \\
&+\frac{\alpha_1^0}{h}\mathcal{L}_{H(dh)}\alpha_2^1 + H(dh).\alpha_2^1\frac{d\alpha_1^0}{h} - \alpha_1^0\frac{H(dh)}{h}.\alpha_2^1\frac{dh}{h} \\
&+H(\alpha_1^1).(\alpha_2^0)\frac{dh}{h} - \alpha_2^0\frac{H(\alpha_1^1)}{h}.dh\frac{dh}{h} + \frac{\alpha_2^0}{h}\mathcal{L}_{H(\alpha_1^1)}dh + \mathcal{L}_{H(\alpha_1^1)}\alpha_2^1.
\end{aligned} \tag{A.14}$$

Il s'en suit que

$$\begin{aligned}
&\left(\mathcal{L}_{\tilde{H}(\alpha_1)}\alpha_2|\tilde{H}(\alpha_3)\right) = \left(\frac{\alpha_1^0}{h}H(dh)(\alpha_2^0)\frac{dh}{h}|\frac{\alpha_3^0}{h}H(dh)\right) + \left(\frac{\alpha_1^0}{h}H(dh)(\alpha_2^0)\frac{dh}{h}|H(\alpha_3^1)\right) + \\
&\left(\frac{\alpha_1^0}{h}\mathcal{L}_{H(dh)}\alpha_2^1|\frac{\alpha_3^0}{h}H(dh)\right) + \left(\frac{\alpha_1^0}{h}\mathcal{L}_{H(dh)}\alpha_2^1|H(\alpha_3^1)\right) + \left(H(dh).\alpha_2^1\frac{d\alpha_1^0}{h}|\frac{\alpha_3^0H(dh)}{h}\right) + \\
&\left(H(dh).\alpha_2^1\frac{d\alpha_1^0}{h}|H(\alpha_3^1)\right) + \left(\alpha_1^0\frac{H(dh).\alpha_2^1}{h}\frac{dh}{h}|\alpha_3^0\frac{H(dh)}{h}\right) + \left(\alpha_1^0\frac{H(dh).\alpha_2^1}{h}\frac{dh}{h}|H(\alpha_3^1)\right) + \\
&\left(H(\alpha_1^1)(\alpha_2^0)\frac{dh}{h}|\frac{\alpha_3^0}{h}H(dh)\right) + \left(H(\alpha_1^1)(\alpha_2^0)\frac{dh}{h}|H(\alpha_3^1)\right) - \left(\alpha_2^0\frac{H(\alpha_1^1).dh}{h}\frac{dh}{h}|\frac{\alpha_3^0}{h}H(dh)\right) - \\
&\left(\alpha_2^0\frac{H(\alpha_1^1)}{h}.dh\frac{dh}{h}|H(\alpha_3^1)\right) + \left(\frac{\alpha_2^0}{h}\mathcal{L}_{H(\alpha_1^1)}dh|\frac{\alpha_3^0}{h}H(dh)\right) + \left(\frac{\alpha_2^0}{h}\mathcal{L}_{H(\alpha_1^1)}dh|H(\alpha_3^1)\right) + \\
&\left(\mathcal{L}_{H(\alpha_1^1)}\alpha_2^1|\frac{\alpha_3^0}{h}H(dh)\right) + \left(\mathcal{L}_{H(\alpha_1^1)}\alpha_2^1|H(\alpha_3^1)\right).
\end{aligned} \tag{A.15}$$

Du caractère antisymétrique du crochet de Poisson on déduit

$$\left(\mathcal{L}_{\tilde{H}(\alpha_1)}\alpha_2|\tilde{H}(\alpha_3)\right) + \circlearrowleft =$$

$$\begin{aligned}
&\frac{\alpha_1^0H(dh)(\alpha_2^0)}{h^2}(dh|H(\alpha_3^1)) + \frac{\alpha_1^0\alpha_3^0}{h^2}(\mathcal{L}_{H(dh)}\alpha_2^1|H(dh)) + \\
&\frac{\alpha_1^0}{h}(\mathcal{L}_{H(dh)}\alpha_2^1|H(\alpha_3^1)) + \alpha_3^0\frac{H(dh).\alpha_2^1}{h^2}(d\alpha_1^0|H(dh)) + \frac{H(dh).\alpha_2^1}{h}(d\alpha_1^0|H(\alpha_3^1)) + \\
&\frac{\alpha_3^0\alpha_2^0}{h^2}\left(\mathcal{L}_{H(\alpha_1^1)}dh|H(dh)\right) - \alpha_1^0\frac{H(dh).\alpha_2^1}{h^2}(dh|H(\alpha_3^1)) + \frac{H(\alpha_1^1)(\alpha_2^0)}{h}(dh|H(\alpha_3^1)) \\
&-\alpha_2^0\frac{H(\alpha_1^1).dh}{h^2}(dh|H(\alpha_3^1)) + \frac{\alpha_2^0}{h}\left(\mathcal{L}_{H(\alpha_1^1)}dh|H(\alpha_3^1)\right) + \frac{\alpha_3^0}{h}\left(\mathcal{L}_{H(\alpha_1^1)}\alpha_2^1|H(dh)\right) + \\
&\left(\mathcal{L}_{H(\alpha_1^1)}\alpha_2^1|H(\alpha_3^1)\right) + \frac{\alpha_2^0H(dh)(\alpha_3^0)}{h^2}(dh|H(\alpha_1^1)) + \frac{\alpha_2^0\alpha_1^0}{h^2}(\mathcal{L}_{H(dh)}\alpha_3^1|H(dh)) + \\
&\frac{\alpha_2^0}{h}(\mathcal{L}_{H(dh)}\alpha_3^1|H(\alpha_1^1)) + \alpha_1^0\frac{H(dh).\alpha_3^1}{h^2}(d\alpha_2^0|H(dh)) + \frac{H(dh).\alpha_3^1}{h}(d\alpha_2^0|H(\alpha_1^1)) + \\
&\frac{\alpha_1^0\alpha_3^0}{h^2}\left(\mathcal{L}_{H(\alpha_2^1)}dh|H(dh)\right) - \alpha_2^0\frac{H(dh).\alpha_3^1}{h^2}(dh|H(\alpha_1^1)) + \frac{H(\alpha_2^1)(\alpha_3^0)}{h}(dh|H(\alpha_1^1)) \\
&-\alpha_3^0\frac{H(\alpha_2^1).dh}{h^2}(dh|H(\alpha_1^1)) + \frac{\alpha_3^0}{h}\left(\mathcal{L}_{H(\alpha_2^1)}dh|H(\alpha_1^1)\right) + \frac{\alpha_1^0}{h}\left(\mathcal{L}_{H(\alpha_2^1)}\alpha_3^1|H(dh)\right) + \\
&\left(\mathcal{L}_{H(\alpha_2^1)}\alpha_3^1|H(\alpha_1^1)\right) + \frac{\alpha_2^0H(dh)(\alpha_3^0)}{h^2}(dh|H(\alpha_1^1)) + \frac{\alpha_2^0\alpha_1^0}{h^2}(\mathcal{L}_{H(dh)}\alpha_3^1|H(dh)) + \\
&\frac{\alpha_3^0}{h}(\mathcal{L}_{H(dh)}\alpha_1^1|H(\alpha_2^1)) + \alpha_2^0\frac{H(dh).\alpha_1^1}{h^2}(d\alpha_3^0|H(dh)) + \frac{H(dh).\alpha_1^1}{h}(d\alpha_3^0|H(\alpha_2^1)) + \\
&\frac{\alpha_2^0\alpha_1^0}{h^2}\left(\mathcal{L}_{H(\alpha_3^1)}dh|H(dh)\right) - \alpha_3^0\frac{H(dh).\alpha_1^1}{h^2}(dh|H(\alpha_2^1)) + \frac{H(\alpha_3^1)(\alpha_1^0)}{h}(dh|H(\alpha_2^1)) \\
&-\alpha_1^0\frac{H(\alpha_3^1).dh}{h^2}(dh|H(\alpha_2^1)) + \frac{\alpha_1^0}{h}\left(\mathcal{L}_{H(\alpha_3^1)}dh|H(\alpha_2^1)\right) + \frac{\alpha_2^0}{h}\left(\mathcal{L}_{H(\alpha_3^1)}\alpha_1^1|H(dh)\right) + \\
&\left(\mathcal{L}_{H(\alpha_3^1)}\alpha_1^1|H(\alpha_2^1)\right).
\end{aligned}$$

Il s'en suit que

$$\left(\mathcal{L}_{\tilde{H}(\alpha_1)}\alpha_2|\tilde{H}(\alpha_3)\right) + \circlearrowleft =$$

$$\frac{\alpha_1^0}{h^2}\left[\left(H(dh)|d(\alpha_2^0)\right)\left(dh|H(\alpha_3^1)\right) + \left(H(dh)|\alpha_3^1\right)\left(d\alpha_2^0|H(dh)\right)\right] + \tag{A.16}$$

$$\frac{\alpha_1^0\alpha_3^0}{h^2}\left[\left(\mathcal{L}_{H(dh)}\alpha_2^1|H(dh)\right) + \left(\mathcal{L}_{H(\alpha_2^1)}dh|H(dh)\right) + \left(\mathcal{L}_{H(dh)}dh|H(\alpha_2^1)\right)\right] + \tag{A.17}$$

$$\frac{\alpha_1^0}{h}\left[\left(\mathcal{L}_{H(dh)}\alpha_2^1|H(\alpha_3^1)\right) + \left(\mathcal{L}_{H(\alpha_2^1)}\alpha_3^1|H(dh)\right) + \left(\mathcal{L}_{H(\alpha_3^1)}dh|H(\alpha_2^1)\right)\right] + \tag{A.18}$$

$$\frac{\alpha_3^0}{h^2}\left[\left(H(dh)|\alpha_2^1\right)\left(d\alpha_1^0|H(dh)\right) + \left(H(dh)|d\alpha_1^0\right)\left(dh|H(\alpha_2^1)\right)\right] + \tag{A.19}$$

$$\frac{1}{h}\left[\left(H(dh)|\alpha_2^1\right)\left(d\alpha_1^0|H(\alpha_3^1)\right) + \left(dh|H(\alpha_2^1)\right)\left(d\alpha_1^0|H(\alpha_3^1)\right)\right] + \tag{A.20}$$

$$\frac{\alpha_3^0\alpha_2^0}{h^2}\left[\left(\mathcal{L}_{H(\alpha_1^1)}dh|H(dh)\right) + \left(\mathcal{L}_{H(dh)}dh|H(\alpha_1^1)\right) + \left(\mathcal{L}_{H(dh)}\alpha_1^1|H(dh)\right)\right] + \tag{A.21}$$

$$-\frac{\alpha_1^0}{h^2}\left[\left(H(dh)|\alpha_2^1\right)\left(dh|H(\alpha_3^1)\right) + \left(dh|H(\alpha_2^1)\right)\left(dh|H(\alpha_3^1)\right)\right] + \tag{A.22}$$

$$\frac{1}{h}\left[\left(H(\alpha_1^1)|d\alpha_2^0\right)\left(dh|H(\alpha_3^1)\right) + \left(H(\alpha_1^1)|d\alpha_2^0\right)\left(H(dh)|\alpha_3^1\right)\right] + \tag{A.23}$$

$$-\frac{\alpha_2^0}{h^2}\left[\left(H(\alpha_1^1)|dh\right)\left(dh|H(\alpha_3^1)\right) + \left(H(\alpha_1^1)|dh\right)\left(H(dh)|\alpha_3^1\right)\right] + \tag{A.24}$$

$$\frac{\alpha_2^0}{h}\left[\left(\mathcal{L}_{H(\alpha_1^1)}dh|H(\alpha_3^1)\right) + \left(\mathcal{L}_{H(dh)}\alpha_3^1|H(\alpha_1^1)\right) + \left(\mathcal{L}_{H(\alpha_3^1)}\alpha_1^1|H(dh)\right)\right] + \tag{A.25}$$

$$\frac{\alpha_3^0}{h}\left[\left(\mathcal{L}_{H(\alpha_1^1)}\alpha_2^1|H(dh)\right) + \left(\mathcal{L}_{H(\alpha_2^1)}dh|H(\alpha_1^1)\right) + \left(\mathcal{L}_{H(dh)}\alpha_1^1|H(\alpha_2^1)\right)\right] \tag{A.26}$$

$$\left(\mathcal{L}_{H(\alpha_1^1)}\alpha_2^1|H(\alpha_3^1)\right) + \left(\mathcal{L}_{H(\alpha_2^1)}\alpha_3^1|H(\alpha_1^1)\right) + \left(\mathcal{L}_{H(\alpha_3^1)}\alpha_1^1|H(\alpha_2^1)\right). \tag{A.27}$$

Le faite que H satisfait les relation (3.16) entraine la nullité des relations (A.34)-(A.27) Il en résulte que

$$\left(\mathcal{L}_{\tilde{H}(\alpha_1)}\alpha_2|\tilde{H}(\alpha_3)\right) + \circlearrowleft = 0.$$

Par ailleurs, pour tous $\alpha = \alpha_0\dfrac{dh}{h} + \alpha_1$ et $\beta = \beta_0\dfrac{dh}{h} + \beta_1$ on a

$$\begin{aligned}
&\left(\tilde{H}(\alpha)|\beta\right) = \\
&= \left(\alpha_0\frac{H(dh)}{h} + H(\alpha_1)|\beta_0\frac{dh}{h} + \beta_1\right) \\
&= \left(\alpha_0\frac{1}{h}H(dh)|\beta_0\frac{dh}{h}\right) + \left(\alpha_0\frac{1}{h}H(dh)|\beta_1\right) + \left(H(\alpha_1)|\beta_0\frac{dh}{h}\right) + (H(\alpha_1|\beta_1)) \\
&= \frac{\alpha_0}{h}\left(H(dh)|\beta_1\right) + \frac{\beta_0}{h}\left(H(\alpha_1)|dh\right) + \left(H(\alpha_1)|\beta_1\right) \\
&\left(\tilde{H}(\beta)|\alpha\right) = \\
&= \left(\beta_0\frac{H(dh)}{h} + H(\beta_1)|\alpha_0\frac{dh}{h} + \alpha_1\right) \\
&= \left(\beta_0\frac{H(dh)}{h}|\alpha_0\frac{dh}{h}\right) + \frac{\alpha_0}{h}\left(H(\beta_1)|dh\right) + \frac{\beta_0}{h}\left(H(dh)|\alpha_1\right)) + \left(H(\beta_1)|\alpha_1\right) \\
&= \frac{\alpha_0}{h}\left(H(\beta_1)|dh\right) + \frac{\beta_0}{h}\left(H(dh)|\alpha_1\right)) + \left(H(\beta_1)|\alpha_1\right) \\
&\left(\tilde{H}(\alpha)|\beta\right) + \left(\tilde{H}(\beta)|\alpha\right) = \\
&= \frac{\alpha_0}{h}\left((H(dh)|\beta_1) + (H(\beta_1)|dh)\right) + \frac{\beta_0}{h}\left((H(dh)|\alpha_1) + (H(\alpha_1)|dh)\right) + \\
&+ (H(\beta_1)|\alpha_1) + (\beta_1|H(\alpha_1)) \\
&= 0 + 0 + 0 + 0
\end{aligned}$$

D'où l'isotropie de $Gr(\tilde{H})$.

A.11. Démonstration de Corollaire 3.2.4

Il est clair que ce crochet définit dans $\mathcal{O}_X$, y définit une structure d'algèbre de Lie. Il reste donc à vérifier l'identité de Jacobi sur les sections restantes de $\mathcal{M}_D$.
Etape 1.
On se donne $u, v \in \mathcal{M}_D - \mathcal{O}_X$ et $a \in \mathcal{O}_X$ Alors ;

$$\begin{aligned}
\{u, \{v, a\}_D\}_D &= \{u, \frac{1}{v}\{v, a\}_s\}_D \\
&= \frac{1}{uv}\{u, \{v, a\}_s\}_s - \frac{1}{uv^2}\{u, v\}_s\{v, a\}_s.
\end{aligned}$$

Il s'ensuit donc que
$\{u, \{v, a\}_D\}_D + \circlearrowleft = \frac{1}{uv}\{u, \{v, a\}_s\}_s - \frac{1}{uv^2}\{u, v\}_s\{v, a\}_s + \frac{1}{uv}\{v, \{a, u\}_s\}_s - \frac{1}{u^2v}\{a, u\}_s\{v, u\}_s + \frac{1}{uv}\{a, \{u, v\}_s\}_s - \frac{1}{uv^2}\{u, v\}_s\{a, v\}_s - \frac{1}{u^2v}\{u, v\}_s\{a, u\}_s$
Étape 2
On se donne $v \in \mathcal{M}_D - \mathcal{O}_X$ et $a, b \in \mathcal{O}_X$. Alors
$\{a, \{b, v\}_D\}_D = \{a, \frac{1}{v}\{b, v\}_s\}_D = \frac{1}{v}\{a, \{b, v\}_s\}_s - \frac{1}{v^2}\{b, v\}\{a, v\}_s$.
De même nous avons :

$$\begin{aligned}
\{b, \{v, a\}_D\}_D &= \{b, \frac{1}{v}\{v, a\}_s\}_D \\
&= \frac{1}{v}\{b, \{v, a\}_s\}_s - \frac{1}{v^2}\{v, a\}_s\{b, v\}_s
\end{aligned}
\quad \text{et} \quad
\begin{aligned}
\{v, \{a, b\}_D\}_D &= \{v, \{a, b\}_s\}_D \\
&= \frac{1}{v}\{v, \{a, b\}_s\}_s
\end{aligned}.$$

On en déduit donc que

$$\begin{aligned}\{a,\{b,v\}_D\}_D+ \circlearrowleft &= \frac{1}{v}\{a,\{b,v\}_s\}_s - \frac{1}{v^2}\{b,v\}\{a,v\}_s+\\ &+\frac{1}{v}\{b,\{v,a\}_s\}_s - \frac{1}{v^2}\{v,a\}_s\{b,v\}_s + \frac{1}{v}\{v,\{a,b\}_s\}_s\\ &= \frac{1}{v}\{a,\{b,v\}_s\}_s + \frac{1}{v}\{b,\{v,a\}_s\}_s + \frac{1}{v}\{v,\{a,b\}_s\}_s\\ &= 0\end{aligned} \tag{A.28}$$

Etape 3

Prenons $u, v, w \in \mathcal{M}_D - \mathcal{O}_X$.

Alors $\{u,\{v,w\}_D\}_D = \{u, \frac{1}{vw}\{v,w\}_s\}_D$.

Mais $\frac{1}{vw}\{v,w\}_s \in \mathcal{O}_X$; car $\frac{1}{vw}\{v,w\}_s = \{v,w\}_D \in \mathcal{O}_X$. Il en résulte que

$$\begin{aligned}\{u,\{v,w\}_D\}_D &= \{u, \frac{1}{vw}\{v,w\}_s\}_D.\\ &= \frac{1}{uvw}\{u,\{v,w\}_s\}_s - \frac{1}{uvw^2}\{v,w\}_s\{u,w\}_s - \frac{1}{uwv^2}\{v,w\}_s\{u,v\}_s.\end{aligned}$$

On en déduit que

$$\begin{aligned}\{u,\{v,w\}_D\}_D+ \circlearrowleft &= \frac{1}{uvw}\{u,\{v,w\}_s\}_s - \frac{1}{uvw^2}\{v,w\}_s\{u,w\}_s - \frac{1}{uwv^2}\{v,w\}_s\{u,v\}_s\\ &+ \frac{1}{uvw}\{v,\{w,u\}_s\}_s - \frac{1}{vwu^2}\{w,u\}_s\{v,u\}_s - \frac{1}{vuw^2}\{w,u\}_s\{v,w\}_s\\ &+ \frac{1}{uvw}\{w,\{u,v\}_s\}_s - \frac{1}{wuv^2}\{u,v\}_s\{w,v\}_s - \frac{1}{wvu^2}\{u,v\}_s\{w,u\}_s\\ &= \frac{1}{uvw}(\{u,\{v,w\}_s\}_s + \{v,\{w,u\}_s\}_s + \{w,\{u,v\}_s\}_s)\\ &= 0.\end{aligned}$$

Ainsi, $\{-,-\}_D$ satisfait l'identité de Jacobi. On en déduit donc qu'il est une structure d'algèbre de Lie.

A.12. Démonstration de Proposition 3.2.7

Soient $\alpha, \beta \in \Omega_X(\log D)$ on a :

$\tilde{H}\alpha(\tilde{H}\beta) =$

$\frac{\alpha_1\beta_1}{h^2}\{h,\{h,-\}\} + \frac{\alpha_1}{h^2}\{h,\beta_1\}\{h,-\} + \frac{\alpha_1\beta^j}{h}\{h,\{x_j,-\}\} + \frac{\alpha_1}{h}\{h,\beta^j\}\{x_j,-\}+$
$\frac{\alpha^i\beta_1}{h}\{x_i,\{h,-\}\} + \frac{\alpha^i}{h}\{x_i,\beta^j\}\{h,-\} - \frac{\alpha^i\beta^j}{h^2}\{x_i,h\}\{h,-\} + \alpha^i\beta^j\{x_i,\{x_j,-\}\}+$
$\alpha^i\{x_i,\beta^j\}\{x_j,-\}.$ et

$\tilde{H}\beta(\tilde{H}\alpha) =$

$\frac{\beta_1\alpha_1}{h^2}\{h,\{h,-\}\} + \frac{\beta_1}{h^2}\{h,\alpha_1\}\{h,-\} + \frac{\beta_1}{h}\{h,\alpha^i\}\{x_i,-\} + \frac{\beta_1\alpha^i}{h}\{h,\{x_i,-\}\}+$
$\frac{\beta^j\alpha_1}{h}\{x_j,\{h,-\}\} + \frac{\beta^j}{h^2}\{x_j,\alpha_1\}\{h,-\} - + \frac{\beta^j\alpha_1}{h^2}\{x_j,h\}\{h,-\} + \beta^j\alpha^i\{x_j,\{x_{i,}\}\}+$
$\beta^j\{x_j,\alpha^i\}\{x_i,-\}.$

donc

$\tilde{H}\alpha(\tilde{H}\beta) - \tilde{H}\beta(\tilde{H}\alpha) =$

$= \frac{\alpha_1}{h^2}\{h,\beta_1\}\{h,-\} + \frac{\alpha^i\beta_1}{h}\{\{x_i,h\},-\} + \frac{\alpha_1\beta^j}{h}\{\{h,x_j\},-\} + \frac{\alpha_1}{h^2}\{h,\beta^j\}\{h,-\}+$
$\frac{\beta_1}{h^2}\{\alpha_1,h\}\{h,-\} + \frac{\beta_1}{h}\{\alpha^i,h\}\{x_i,-\} + \frac{\alpha_i}{h}\{x_i,\beta^j\}\{h,-\} + \frac{\beta^j}{h}\{\alpha_1,x_j\}\{h,-\}-$
$\frac{\alpha^i\beta æ}{h^2}\{x_i,h\}\{h,-\} - \frac{\alpha_1\beta^j}{h^2}\{h,x_j\}\{h,-\} + \alpha^i\beta^j\{\{x_i,x_j\},-\} + \alpha^i\{x_i,\beta^j\}\{x_j,-\}+$
$\beta^j\{\alpha^i,x_j\}\{x_i,-\}$

Par ailleurs nous avons
$\tilde{H}([\alpha,\beta]) =$
$= \frac{\alpha_1}{h^2}\{h,\beta_1\}\{h,-\} + \frac{\beta_1}{h^2}\{\alpha_1,h\}\{h,-\} + \frac{\alpha_1}{h}\{h,\beta^j\}\{x_i,-\} + \frac{\beta^j}{h}\{\alpha_1,x_j\}\{h,-\}$
$+\frac{\alpha_1\beta^j}{h}\{\{h,x_j\},-\} - \frac{\alpha_1\beta^j}{h^2}\{h,x_j\}\{h,-\} + \frac{\alpha^i}{h}\{x_i,\beta^j\}\{h,-\} + \frac{\beta_1}{h}\{\alpha^i,h\}\{x_i,-\}+$
$\frac{\alpha^i\beta_1}{h}\{\{x_i,h\},-\} - \frac{\alpha^i\beta^j}{h^2}\{x_i,h\}\{h,,-\} + \alpha^i\{x_i,\beta^j\}\{x_j,-\} + \beta^j\{\alpha^i,x_j\}\{x_i,-\}+$
$\alpha^i\beta^j\{\{x_i,x_j\},-\}$
On bien :

$$\tilde{H}([\alpha,\beta]) = [\tilde{H}\alpha, \tilde{H}\beta]$$

A.13. Démonstration de Proposition 3.3.3

Il est question de munir $\mathbb{C}[y]\frac{dx}{x} \oplus \Omega_{\mathcal{A}}$ d'une structure d'algèbre de Lie. Or la structure de Lie-Poisson suivante

$$[dx, dy] := dx \tag{A.29}$$

fait de $\Omega_{\mathcal{A}}$ une algèbre de Lie.
Ayant la suite exacte courte de $\mathcal{A}$-modules suivante,

$$0 \longrightarrow \Omega_{\mathcal{A}} \longrightarrow \Omega_{\mathcal{A}} \oplus \mathbb{C}[y]\frac{dx}{x} \longrightarrow \mathbb{C}[y]\frac{dx}{x} \longrightarrow 0 \tag{A.30}$$

Il suffit de mettre sur $\mathbb{C}[y]\frac{dx}{x}$ une structure d'algèbre de Lie de manière à en faire une extension de Lie scindée. Or d'après [Alekseevsky *et al.* 2002],

$$[\gamma_1+\beta_1, \gamma_2+\beta_2] = [\gamma_1,\gamma_2] + [\beta_1,\gamma_2] - [\beta_2,\gamma_1] + [\beta_1,\beta_2] \tag{A.31}$$

où $\gamma_i + \beta_i \in \Omega_{\mathcal{A}} \oplus \mathbb{C}[y]\frac{dx}{x}$ pour $i = 1, 2$.
est une structure d'algèbre de Lie dans $\Omega_{\mathcal{A}} \oplus \mathbb{C}[y]\frac{dx}{x}$ à condition que $\Omega_{\mathcal{A}}$ un idéal de Lie de $\Omega_{\mathcal{A}} \oplus \mathbb{C}[y]\frac{dx}{x}$. Il suffit donc de montrer que les crochets définis par (A.31) et (A.10) sont égaux.
Posons $\gamma_1 = \gamma_1^0\frac{dx}{x}, \beta_1 = \beta_1^0 dx + \beta_1^1 dy$ et $\gamma_2 = \gamma_2^0\frac{dx}{x}, \beta_2 = \beta_2^0 dx + \beta_2^1 dy$.
Par un calcul direct on obtient :

$$[\gamma_1,\gamma_2] = \left(\frac{\gamma_1^0}{x}\{x,\gamma_2^0\} + \frac{\gamma_2^0}{x}\{\gamma_1^0,x\}\right)\frac{dx}{x}, \tag{A.32}$$

$$\begin{gathered}[\beta_1,\beta_2] = \\ \left(\beta_1^0\{x,\beta_2^0\} + \beta_2^0\{\beta_1^0,x\} + \beta_2^1\{\beta_1^0,y\} + \beta_1^1\{y,\beta_2^0\} + (\beta_1^0\beta_2^1 - \beta_1^1\beta_2^0)\right)dx \quad + \\ \left(\beta_1^0\{x,\beta_2^1\} + \beta_2^0\{\beta_1^1,x\} + \beta_1^1\{y,\beta_2^1\} + \beta_2^1\{\beta_1^1,y\}\right)dy,\end{gathered} \tag{A.33}$$

$$[\beta_1,\gamma_2] = \frac{\gamma_2^0}{x}\{\beta_1^0,x\}dx + \frac{\gamma_2^0}{x}\{\beta_1^1,x\}dy + (\beta_1^0\{x,\gamma_2^0\} + \beta_1^1\{y,\gamma_2^0\})\frac{dx}{x}, \tag{A.34}$$

$$[\beta_2,\gamma_1] = \frac{\gamma_1^0}{x}\{\beta_2^0,x\}dx + \frac{\gamma_1^0}{x}\{\beta_2^1,x\}dy + (\beta_2^0\{x,\gamma_1^0\} + \beta_2^1\{y,\gamma_1^0\})\frac{dx}{x}. \tag{A.35}$$

Des égalités qui précèdent on déduit

$$
\begin{aligned}
&[\gamma_1+\beta_1,\gamma_2+\beta_2]=[\gamma_1,\gamma_2]+[\beta_1,\gamma_2]-[\beta_2,\gamma_1]+[\beta_1,\beta_2]=\\
&\left(\frac{\gamma_1^0}{x}\{x,\gamma_2^0\}+\frac{\gamma_2^0}{x}\{\gamma_1^0,x\}+\beta_1^0\{x,\gamma_2^0\}+\beta_1^1\{y,\gamma_2^0\}-\beta_2^0\{x,\gamma_1^0\}-\beta_2^1\{y,\gamma_1^0\}\right)\frac{dx}{x}+\\
&\left(\frac{\gamma_2^0}{x}\{\beta_1^0,x\}-\frac{\gamma_1^0}{x}\{\beta_2^0,x\}+\beta_1^0\{x,\beta_2^0\}+\beta_2^0\{\beta_1^0,x\}+\beta_2^1\{\beta_1^0,y\}+\beta_1^1\{y,\beta_2^0\}+(\beta_1^0\beta_2^1-\beta_1^1\beta_2^0)\right)dx+\\
&\left(\frac{\gamma_2^0}{x}\{\beta_1^1,x\}-\frac{\gamma_1^0}{x}\{\beta_2^1,x\}+\beta_1^0\{x,\beta_2^1\}+\beta_2^0\{\beta_1^1,x\}+\beta_1^1\{y,\beta_2^1\}+\beta_2^1\{\beta_1^1,y\}\right)dy.
\end{aligned}
$$

Par ailleurs, $\gamma_1+\beta_1=(\gamma_1^0+x\beta_1^0)\frac{dx}{x}+\beta_1^1dy, \gamma_2+\beta_2=(\gamma_2^0+x\beta_2^0)\frac{dx}{x}+\beta_2^1dy$. En appliquant le crochet défini par ((A.10) on obtient

$$
\begin{aligned}
[\gamma_1+\beta_1,\gamma_2+\beta_2] &= \\
&= [(\gamma_1^0+x\beta_1^0)\frac{dx}{x},(\gamma_2^0+x\beta_2^0)\frac{dx}{x}]+[(\gamma_1^0+x\beta_1^0)\frac{dx}{x},\beta_2^1dy]\\
&+ [\beta_1^1dy,(\gamma_2^0+x\beta_2^0)\frac{dx}{x}]+[\beta_1^1dy,\beta_2^1dy]\\
&= \\
&\quad \frac{(\gamma_1^0+x\beta_1^0)}{x}\{x,\gamma_2^0+x\beta_2^0\}\frac{dx}{x}+\frac{(\gamma_2^0+x\beta_2^0)}{x}\{\gamma_1^0+x\beta_1^0,x\}\frac{dx}{x}\\
&+ \frac{(\gamma_1^0+x\beta_1^0)}{x}\{x,\gamma_2^1\}dy+\beta_2^1\{\gamma_1^0+x\beta_1^0,y\}\frac{dx}{x}\\
&+ \beta_1^1\{y,\gamma_2^0+x\beta_2^0\}\frac{dx}{x}+\frac{\gamma_2^0+x\beta_2^0}{x}\{\beta_1^1,x\}dy\\
&+ \beta_1^1\{y,\beta_2^1\}dy+\beta_2^1\{\beta_2^1,y\}dy\\
&= \\
&\quad \left(\frac{\gamma_1^0}{x}\{x,\gamma_2^0\}+\beta_1^0\{x,\gamma_2^0\}+\frac{\gamma_2^0}{x}\{\gamma_1^0,x\}+\beta_2^0\{\gamma_1^0,x\}+\beta_2^1\{\gamma_1^0,y\}+\beta_1^1\{y,\gamma_2^0\}\right)\frac{dx}{x}\\
&+ (\beta_1^0\{x,\beta_2^0\}+\gamma_1^0\{x,\beta_2^0\}+\beta_2^0\{\beta_1^0,x\}+\gamma_2^0\{\beta_1^0,x\}+\beta_2^1\{\beta_1^0,y\}+\beta\{y,\beta_2^0\}+\\
\beta_2^1\beta_1^0-\beta_1^1\beta_2^0)dx & \\
&+ (\frac{\gamma_1^0}{x}\{x,\beta_2^1\}+\beta_1^0\{x,\beta_2^1\}+\frac{\gamma_2^0}{x}\{\beta_1^1,x\}+\beta_2^0\{\beta_1^1,x\}+\beta_1^1\{y,\beta_2^1\}+\beta_2^1\{\beta_1^1,y\})dy.
\end{aligned}
$$

On a bien l'égalité cherchée.

A.14. Démonstration de Lemme 3.3.5

Soient α, β et a comme dans l'hypothèse du lemme on a

$$\begin{aligned}
[\alpha, a\beta] &= \\
& a\frac{\alpha_1^0}{x}\{x,\beta_1^0\}\frac{dx}{x} + \frac{\alpha_1^0\beta_1^0}{x}\{x,a\}\frac{dx}{x} + \frac{a\beta_1^0}{x}\{\alpha_1^0,x\}\frac{dx}{x} + \frac{\alpha_1^0 a}{x}\{x;\beta_1^1\}dy + \\
+ & \frac{\alpha_1^0\beta_1^1}{x}\{x,a\}dy + a\beta_1^1\{\alpha_1^0,y\}\frac{dx}{x} + \alpha_1^1 a\{y,\beta_1^0\}\frac{dx}{x} + \alpha_1^1\beta_1^0\{y,a\}\frac{dx}{x} + \\
+ & a\beta_1^0\{\alpha_1^1,x\}dy + \alpha_1^1 a\{y,\beta_1^1\}dy + \alpha_1^1\beta_1^1\{y,a\}dy + a\beta_1^1\{\alpha_1^1;y\}dy. \\
= & \\
& a(\frac{\alpha_1^0}{x}\{x,\beta_1^0\}\frac{dx}{x} + \frac{\beta_1^0}{x}\{\alpha_1^0,x\}\frac{dx}{x} + \frac{\alpha_1^0}{x}\{x;\beta_1^1\}dy + \beta_1^1\{\alpha_1^0,y\}\frac{dx}{x} \\
+ & \alpha_1^1\{y,\beta_1^0\}\frac{dx}{x} + \beta_1^0\{\alpha_1^1,x\}dy + \alpha_1^1\{y,\beta_1^1\}dy + \beta_1^1\{\alpha_1^1;y\}dy) \\
+ & ((\frac{\alpha_1^0}{x}\{x,a\} + \alpha_1^1\{y,a\})\beta_1^0\frac{dx}{x} + (\frac{\alpha_1^0}{x}\{x,a\} + \alpha_1^1\{y,a\})\beta_1^1 dy) \\
= & \\
& a(\frac{\alpha_1^0}{x}\{x,\beta_1^0\}\frac{dx}{x} + \frac{\beta_1^0}{x}\{\alpha_1^0,x\}\frac{dx}{x} + \frac{\alpha_1^0}{x}\{x;\beta_1^1\}dy + \beta_1^1\{\alpha_1^0,y\}\frac{dx}{x} \\
+ & \alpha_1^1\{y,\beta_1^0\}\frac{dx}{x} + \beta_1^0\{\alpha_1^1,x\}dy + \alpha_1^1\{y,\beta_1^1\}dy + \beta_1^1\{\alpha_1^1;y\}dy) \\
+ & (\frac{\alpha_1^0}{x}\{x,a\} + \alpha_1^1\{y,a\})\beta \\
= & \tilde{H}(\alpha)(a).\beta + a[\alpha,\beta].
\end{aligned}$$

A.15. Démonstration de Proposition 3.3.6

Soient $\alpha = \alpha_1^0\frac{dx}{x} + \alpha_1^1 dy$ et $\beta = \beta_1^0\frac{dx}{x} + \beta_1^1 dy$ dans $\in \Omega_{\mathcal{A}}(\log\mathcal{I})$ on a

$$\begin{aligned}
\tilde{H}([\alpha,\beta]) = & \frac{1}{x}(\frac{\alpha_1^0}{x}\{x,\beta_1^0\} + \frac{\beta_1^0}{x}\{\alpha_1^0,x\} + \alpha_1^1\{y,\beta_1^0\} + \beta_1^1\{\alpha_1^0,y\})\{x,-\} \\
& (\frac{\alpha_1^0}{x}\{x,\beta_1^1\} + \frac{\beta_1^0}{x}\{\alpha_1^1,x\} + \alpha_1^1\{y,\beta_1^1\} + \beta_1^1\{\alpha_1^1,y\})\{y,-\}
\end{aligned}$$

Par ailleurs on a

$$\begin{aligned}
\tilde{H}(\alpha)\tilde{H}(\beta) = & \frac{\alpha_1^0\beta_1^0}{x^2}\{x,\{x,-\}\} + \frac{\alpha_1^0}{x^2}\{x,\beta_1^0\}\{x,-\} + \frac{\alpha_1^0\beta_1^1}{x}\{x,\{y,-\}\} + \\
& \frac{\alpha_1^0}{x}\{x,\beta_1^1\}\{y,-\} + \frac{\alpha_1^1\beta_1^0}{x}\{y,\{x,-\}\} + \frac{\alpha_1^1}{x}\{y,\beta_1^0\}\{x,-\} + \\
& -\frac{\alpha_1^1\beta_1^0}{x^2}\{y,x\}\{x,-\} + \alpha_1^1\beta_1^1\{y,\{y,-\}\} + \alpha_1^1\{y,\beta_1^1\}\{y,-\} \\
\tilde{H}(\beta)\tilde{H}(\alpha) = & \frac{\beta_1^0\alpha_1^0}{x^2}\{x,\{x,-\}\} + \frac{\beta_1^0}{x^2}\{x,\alpha_1^0\}\{x,-\} + \frac{\beta_1^0\alpha_1^1}{x}\{x,\{y,-\}\} + \\
& \frac{\beta_1^0}{x}\{x,\alpha_1^1\}\{y,-\} + \frac{\beta_1^1\alpha_1^0}{x}\{y,\{x,-\}\} + \frac{\beta_1^1}{x}\{y,\alpha_1^0\}\{x,-\} + \\
& -\frac{\beta_1^1\alpha_1^0}{x^2}\{y,x\}\{x,-\} + \beta_1^1\alpha_1^1\{y,\{y,-\}\} + \beta_1^1\{y,\alpha_1^1\}\{y,-\}
\end{aligned}$$

$$\begin{aligned}
\tilde{H}(\alpha)\tilde{H}(\beta) - \tilde{H}(\beta)\tilde{H}(\alpha) = & \tilde{H}([\alpha,\beta]) + \\
& \frac{\alpha_1^1\beta_1^0}{x}(\{y,\{x,-\}\} - \frac{1}{x}\{y,x\}\{x,-\} - \{x,\{y,-\}\}) \\
& \frac{\alpha_1^1\beta_1^0}{x}(\{x,\{y,-\}\} - \{y,\{x,-\}\} + \frac{1}{x}\{y,x\}\{x,-\}).
\end{aligned}$$

Or

$$\begin{array}{rl} & \{y,\{x,-\}\} - \frac{1}{x}\{y,x\}\{x,-\} - \{x,\{y,-\}\} = \\ = & (\{y,\{x,-\}\} + \{x,\{-,y\}\} + \{x,-\}) \\ = & (\{y,\{x,-\}\} + \{x,\{-,y\}\} + \{-,\{y,x\}\}) \\ = & 0 \end{array}$$

et

$$\begin{array}{rl} & \{x,\{y,-\}\} - \{y,\{x,-\}\} + \frac{1}{x}\{y,x\}\{x,-\} = \\ = & \{x,\{y,-\}\} + \{y,\{-,x\}\} - \{x,-\} \\ = & \{x,\{y,-\}\} + \{y,\{-,x\}\} + \{-,\{x,y\}\} \\ = & 0 \end{array}$$

d'où le résultat.

A.16. Démonstration de Proposition 3.1.30

Il est question de montrer que quelque soit α_0, α_1 et α_2 dans $\Omega_{\mathcal{A}}(\log \mathcal{I})$ on a $0 = d_{\rho_\omega}(\omega)(\alpha_0, \alpha_1, \alpha_2) = \rho_\omega(\alpha_0)\omega(\alpha_1, \alpha_2) - \rho_\omega(\alpha_1)\omega(\alpha_0, \alpha_2) + \rho_\omega(\alpha_2)\omega(\alpha_0, \alpha_1) - \omega([\alpha_0, \alpha_1], \alpha_2) + \omega([\alpha_0, \alpha_2], \alpha_1) - \omega([\alpha_1, \alpha_2], \alpha_0).$ Il suffit de le faire sur les éléments générateurs de $\Omega_{\mathcal{A}}(\log \mathcal{I})$. Pour $\alpha_0 = \frac{du_0}{u_0}, \alpha_1 = \frac{du_1}{u_1}, \alpha_2 = \frac{du_2}{u_2}$ on a

$$\begin{aligned} & d_{\rho_\omega}(\omega)(\alpha_0, \alpha_1, \alpha_2) = \frac{1}{u_0}\{u_0, \frac{1}{u_1u_2}\{u_1,u_2\}\} - \frac{1}{u_1}\{u_1, \frac{1}{u_0u_2}\{u_0,u_2\}\} + \frac{1}{u_2}\{u_2, \frac{1}{u_0u_1}\{u_0,u_1\}\} \\ & -\frac{1}{u_2}\{\frac{1}{u_0u_1}\{u_0,u_1\},u_2\} + \frac{1}{u_1}\{\frac{1}{u_0u_2}\{u_0,u_2\},u_1\} - \frac{1}{u_0}\{\frac{1}{u_1u_2}\{u_1,u_2\},u_0\} \\ & = \frac{1}{u_0u_1u_2}\{u_0,\{u_1,u_2\}\} - \frac{1}{u_0u_1u_2^2}\{u_1,u_2\}\{u_0,u_2\} \\ & -\frac{1}{u_0u_2u_1^2}\{u_1,u_2\}\{u_0,u_1\} - \frac{1}{u_1u_0u_2}\{u_1,\{u_0,u_2\}\} + \frac{1}{u_2u_1u_0^2}\{u_0,u_2\}\{u_1,u_0\} \\ & +\frac{1}{u_2^2u_1u_0}\{u_0,u_2\}\{u_1,u_2\} + \frac{1}{u_0u_1u_2}\{u_2,\{u_0,u_1\}\} - \frac{1}{u_2u_1u_0^2}\{u_0,u_1\}\{u_2,u_0\} \\ & -\frac{1}{u_2u_0u_1^2}\{u_0,u_1\}\{u_2,u_1\} + \frac{1}{u_2u_0u_1}\{\{u_0,u_1\},u_2\} + \frac{1}{u_2u_0^2u_1}\{u_0,u_1\}\{u_0,u_2\} \\ & +\frac{1}{u_1u_0u_2}\{\{u_0,u_2\},u_1\} - \frac{1}{u_1u_0^2u_2}\{u_0,u_2\}\{u_0,u_1\} - \frac{1}{u_1u_0u_2^2}\{u_0,u_2\}\{u_2,u_1\} \\ & -\frac{1}{u_0u_1u_2}\{\{u_1,u_2\},u_0\} + \frac{1}{u_0u_1^2u_2}\{u_1,u_2\}\{u_1,u_0\} + \frac{1}{u_0u_1u_2^2}\{u_1,u_2\}\{u_2,u_2\}. \end{aligned}$$

En appliquant deux fois l'identité de Jacobi, on obtient : $d_{\rho_\omega}(\omega)(\alpha_0, \alpha_1, \alpha_2) = 0$. De même, pour $\alpha_0 = \frac{du_0}{u_0}, \alpha_2 = \frac{du_1}{u_1}, \alpha_2 = du_2$,

$$
\begin{aligned}
d_{\rho_\omega}(\omega)(\alpha_0,\alpha_1,\alpha_2) &= \frac{1}{u_0}\{u_0,\frac{1}{u_1}\{u_1,u_2\}\} - \frac{1}{u_1}\{u_1,\frac{1}{u_0}\{u_0,u_2\}\} + \{u_2,\frac{1}{u_0u_1}\{u_0,u_1\}\} \\
&= \frac{1}{u_0u_1}\{u_0,\{u_1,u_2\}\} - \frac{1}{u_0u_1^2}\{u_1,u_2\}\{u_0,u_1\} - \frac{1}{u_1u_0}\{u_1,\{u_0,u_2\}\} + \frac{1}{u_1u_0^2}\{u_0,u_2\}\{u_1,u_0\} \\
&+\frac{1}{u_0u_1}\{u_2,\{u_0,u_1\}\} - \frac{1}{u_0u_1^2}\{u_0,u_1\}\{u_2,u_1\} - \frac{1}{u_0^2u_1}\{u_0,u_1\}\{u_2,u_0\} - \frac{1}{u_0u_1}\{\{u_0,u_1\},u_2\} \\
&+\frac{1}{u_0u_1^2}\{u_0,u_1\}\{u_1,u_2\} + \frac{1}{u_0^2u_1}\{u_0,u_1\}\{u_0,u_2\} + \frac{1}{u_1u_0}\{\{u_0,u_2\},u_1\} - \frac{1}{u_1u_0^2}\{u_0,u_2\}\{u_0,u_1\} \\
&-\frac{1}{u_0u_1}\{\{u_1,u_2\},u_0\} + \frac{1}{u_0u_1^2}\{u_1,u_2\}\{u_1,u_0\} = 0.
\end{aligned}
$$

De même, on montre $d_{\rho_\omega}(\omega)(\alpha_0,\alpha_1,\alpha_2) = 0$ pour $\alpha_0 = \frac{du_0}{u_0}, \alpha_1 = du_1, \alpha_2 = du_2$ Ainsi que pour $\alpha_0 = du_0, \alpha_1 = du_1, \alpha_2 = du_2$.

A.17. Démonstration de Proposition 3.1.28

Pour $\omega_i = a_i\frac{du_i}{u_i} + b_i dv_i$, $\omega_j = a_j\frac{du_j}{u_j} + b_j dv_j$ et $f \in A$ on a
$[\omega_i, f\omega_j] = \rho_\omega(\omega_i)(a)\omega_j + f\,[\omega_i,\omega_j]$
En effet,

$$
\begin{aligned}
[\omega_i, f\omega_j] &= [a_i\frac{du_i}{u_i}, fa_j\frac{du_j}{u_j}] + [a_i\frac{du_i}{u_i}, fb_jdv_j] + [b_idv_i, fa_j\frac{du_j}{u_j}] \\
&= \frac{a_i}{u_i}\{u_i, fa_j\} + \frac{fa_i}{u_j}\{a_i, u_j\}\frac{du_i}{u_i} + fa_ia_jd(\frac{1}{u_iu_j}\{u_i, u_j\}) + \frac{a_i}{ui}\{u_i, fb_j\}dv_j + \\
&\quad fb_j\{a_i, v_j\}\frac{du_i}{u_i} + fa_id(\frac{1}{u_i}\{u_i, v_j\}) + b_i\{v_i, fa_j\}\frac{du_j}{u_j} + \frac{fa_j}{u_j}\{b_i, u_j\}dv_i + \\
&\quad fb_ia_jd(\frac{1}{u_j}\{v_i, u_j\}) + b_i\{v_i, fb_j\}dv_j + fb_j\{b_i, v_j\}dv_i + fb_ib_jd(\{v_i, v_j\}) \\
&= \frac{fa_i}{u_i}\{u_i, a_j\}\frac{du_j}{u_j} + \frac{a_ia_j}{u_i}\{u_i, f\}\frac{du_j}{u_j} + \frac{fa_j}{u_j}\{a_i, u_j\}\frac{du_i}{u_i} + \\
&\quad fa_ia_jd(\frac{1}{u_iu_j}\{u_i, u_j\}) + \frac{fa_i}{u_i}\{u_i, b_j\}dv_j + \frac{a_ib_j}{u_i}\{u_i, f\}dv_j + \\
&\quad fb_j\{a_i, v_j\}\frac{du_i}{u_i} + fa_ib_jd(\frac{1}{u_i}\{u_i, v_j\}) + b_if\{v_i, a_j\}\frac{du_j}{u_j} + \\
&\quad fb_i\{v_i, b_j\}dv_j + b_ib_j\{v_i, f\}dv_j + fb_j\{b_i, v_j\}dv_i + fb_ib_jd(\{v_i, v_j\}) \\
&= f(\frac{a_i}{u_i}\{u_i, a_j\}\frac{du_j}{u_j} + \frac{a_j}{u_j}\{a_i, u_j\}\frac{du_i}{u_i} + a_ia_jd(\frac{1}{u_iu_j}\{u_i, u_j\}) \\
&\quad \frac{a_i}{u_i}\{u_i, b_j\}dv_j + b_j\{a_i, v_j\}\frac{du_i}{u_i} + a_ib_jd(\frac{1}{u_i}\{u_i, v_j\}) \\
&\quad b_i\{v_i, b_j\}dv_j + \frac{a_i}{u_i}\{b_i, u_j\}dv_i + b_ia_jd(\frac{1}{u_j}\{v_i, u_j\}) + \\
&\quad b_i\{v_i, b_j\}dv_j + b_j\{b_i, v_j\}dv_i + b_ib_jd(\{v_i, v_j\})) + \\
&= f(\frac{a_i}{u_i}\{u_i, a_j\}\frac{du_j}{u_j} + \frac{a_j}{u_j}\{a_i, u_j\}\frac{du_i}{u_i} + a_ia_jd(\frac{1}{u_iu_j}) \\
&\quad \frac{a_i}{u_i}\{u_i, b_j\}dv_j + b_j\{a_i, v_j\}\frac{du_i}{u_i} + a_ib_jd(\frac{1}{u_i}\{u_i, v_j\}) \\
&\quad b_i\{v_i, b_j\}dv_j + \frac{a_i}{u_i}\{b_i, u_j\}dv_i + b_ia_jd(\frac{1}{u_j}\{v_i, u_j\}) + \\
&\quad b_i\{v_i, b_j\}dv_j + b_j\{b_i, v_j\}dv_i + b_ib_jd(\{v_i, v_j\})) + \\
&\quad \left[\left(\frac{a_i}{u_i}\{u_i, -\} + \frac{b_j}{u_i}\{u_i, -\}dv_j + b_ia_j\{v_i, -\} + b_j\{v_i, -\}dv_j\right)(f)\right](a_j\frac{du_j}{u_j} + b_jdv_j) \\
&= f[\omega_i, \omega_j] + (\rho_\omega(\omega_i)(f))\omega_j.
\end{aligned}
$$

D'où le résultat.

Annexe B

Des points clefs de quelques calculs.

Introduction

Cet annexe fournit quelque détails sur les points clefs de certains calcul. On éclaire notamment la notion d'éffectivité de la différentielle construite au Chapitre 3.

B.1 Cas de la structure $\{f, g\} = xyz\dfrac{df \wedge dg \wedge dp}{dx \wedge dy \wedge dz}$

Dans ce cas nous nous donnons un polynôme non constant p dans $\mathcal{A} = \mathbb{C}[x, y, z]$ grâce auquel nous définissons le crochet de Poisson logarithmique suivant

$$\{f, g\} = h\frac{df \wedge dg \wedge dp}{dx \wedge dy \wedge dz}. \tag{B.1}$$

Pour alléger les notations, nous considérons les isomorphismes suivants :

$$\begin{array}{ccc} \Omega^1_{\mathcal{A}}(\log D) & \xrightarrow{\varphi_1} & \mathcal{A}^3 \cong \mathcal{A} \times \mathcal{A} \times \mathcal{A} \\ f_1\dfrac{dx}{x} + f_2\dfrac{dy}{y} + f_3\dfrac{dz}{z} & \mapsto & (f_1, f_2, f_3) \end{array}$$

$$\begin{array}{ccc} \Omega^2_{\mathcal{A}}(\log D) & \xrightarrow{\varphi_2} & \mathcal{A}^3 \cong \mathcal{A} \times \mathcal{A} \times \mathcal{A} \\ f_1\dfrac{dy}{y} \wedge \dfrac{dz}{z} + f_2\dfrac{dz}{z} \wedge \dfrac{dx}{x} + f_3\dfrac{dx}{x} \wedge \dfrac{dy}{y} & \mapsto & (f_1, f_2, f_3) \end{array}$$

$$\begin{array}{ccc} \Omega^3_{\mathcal{A}}(\log D) & \xrightarrow{\varphi_2} & \mathcal{A} \\ f\dfrac{dx}{x} \wedge \dfrac{dy}{y} \wedge \dfrac{dz}{z} & \mapsto & f \end{array}$$

$$\begin{array}{ccc} \wedge^1 Der_{\mathcal{A}}(\log D) & \xrightarrow{\psi_1} & \mathcal{A}^3 \cong \mathcal{A} \times \mathcal{A} \times \mathcal{A} \\ f_1 x\partial x + f_2 y\partial y + f_3 z\partial z & \mapsto & (f_1, f_2, f_3) \end{array}$$

$$\begin{array}{ccc} \wedge^2 Der_{\mathcal{A}}(\log D) & \xrightarrow{\psi_2} & \mathcal{A}^3 \cong \mathcal{A} \times \mathcal{A} \times \mathcal{A} \\ f_1 y\partial y \wedge z\partial z + f_2 z\partial z \wedge x\partial x + f_3 x\partial x \wedge y\partial y & \mapsto & (f_1, f_2, f_3) \end{array}$$

$$\begin{array}{ccc} \wedge^3 Der_{\mathcal{A}}(\log D) & \xrightarrow{\psi_3} & \mathcal{A} \\ f x\partial x \wedge y\partial y \wedge z\partial z & \mapsto & f \end{array}$$

Grâce à ces isomorphismes, les opérateurs définis par l'équation 3.9 deviennent :

$$\begin{gathered} \partial_0 f = \partial_x h(\partial_y f \partial_z p - \partial_z f \partial_y p)x\partial_x + \partial_y h(\partial_z f \partial_x p - \partial_x f \partial_z p)y\partial_y + \\ \partial_z h(\partial_x f \partial_y p - \partial_y f \partial_x p)z\partial_z \end{gathered} \tag{B.2}$$

Pour tout $f \in \mathcal{A}$,

$$\partial_1 \vec{f} = \begin{pmatrix} \partial_y h(\partial_z f_3 \partial_x p - \partial_x f_3 \partial_z p) - \partial_z h(\partial_x f_2 \partial_y p - \partial_y f_2 \partial_x p) \\ -f_1 x^2 \partial^2_{xx} p - f_2 xy \partial^2_{xy} p - f_3 xz \partial^2_{xz} p - f_1 x \partial_x p \\ \partial_z h(\partial_x f_1 \partial_y p - \partial_y f_1 \partial_x p) - \partial_x h(\partial_y f_3 \partial_z p - \partial_z f_3 \partial_y p) \\ -f_1 xy \partial^2_{xy} p - f_2 y^2 \partial^2_{yy} p - f_3 yz \partial^2_{yz} p - f_2 y \partial_y p \\ \partial_x h(\partial_y f_2 \partial_z p - \partial_z f_2 \partial_y p) - \partial_y h(\partial_z f_1 \partial_x p - \partial_x f_1 \partial_z p) \\ -f_1 xz \partial^2_{xz} p - f_2 yz \partial^2_{yz} p - f_3 z^2 \partial^2_{zz} p - f_3 z \partial_z p \end{pmatrix} \tag{B.3}$$

Pour tout $\vec{f} \in \mathcal{A}^3$ et en fin

$$\begin{aligned} \partial_2 \vec{f} = \partial_x h(\partial_y f_1 \partial_z p - \partial_z f_1 \partial_y p) + \partial_y h(\partial_z f_2 \partial_x p - \partial_x f_2 \partial_z p) + \\ \partial_z h(\partial_x f_3 \partial_y p - \partial_y f_3 \partial_x p) \end{aligned} \tag{B.4}$$

Pour tout $\vec{f} \in \mathcal{A}^3$. Posons $\mathcal{P}_i : \mathcal{A}^3 \to \mathcal{A}$ la projection sur la $i^{\text{ème}}$ composante.

B.1.1 Montrons que $\partial_1 \circ \partial_0 = 0$

Soit $f \in \mathcal{A}$.

$$\partial_0(f) = \begin{cases} f_1 = & z\partial_z p y \partial_y f - y \partial_y p z \partial_z f \\ f_2 = & x \partial_x p z \partial_z f - z \partial_z p x \partial_x f \\ f_3 = & y \partial_y p x \partial_x f - x \partial_x p y \partial_y f \end{cases}$$

D'après (B.3), la première composante $p_1(\partial_1(\partial_0(f)))$ est donnée par

$$\begin{aligned} \mathcal{P}_1(\partial_1(\partial_0(f))) = & \partial_y h(\partial_z f_3 \partial_x p - \partial_x f_3 \partial_z p) - \partial_z h(\partial_x f_2 \partial_y p - \partial_y f_2 \partial_x p) \\ & -f_1 x^2 \partial^2_{xx} p - f_2 xy \partial^2_{xy} p - f_3 xz \partial^2_{xz} p - f_1 x \partial_x p \end{aligned}$$

En substituant f_1, f_2, f_3 par leurs expressions ci-dessus, on obtient

$\mathcal{P}_1(\partial_1(\partial_0(f))) = x^2 zy \partial_x p \partial_x f \partial^2_{yz} p + x^2 yz \partial_x p \partial_y p \partial^2_{xz} f - x^2 yz \partial_x p \partial_y f \partial^2_{zx} p - x^2 yz (\partial_x p)^2 \partial^2_{zy} f -$
$x^2 yz \partial_z p \partial_x f \partial^2_{xy} p - x^2 yz \partial_z p \partial_y p \partial^2_{xx} f - xzy \partial_z p \partial_y p \partial_x f + x^2 yz \partial_z p \partial_y f \partial^2_{xx} p + x^2 yz \partial_z p \partial_x p \partial^2_{xy} f +$
$xyz \partial_z p \partial_x p \partial_y f - x^2 yz \partial_y p \partial_z f \partial^2_{xx} p - x^2 yz \partial_y p \partial_x p \partial^2_{xz} f - xyz \partial_y p \partial_x p \partial_z f + x^2 yz \partial_y p \partial_x f \partial^2_{xz} p +$
$x^2 yz \partial_y p \partial_z p \partial^2_{xx} f + xyz \partial_y p \partial_z p \partial_x f + x^2 yz \partial_x p \partial_z f \partial^2_{xy} p + x^2 yz (\partial_x p)^2 \partial^2_{yz} f - x^2 yz \partial_x p \partial_x f \partial^2_{yz} -$
$x^2 yz \partial_x p \partial_z p \partial^2_{yx} f - x^2 z \partial_z p \partial_y f \partial^2_{xx} p + x^2 yz \partial_y p \partial_z f \partial^2_{xx} p - x^2 yz \partial_x p \partial_z f \partial^2_{xy} p + x^2 yz \partial_z p \partial_x f \partial^2_{xy} p$
$-x^2 yz \partial_y p \partial_x f \partial^2_{xz} p + x^2 yz \partial_x p \partial_y f \partial^2_{xz} p - xyz \partial_z p \partial_y f \partial_x p + xyz \partial_y p \partial_z f \partial_x p$
$= 0$

De façon analogue, on montre que les autres composantes sont toutes nulles.

B.1.2 Montrons que $\partial_2 \circ \partial_1 = 0$

Pour alléger les calculs et faciliter la lecture on pose pour tout $\vec{f} = (f_1, f_2, f_3); (F_1, F_2, F_3) = \vec{F} = \partial_1(\vec{f})$.

$$\text{Alors } \partial_1 \vec{f} = \begin{cases} F_1 = & \partial_y h(\partial_z f_3 \partial_x p - \partial_x f_3 \partial_z p) - \partial_z h(\partial_x f_2 \partial_y p - \partial_y f_2 \partial_x p) \\ & -f_1 x^2 \partial^2_{xx} p - f_2 xy \partial^2_{xy} p - f_3 xz \partial^2_{xz} p - f_1 x \partial_x p \\ F_2 = & \partial_z h(\partial_x f_1 \partial_y p - \partial_y f_1 \partial_x p) - \partial_x h(\partial_y f_3 \partial_z p - \partial_z f_3 \partial_y p) \\ & -f_1 xy \partial^2_{xy} p - f_2 y^2 \partial^2_{yy} p - f_3 yz \partial^2_{yz} p - f_2 y \partial_y p \\ F_3 = & \partial_x h(\partial_y f_2 \partial_z p - \partial_z f_2 \partial_y p) - \partial_y h(\partial_z f_1 \partial_x p - \partial_x f_1 \partial_z p) \\ & -f_1 xz \partial^2_{xz} p - f_2 yz \partial^2_{yz} p - f_3 z^2 \partial^2_{zz} p - f_3 z \partial_z p \end{cases}$$

Posons enfin

$\delta_1 = -\widetilde{\overrightarrow{A}}_1; \delta_2 = -\widetilde{\overrightarrow{A}}_2; \delta_3 = -\widetilde{\overrightarrow{A}}_3$

D'après (B.4), on aura $\partial_2(\vec{F}) = \delta_1(F_1) + \delta_2(F_2) + \delta_3(F_3)$ Alors

$$\begin{aligned}
F_1 = &\ \delta_2(f_3) - \delta_3(f_2) - f_1x^2\partial^2_{xx}p - f_2xy\partial^2_{xy}p - f_3xz\partial^2_{xz}p - f_1x\partial_xp \\
F_2 = &\ \delta_3(f_1) - \delta_1(f_3) - f_1xy\partial^2_{yx}p - f_2y^2\partial^2_{yy}p - f_3yz\partial^2_{yz}p - f_2y\partial_yp \\
F_3 = &\ \delta_1(f_2) - \delta_2(f_1) - f_1xz\partial^2_{zx}p - f_2yz\partial^2_{zy}p - f_3z^2\partial^2_{zz}p - f_3z\partial_zp
\end{aligned}$$

et donc

$$\partial_2(\vec{F}) =$$

$$\begin{aligned}
&\delta_1 \circ \delta_2(f_3) - \delta_1 \circ \delta_3(f_2) - \delta_1(f_1x^2\partial^2_{xx}p) - \delta_1(f_2xy\partial^2_{xy}p) - \delta_1(f_3xz\partial^2_{xz}p) - \delta_1(f_1x\partial_xp)+ \\
&\delta_2 \circ \delta_3(f_1) - \delta_2 \circ \delta_1(f_3) - \delta_2(f_1xy\partial^2_{yx}p) - \delta_2(f_2y^2\partial^2_{yy}p) - \delta_2(f_3yz\partial^2_{yz}p) - \delta_2(f_2y\partial_yp)+ \\
&\delta_3 \circ \delta_1(f_2) - \delta_3 \circ \delta_2(f_1) - \delta_3(f_1xz\partial^2_{zx}p) - \delta_3(f_2yz\partial^2_{zy}p) - \delta_3(f_3z^2\partial^2_{zz}p) - \delta_3(f_3z\partial_zp)+
\end{aligned}$$

Il suffit donc de calculer chaque terme de cette expression et de vérifier qu'on obtient effectivement zéro. Tout calcul fait, on obtient :

$$\begin{aligned}
&\delta_1 \circ \delta_2(f_3) = xyz^2(\partial_zp\partial^2_{xy}p\partial_z + \partial_zp\partial_xp\partial^2_{yz} - \partial_yp\partial^2_{xz}p\partial_z - \partial_yp\partial_xp\partial^2_{zz} - \partial_zp\partial^2_{yz}p\partial_x \\
&-(\partial_zp)^2\partial^2_{yx} + \partial_yp\partial^2_{zz}p\partial_x + \partial_yp\partial_zp\partial^2_{xz})f_3 + xyz(\partial_yp\partial_zp\partial_x - \partial_yp\partial_xp\partial_z)f_3 \\
&\delta_2 \circ \delta_1(f_3) = xyz^2(\partial_xp\partial^2_{zz}p\partial_y + \partial_zp\partial^2xyp\partial_z - \partial_xp\partial_yp\partial^2_{zz} - \partial_zp\partial^2_{xz}p\partial_y - \partial_xp\partial^2_{yz}p\partial_z \\
&-(\partial_zp)^2\partial^2_{yx} + \partial_zp\partial_yp\partial^2_{zx} - \partial_zp\partial_xp\partial^2_{yz})f_3 + xyz(\partial_xp\partial_zp\partial_y - \partial_xp\partial_yp\partial_z)f_3 \\
&\delta_1 \circ \delta_3(f_2) = xy^2z(\partial_zp\partial^2_{yy}p\partial_x + \partial_zp\partial_yp\partial^2_{yx} + \partial_yp\partial^2_{xz}p\partial_y + \partial_yp\partial_xp\partial^2_{yz} - \partial_y\partial^2_{yz}p\partial_x \\
&-(\partial_yp)^2\partial^2_{xz} - \partial_zp\partial^2_{xy}p\partial_y - \partial_zp\partial_xp\partial^2_{yy})f_2 + xyz(\partial_zp\partial_yp\partial_x - \partial_zp\partial_xp\partial_y)f_2 \\
&\delta_3 \circ \delta_1(f_2) = xy^2z(\partial_yp\partial^2_{xz}p\partial_y + \partial_yp\partial_zp\partial^2_{yx} + \partial_xp\partial^2_{yy}p\partial_z + \partial_xp\partial_yp\partial^2_{yz} - \partial_x\partial^2_{yz}p\partial_y \\
&-(\partial_yp)^2\partial^2_{xz} - \partial_yp\partial^2_{xy}p\partial_z - \partial_xp\partial_zp\partial^2_{yy})f_2 + xyz(\partial_xp\partial_yp\partial_z - \partial_xp\partial_zp\partial_y)f_2 \\
&\delta_2 \circ \delta_3(f_1) = x^2yz(\partial_xp\partial^2_{zy}p\partial_x + \partial_xp\partial_yp\partial^2_{xz} + \partial_zp\partial_xp\partial^2_{xy} + \partial_zp\partial^2_{xx}p\partial_y - \partial_xp\partial^2_{xz}p\partial_y \\
&-(\partial_xp)^2\partial^2_{yz} - \partial_zp\partial_yp\partial^2_{xx} - \partial_zp\partial^2_{yx}p\partial_x)f_1 + xyz(\partial_zp\partial_xp\partial_yp - \partial_zp\partial_yp\partial_x)f_1 \\
&\delta_3 \circ \delta_2(f_1) = x^2yz(\partial_yp\partial^2_{xx}p\partial_z + \partial_yp\partial_xp\partial^2_{xz} + \partial_xp\partial_zp\partial^2_{xy} + \partial_xp\partial^2_{yz}p\partial_x - \partial_xp\partial^2_{xy}p\partial_z \\
&-(\partial_xp)^2\partial^2_{yz} - \partial_yp\partial_zp\partial^2_{xx} - \partial_yp\partial^2_{zx}p\partial_x)f_1 + xyz(\partial_yp\partial_xp\partial_zp - \partial_yp\partial_zp\partial_x)f_1 \\
&-\delta_1(f_1x\partial_x(x\partial_xp)) = -xyz\partial_zp\partial_yf_1\partial_xp - x^2yz\partial_yf_1\partial^2_{xx}p + xyz\partial_yp\partial_zf_1\partial_xp+ \\
&x^2yz\partial_yp\partial_zf_1\partial^2_{xx}p - f_1xyz\partial_zp\partial^2_{xy}p - f_1x^2yz\partial_wp\partial^3_{xxy}p + f_1xyz\partial_yp\partial^2_{xz}p+ \\
&f_1x^2yz\partial_yp\partial^3_{xxz}p \\
&-\delta_1(f_2xy\partial^2_{xy}p) = -xy^2z\partial_zp\partial^2_{xy}f_2 + xy^2z\partial_yp\partial^2_{xy}p\partial_zf_2 - f_2xyz\partial_zp\partial^2_{xy}p \\
&-f_2xy^2z\partial_zp\partial^3_{xyy}p + f_2xy^2z\partial_yp\partial^2_{xyz}p \\
&-\delta_1(f_3xz\partial^2_{xz}p) = -xz^2y\partial_zp\partial_yf_3\partial^2_{xz}f_2 + xz^2y\partial_yp\partial^2_{xz}p\partial_zf_3 - f_3xyz^2\partial_zp\partial^3_{xyz}p \\
&-f_3xz^2y\partial_yp\partial^3_{xzz}p + f_3xyz\partial_yp\partial^2_{xz}p \\
&-\delta_2(f_2y\partial_y(y\partial_yp)) = -xyz^2\partial_xp\partial_yp\partial_zf_2 + xyz\partial_zp\partial_yp\partial_xf_2 - xy^2z\partial_xp\partial_zf_2\partial^2_{yy}p \\
&+xy^2z\partial_zp\partial_xf_2\partial^2_{yy}p - f_2xyz\partial_xp\partial^2_{yz}p + f_2xyz\partial_zp\partial^2_{xy}p - f_2xy^2z\partial_xp\partial_{yyz}p + f_2xy^2z\partial_zp\partial^3_{xyy}p \\
&-\delta_2(f_1xy\partial^2_{xy}p) = -yx^2z\partial_xp\partial_zf_1\partial^2_{xy}p + yx^2z\partial_zp\partial^2_{xy}p\partial_xf_1 - f_1x^2yz\partial_xp\partial^3_{xyz}p \\
&+f_1x^2yz\partial_zp\partial^3_{xxy}p + f_1xyz\partial_zp\partial^2_{xy}p \\
&-\delta_2(f_3zy\partial^2_{zy}p) = -xz^2y\partial_xp\partial^2_{zy}f_3 + xz^2y\partial_zp\partial^2_{zy}p\partial_xf_3 - f_3xyz^2\partial_xp\partial^3_{yzz}p \\
&-f_3xyz\partial_xp\partial^2_{zy}p + f_3xz^2y\partial_zp\partial^3_{xyz}p \\
&-\delta_3(f_3z\partial_z(z\partial_zp)) = -xyz\partial_yp\partial_zp\partial_xf_3 - xyz^2\partial_yp\partial_xf_3\partial^2_{zz}p + xyz\partial_xp\partial_yf_3\partial_zp \\
&+xyz^2\partial_xp\partial_yf_3\partial^2_{zz}p - f_3xyz\partial_yp\partial^2_{xz}p - f_3xyz^2\partial_yp\partial^2_{xzz}p + f_3xyz\partial_xp\partial^2_{yz}p + f_3xyz^2\partial_xp\partial^3_{yzz}p \\
&-\delta_3(f_1xz\partial^2_{xz}p) = -x^2yz\partial_yp\partial_xf_1\partial^2_{xy}p + x^2yz\partial_xp\partial^2_{xz}p\partial_yf_1 - f_1x^2yz\partial_yp\partial^3_{xyx}p \\
&-f_1xyz\partial_yp\partial^2_{xz}p + f_1x^2yz\partial_xp\partial^3_{xyz}p \\
&-\delta_3(f_2yz\partial^2_{yz}p) = -y^2xz\partial_yp\partial_xf_2\partial^2_{zy}p + xy^2z\partial_xp\partial^2_{yz}p\partial_yf_2 - f_2xy^2z\partial_yp\partial^3_{xyz}p \\
&+f_2xy^2z\partial_xp\partial^3_{yyz}p + f_2xyz\partial_xp\partial^2_{yz}p
\end{aligned}$$

B.2 Cas de la structure de Poisson $\{x, y\} = x$.

Dans cet annexe, nous nous proposons de vérifier sur l'exemple $\{x, y\} = x$ l'effectivité de la structure d'algèbre de Lie-Rinehart sur $\Omega_{\mathcal{A}}(\log x\mathcal{A})$.

Les éléments du module $\Omega_{\mathcal{A}}(\log x\mathcal{A})$ sont sous la forme $\alpha\dfrac{dx}{x} + \beta dy$ où $\alpha, \beta \in \mathcal{A}$.

Soient $\alpha_1 = \alpha_1^0 \frac{dx}{x} + \alpha_1^1 dy, \alpha_2 = \alpha_2^0 \frac{dx}{x} + \alpha_2^1 dy, \alpha_3 = \alpha_3^0 \frac{dx}{x} + \alpha_3^1 dy$ trois éléments de $\Omega_{\mathcal{A}}(\log x\mathcal{A})$.
Alors
$[\alpha_1, \alpha_2] = [\alpha_1^0 \frac{dx}{x}, \alpha_2^0 \frac{dx}{x}] + [\alpha_1^0 \frac{dx}{x}, \alpha_2^1 dy] + [\alpha_1^1 dy, \alpha_2^0 \frac{dx}{x}] + [\alpha_1^1 dy, \alpha_2^1 dy]$.
Or $[\alpha_1^0 \frac{dx}{x}, \alpha_2^0 \frac{dx}{x}] = (\alpha_1^0 \partial_y \alpha_2^0 - \alpha_2^0 \partial_y \alpha_1^0) \frac{dx}{x}, [\alpha_1^0 \frac{dx}{x}, \alpha_2^1 dy] = x\alpha_2^1 \partial_x \alpha_1^0 \frac{dx}{x} + \alpha_1^0 \partial_y \alpha_2^1 dy$,
$[\alpha_1^1 dy, \alpha_2^0 \frac{dx}{x}] = -x\alpha_1^1 \partial_x \alpha_2^0 \frac{dx}{x} - \alpha_2^0 \partial_y \alpha_1^1 dy, [\alpha_1^1 dy, \alpha_2^1 dy] = (x\alpha_2^1 \partial_x \alpha_1^1 - x\alpha_1^1 \partial_x \alpha_2^1) dy$
Il s'ensuit que :
$[\alpha_1, \alpha_2] = (\alpha_1^0 \partial_y \alpha_2^0 - \alpha_2^0 \partial_y \alpha_1^0 + x\alpha_2^1 \partial_x \alpha_1^0 - x\alpha_1^1 \partial_x \alpha_2^0) \frac{dx}{x} + (\alpha_1^0 \partial_y \alpha_2^1 - \alpha_2^0 \partial_y \alpha_1^1 + x\alpha_2^1 \partial_x \alpha_1^1 - x\alpha_1^1 \partial_x \alpha_2^1) dy$
Posons $\alpha = \alpha_1^0 \partial_y \alpha_2^0 - \alpha_2^0 \partial_y \alpha_1^0 + x\alpha_2^1 \partial_x \alpha_1^0 - x\alpha_1^1 \partial_x \alpha_2^0$ et $\beta = \alpha_1^0 \partial_y \alpha_2^1 - \alpha_2^0 \partial_y \alpha_1^1 + x\alpha_2^1 \partial_x \alpha_1^1 - x\alpha_1^1 \partial_x \alpha_2^1$.
On a alors :

$$
\begin{aligned}
[[\alpha_1, \alpha_2], \alpha_3] &= [\alpha \frac{dx}{x} + \beta dy, \alpha_3^0 \frac{dx}{x} + \alpha_3^1 dy] \\
&= [\alpha \frac{dx}{x}, \alpha_3^0 \frac{dx}{x}] + [\alpha \frac{dx}{x}, \alpha_3^1 dy] + [\beta dy, \alpha_3^0 \frac{dx}{x}] + [\beta dy, \alpha_3^1 dy]
\end{aligned}
$$

Or
$[\alpha \frac{dx}{x}, \alpha_3^0 \frac{dx}{x}] = (\alpha \partial_y \alpha_3^0 - \alpha_3^0 \partial_y \alpha) \frac{dx}{x}, \quad [\alpha \frac{dx}{x}, \alpha_3^1 dy] = x\alpha_3^1 \partial_x \alpha \frac{dx}{x} + \alpha \partial_y \alpha_3^1 dy$,
$[\beta dy, \alpha_3^0 \frac{dx}{x}] = -x\beta \partial_x \alpha_3^0 \frac{dx}{x} - \alpha_3^0 \partial_y \beta dy, \quad [\beta dy, \alpha_3^1 dy] = (x\alpha_3^1 \partial_x \beta - x\beta \partial_x \alpha_3^1) dy$.
donc
$[[\alpha_1, \alpha_2], \alpha_3] = (\alpha \partial_y \alpha_3^0 - \alpha_3^0 \partial_y \alpha + x\alpha_3^1 \partial_x \alpha + x\beta \partial_x \alpha_3^0) \frac{dx}{x} + (\alpha \partial_y \alpha_3^1 - \alpha_3^0 \partial_y \beta + x\alpha_3^1 \partial_x \beta - x\beta \partial_x \alpha_3^1) dy$.
On considère les applications $\mathcal{P}_i : \Omega_{\mathcal{A}}(\log x\mathcal{A}) \to \mathcal{A}$ définies par :
$\mathcal{P}_1(a \frac{dx}{x} + bdy) = a$ et $\mathcal{P}_2(a \frac{dx}{x} + bdy)) = b$ et on pose :
$A_{123} := \mathcal{P}_1([[\alpha_1, \alpha_2], \alpha_3]), A_{231} := \mathcal{P}_1([[\alpha_2, \alpha_3], \alpha_1])$ et $A_{312} := \mathcal{P}_1([[\alpha_3, \alpha_1], \alpha_2])$.
Par ailleurs, si nous posons $B_{123} := \mathcal{P}_2([[\alpha_1, \alpha_2], \alpha_3]), B_{231} := \mathcal{P}_2([[\alpha_2, \alpha_3], \alpha_1])$ et $B_{312} := \mathcal{P}_2([[\alpha_3, \alpha_1], \alpha_2])$,
alors
$A_{123} = \alpha \partial_y \alpha_3^0 - \alpha_3^0 \partial_y \alpha + x\alpha_3^1 \partial_x \alpha + x\beta \partial_x \alpha_3^0$ et $B_{123} = \alpha \partial_y \alpha_3^1 - \alpha_3^0 \partial_y \beta + x\alpha_3^1 \partial_x \beta - x\beta \partial_x \alpha_3^1$.
Par ailleurs

$$
\begin{aligned}
\partial_y(\alpha) &= \partial_y(\alpha_1^0 \partial_y \alpha_2^0 - \alpha_2^0 \partial_y \alpha_1^0 + x\alpha_2^1 \partial_x \alpha_1^0 - x\alpha_1^1 \partial_x \alpha_2^0) \\
&= \partial_y \alpha_1^0 \partial_y \alpha_2^0 + \alpha_1^0 \partial_{yy}^2 \alpha_2^0 - \partial_y \alpha_2^0 \partial_y \alpha_1^0 - \alpha_2^0 \partial_{yy}^2 \alpha_1^0 + x\partial_y \alpha_2^1 \partial_x \alpha_1^0 + \\
&\quad x\alpha_2^1 \partial_{yx}^2 \alpha_1^0 - x\partial_y \alpha_1^1 \partial_x \alpha_2^0 - x\alpha_1^1 \partial_{xy}^2 \alpha_2^0 \\
\partial_x \alpha &= \partial_x(\alpha_1^0 \partial_y \alpha_2^0 - \alpha_2^0 \partial_y \alpha_1^0 + x\alpha_2^1 \partial_x \alpha_1^0 - x\alpha_1^1 \partial_x \alpha_2^0) \\
&= \partial_x \alpha_1^0 \partial_y \alpha_2^0 + \alpha_1^0 \partial_{xy}^2 \alpha_2^0 - \partial_x \alpha_2^0 \partial_y \alpha_1^0 - \alpha_2^0 \partial_{xy}^2 \alpha_1^0 + \alpha_2^1 \partial_x \alpha_1^0 + x\partial_x \alpha_2^1 \partial_x \alpha_1^0 + x\alpha_2^1 \partial_{xx}^2 \alpha_1^0 \\
&\quad -\alpha_1^1 \partial_x \alpha_2^0 - x\partial_x \alpha_1^1 \partial_x \alpha_2^0 - x\alpha_1^1 \partial_{xx}^2 \alpha_2^0
\end{aligned}
$$

On obtient donc :

$$\begin{aligned}
&A_{123} = \alpha_1^0\partial_y\alpha_2^0\partial_y\alpha_3^0 - \alpha_2^0\partial_y\alpha_1^0\partial_y\alpha_3^0 + x\alpha_2^1\partial_x\alpha_1^0\partial_y\alpha_3^0 - x\alpha_1^1\partial_x\alpha_2^0\partial_y\alpha_3^0 - \alpha_3^0\partial_y\alpha_1^0\partial_y\alpha_2^0\\
&-\alpha_3^0\alpha_1^0\partial_{yy}^2\alpha_2^0 + \alpha_3^0\partial_y\alpha_2^0\partial_y\alpha_1^0 + \alpha_3^0\alpha_2^0\alpha_{yy}^2\alpha_1^0 - x\alpha_3^0\partial_y\alpha_2^1\partial_x\alpha_1^0 - x\alpha_3^0\alpha_2^1\partial_{yx}^2\alpha_1^0 + x\alpha_3^0\partial_y\alpha_1^1\partial_x\alpha_2^0+\\
&x\alpha_3^0\alpha_1^1\partial_{xy}^2\alpha_2^0 + +x\alpha_3^1\partial_x\alpha_1^0\partial_y\alpha_2^0 + x\alpha_3^1\alpha_1^0\partial_{xy}^2\alpha_2^0 - x\alpha_3^1\partial_x\alpha_2^0\partial_y\alpha_1^0 - x\alpha_3^1\alpha_2^0\partial_{xy}^2\alpha_1^0 + x\alpha_3^1\alpha_2^1\partial_x\alpha_1^0+\\
&x^2\alpha_3^1\partial_x\alpha_2^1\partial_x\alpha_1^0 + x^2\alpha_3^1\alpha_2^1\partial_{xx}^2\alpha_1^0 - x\alpha_3^1\alpha_1^1\partial_x\alpha_2^0 - x^2\alpha_3^1\partial_x\alpha_1^1\partial_x\alpha_2^0 - x^2\alpha_3^1\alpha_1^1\partial_{xx}^2\alpha_2^0 - x\alpha_1^0\partial_y\alpha_2^1\partial_x\alpha_3^0+\\
&x\alpha_2^0\partial_y\alpha_1^1\partial_x\alpha_3^0 + x^2\alpha_1^1\partial_x\alpha_2^1\partial_x\alpha_3^0 - x^2\alpha_2^1\partial_x\alpha_1^1\partial_x\alpha_3^0\\
&A_{231} = \alpha_2^0\partial_y\alpha_3^0\partial_y\alpha_1^0 - \alpha_3^0\partial_y\alpha_2^0\partial_y\alpha_1^0 + x\alpha_3^1\partial_x\alpha_2^0\partial_y\alpha_1^0 - x\alpha_2^1\partial_x\alpha_3^0\partial_y\alpha_1^0 - \alpha_1^0\partial_y\alpha_2^0\partial_y\alpha_3^0\\
&-\alpha_1^0\alpha_2^0\partial_{yy}^2\alpha_3^0 + \alpha_1^0\partial_y\alpha_3^0\partial_y\alpha_2^0 + \alpha_1^0\alpha_3^0\partial_{yy}^2\alpha_2^0 - x\alpha_1^0\partial_y\alpha_3^1\partial_x\alpha_2^0 - x\alpha_1^0\alpha_3^1\partial_{yx}^2\alpha_2^0 + x\alpha_1^0\partial_y\alpha_2^1\partial_x\alpha_3^0+\\
&x\alpha_1^0\alpha_2^1\partial_{xy}^2\alpha_3^0 + +x\alpha_1^1\partial_x\alpha_2^0\partial_y\alpha_3^0 + x\alpha_1^1\alpha_2^0\partial_{xy}^2\alpha_3^0 - x\alpha_1^1\partial_x\alpha_3^0\partial_y\alpha_2^0 - x\alpha_1^1\alpha_3^0\partial_{xy}^2\alpha_2^0 + x\alpha_1^1\alpha_3^1\partial_x\alpha_2^0+\\
&x^2\alpha_1^1\partial_x\alpha_3^1\partial_x\alpha_2^0 + x^2\alpha_1^1\alpha_3^1\partial_{xx}^2\alpha_2^0 - x\alpha_1^1\alpha_2^1\partial_x\alpha_3^0 - x^2\alpha_1^1\partial_x\alpha_2^1\partial_x\alpha_3^0 - x^2\alpha_1^1\alpha_2^1\partial_{xx}^2\alpha_3^0 - x\alpha_2^0\partial_y\alpha_3^1\partial_x\alpha_1^0+\\
&x\alpha_3^0\partial_y\alpha_2^1\partial_x\alpha_1^0 + x^2\alpha_2^1\partial_x\alpha_3^1\partial_x\alpha_1^0 - x^2\alpha_3^1\partial_x\alpha_2^1\partial_x\alpha_1^0\\
&A_{312} = \alpha_3^0\partial_y\alpha_1^0\partial_y\alpha_2^0 - \alpha_1^0\partial_y\alpha_3^0\partial_y\alpha_2^0 + x\alpha_1^1\partial_x\alpha_3^0\partial_y\alpha_2^0 - x\alpha_3^1\partial_x\alpha_1^0\partial_y\alpha_2^0 - \alpha_2^0\partial_y\alpha_3^0\partial_y\alpha_1^0\\
&-\alpha_2^0\alpha_3^0\partial_{yy}^2\alpha_1^0 + \alpha_2^0\partial_y\alpha_1^0\partial_y\alpha_3^0 + \alpha_2^0\alpha_1^0\partial_{yy}^2\alpha_3^0 - x\alpha_2^0\partial_y\alpha_1^1\partial_x\alpha_3^0 - x\alpha_2^0\alpha_1^1\partial_{yx}^2\alpha_3^0 + x\alpha_2^0\partial_y\alpha_3^1\partial_x\alpha_1^0+\\
&x\alpha_2^0\alpha_3^1\partial_{xy}^2\alpha_1^0 + +x\alpha_2^1\partial_x\alpha_3^0\partial_y\alpha_1^0 + x\alpha_2^1\alpha_3^0\partial_{xy}^2\alpha_1^0 - x\alpha_2^1\partial_x\alpha_1^0\partial_y\alpha_3^0 - x\alpha_2^1\alpha_1^0\partial_{xy}^2\alpha_3^0 + x\alpha_2^1\alpha_1^1\partial_x\alpha_3^0+\\
&x^2\alpha_2^1\partial_x\alpha_1^1\partial_x\alpha_3^0 + x^2\alpha_2^1\alpha_1^1\partial_{xx}^2\alpha_3^0 - x\alpha_2^1\alpha_3^1\partial_x\alpha_1^0 - x^2\alpha_2^1\partial_x\alpha_3^1\partial_x\alpha_1^0 - x^2\alpha_2^1\alpha_3^1\partial_{xx}^2\alpha_1^0 - x\alpha_3^0\partial_y\alpha_1^1\partial_x\alpha_2^0+\\
&x\alpha_1^0\partial_y\alpha_3^1\partial_x\alpha_2^0 + x^2\alpha_3^1\partial_x\alpha_1^1\partial_x\alpha_2^0 - x^2\alpha_1^1\partial_x\alpha_3^1\partial_x\alpha_2^0
\end{aligned}$$

D'où $A_{123} + A_{231} + A_{312} = 0$
Pour montrer que $B_{123}+B_{231}+B_{312} = 0$, l'on peut procéder comme ci-dessus ; en remplaçant α et β par leurs expressions respectives. Nous allons procéder autrement. L'idée est d'utiliser l'identité de Jacobie de la structure de Poisson soudjacente.
Remarquons que

$$\begin{aligned}
[[\alpha_1, \alpha_2], \alpha_3] \quad = \quad & [[\alpha_1^0\frac{dx}{x}, \alpha_2^0\frac{dx}{x}], \alpha_3^0\frac{dx}{x}] + [[\alpha_1^0\frac{dx}{x}, \alpha_2^0\frac{dx}{x}], \alpha_3^1 dy] + [[\alpha_1^0\frac{dx}{x}, \alpha_2^1 dy], \alpha_3^0\frac{dx}{x}] +\\
& [[\alpha_1^0\frac{dx}{x}, \alpha_2^1 dy], \alpha_3^1 dy] + [[\alpha_1^1 dy, \alpha_2^0\frac{dx}{x}], \alpha_3^0\frac{dx}{x}] + [[\alpha_1^1 dy, \alpha_2^0\frac{dx}{x}], \alpha_3^1 dy]\\
& [[\alpha_1^1 dy, \alpha_2^1 dy], \alpha_3^0\frac{dx}{x}] + [[\alpha_1^1 dy, \alpha_2^1 dy], \alpha_3^1 dy]
\end{aligned}$$

On a ensuite le lemme suivant :

Lemme B.0.1 *Avec les notations ci-dessus, on a :*

(i) $[[\alpha_1^0\frac{dx}{x}, \alpha_2^0\frac{dx}{x}]+ \circlearrowleft = 0,$

(ii) $[[\alpha_1^1 dy, \alpha_2^1 dy], \alpha_3^1 dy] + \circlearrowleft = 0.$

Preuve.

(i) Pour ce qui est de la première égalité on a

$$
\begin{aligned}
& [[\alpha_1^0\frac{dx}{x},\alpha_2^0\frac{dx}{x}]+\circlearrowleft= \\
= \ & (\tfrac{1}{x}(\tfrac{\alpha_1^0}{x}\{x,\alpha_2^0\}+\tfrac{\alpha_2^0}{x}\{\alpha_1^0,x\})\{x,\alpha_3^0\}+\tfrac{\alpha_3^0}{x}\{\tfrac{\alpha_1^0}{x}\{x,\alpha_2^0\}+\tfrac{\alpha_2^0}{x}\{\alpha_1^0,x\},x\})\frac{dx}{x} \\
= \ & (\tfrac{1}{x}(\tfrac{\alpha_1^0}{x}\{x,\alpha_2^0\}\{x,\alpha_3^0\}+\tfrac{\alpha_2^0}{x}\{\alpha_1^0,x\}\{x,\alpha_3^0\})+\tfrac{\alpha_3^0}{x}\{x,\alpha_2^0\}\{\tfrac{\alpha_1^0}{x},x\}+\tfrac{\alpha_3^0}{x}\tfrac{\alpha_1^0}{x}\{\{x,\alpha_2^0\},x\}+ \\
& \tfrac{\alpha_3^0}{x}\{\alpha_1^0,x\}\{\tfrac{\alpha_2^0}{x},x\}+\tfrac{\alpha_3^0}{x}\tfrac{\alpha_2^0}{x}\{\{\alpha_1^0,x\},x\})\frac{dx}{x}+\circlearrowleft \\
= \ & (\tfrac{1}{x}(\tfrac{\alpha_1^0}{x}\{x,\alpha_2^0\}\{x,\alpha_3^0\}+\tfrac{\alpha_2^0}{x}\{\alpha_1^0,x\}\{x,\alpha_3^0\})+\tfrac{\alpha_3^0}{x^2}\{x,\alpha_2^0\}\{\alpha_1^0,x\}-\tfrac{\alpha_3^0}{x}\tfrac{\alpha_1^0}{x^2}\{x,\alpha_1^0\}\{x,x\}+ \\
& \tfrac{\alpha_3^0}{x}\tfrac{\alpha_1^0}{x}\{\{x,\alpha_2^0\},x\}+\tfrac{\alpha_3^0}{x^2}\{\alpha_1^0,x\}\{\alpha_2^0,x\}-\tfrac{\alpha_3^0}{x}\tfrac{\alpha_2^0}{x^2}\{\alpha_1^0,x\}\{x,x\}+\tfrac{\alpha_2^0}{x}\tfrac{\alpha_3^0}{x}\{\{\alpha_1^0,x\},x\})\frac{dx}{x}+\circlearrowleft \\
= \ & (\tfrac{1}{x}(\tfrac{\alpha_1^0}{x}\{x,\alpha_2^0\}\{x,\alpha_3^0\}+\tfrac{\alpha_2^0}{x}\{\alpha_1^0,x\}\{x,\alpha_3^0\})+\tfrac{\alpha_3^0}{x}\tfrac{\alpha_1^0}{x}\{\{x,\alpha_2^0\},x\}+\tfrac{\alpha_2^0}{x}\tfrac{\alpha_3^0}{x}\{\{\alpha_1^0,x\},x\})\frac{dx}{x}+\circlearrowleft \\
= \ & (\tfrac{\alpha_1^0}{x^2}\{x,\alpha_2^0\}\{x,\alpha_3^0\}+\tfrac{\alpha_2^0}{x^2}\{\alpha_1^0,x\}\{x,\alpha_3^0\}+\tfrac{\alpha_3^0}{x}\tfrac{\alpha_1^0}{x}\{\{x,\alpha_2^0\},x\}+\tfrac{\alpha_2^0}{x}\tfrac{\alpha_3^0}{x}\{\{\alpha_1^0,x\},x\} \\
& \tfrac{\alpha_2^0}{x^2}\{x,\alpha_3^0\}\{x,\alpha_1^0\}+\tfrac{\alpha_3^0}{x^2}\{\alpha_2^0,x\}\{x,\alpha_1^0\}+\tfrac{\alpha_1^0}{x}\tfrac{\alpha_2^0}{x}\{\{x,\alpha_3^0\},x\}+\tfrac{\alpha_3^0}{x}\tfrac{\alpha_1^0}{x}\{\{\alpha_2^0,x\},x\} \\
& \tfrac{\alpha_3^0}{x^2}\{x,\alpha_1^0\}\{x,\alpha_2^0\}+\tfrac{\alpha_1^0}{x^2}\{\alpha_3^0,x\}\{x,\alpha_2^0\}+\tfrac{\alpha_2^0}{x}\tfrac{\alpha_3^0}{x}\{\{x,\alpha_1^0\},x\}+\tfrac{\alpha_1^0}{x}\tfrac{\alpha_2^0}{x}\{\{\alpha_3^0,x\},x\})\frac{dx}{x} \\
= \ & 0
\end{aligned}
$$

(ii) Pour ce qui est du (ii) on a

$$
\begin{aligned}
& [[\alpha_1^1dy,\alpha_2^1dy],\alpha_3^1dy]+\circlearrowleft= \\
= \ & [(\alpha_1^1\{y,\alpha_2^1\}+\alpha_2^1\{\alpha_1^1,y\})dy,\alpha_3^1dy]+\circlearrowleft \\
= \ & (\alpha_1^1\{y,\alpha_2^1\}+\alpha_2^1\{\alpha_1^1,y\})\{y,\alpha_3^1\}+\alpha_3^1\{\alpha_1^1\{y,\alpha_2^1\}+\alpha_2^1\{\alpha_1^1,y\},y\})dy+\circlearrowleft \\
= \ & (\alpha_1^1\{y,\alpha_2^1\}\{y,\alpha_3^1\}+\alpha_2^1\{\alpha_1^1,y\}\{y,\alpha_3^1\}+\alpha_3^1\alpha_1^1\{\{y,\alpha_2^1\},y\}+\alpha_3^1\alpha_2^1\{\{\alpha_1^1,y\},y\} \\
& \alpha_3^1\{y,\alpha_2^1\}\{\alpha_1^1,y\}+\alpha_3^1\{\alpha_1^1,y\}\{\alpha_2^1,y\} \qquad + \\
& \alpha_2^1\{y,\alpha_3^1\}\{y,\alpha_1^1\}+\alpha_3^1\{\alpha_2^1,y\}\{y,\alpha_1^1\}+\alpha_1^1\alpha_2^1\{\{y,\alpha_3^1\},y\}+\alpha_1^1\alpha_3^1\{\{\alpha_2^1,y\},y\} \\
& \alpha_1^1\{y,\alpha_3^1\}\{\alpha_2^1,y\}+\alpha_1^1\{\alpha_2^1,y\}\{\alpha_3^1,y\} \qquad + \\
& \alpha_3^1\{y,\alpha_1^1\}\{y,\alpha_2^1\}+\alpha_1^1\{\alpha_3^1,y\}\{y,\alpha_2^1\}+\alpha_2^1\alpha_3^1\{\{y,\alpha_1^1\},y\}+\alpha_2^1\alpha_1^1\{\{\alpha_3^1,y\},y\} \\
& \alpha_2^1\{y,\alpha_1^1\}\{\alpha_3^1,y\}+\alpha_2^1\{\alpha_3^1,y\}\{\alpha_1^1,y\})dy \\
= \ & 0
\end{aligned}
$$

■

Il s'ensuit que les coefficients de dy restant proviennent de
$[[\alpha_1^0\frac{dx}{x},\alpha_2^0\frac{dx}{x}],\alpha_3^1dy]+[[\alpha_1^0\frac{dx}{x},\alpha_2^1dy],\alpha_3^0\frac{dx}{x}]+[[\alpha_1^0\frac{dx}{x},\alpha_2^1dy],\alpha_3^1dy]+[[\alpha_1^1dy,\alpha_2^0\frac{dx}{x}],\alpha_3^0\frac{dx}{x}]+$
$[[\alpha_1^1dy,\alpha_2^0\frac{dx}{x}],\alpha_3^1dy]+[[\alpha_1^1dy,\alpha_2^1dy],\alpha_3^0\frac{dx}{x}]$
Pour terminer, il suffit de montrer que ces dernières sont nulles. Pour cela, prouvons le lemme suivant.

Lemme B.0.2 *Soit $\langle -,-\rangle$ le crochet de la dualité $Der_{\mathcal{A}}(\log x\mathcal{A})=\Omega^*_{\mathcal{A}}(\log x\mathcal{A})$. Alors*

(i) $\langle[[\alpha_1^0\frac{dx}{x},\alpha_2^0\frac{dx}{x}],\alpha_3^1dy]+[[\alpha_1^0\frac{dx}{x},\alpha_2^1dy],\alpha_3^0\frac{dx}{x}]+[[\alpha_1^1dy,\alpha_2^0\frac{dx}{x}],\alpha_3^0\frac{dx}{x}],\partial_y\rangle+\circlearrowleft=0,$

(ii) $\langle[[\alpha_1^0\frac{dx}{x},\alpha_2^1dy],\alpha_3^1dy]+[[\alpha_1^1dy,\alpha_2^0\frac{dx}{x}],\alpha_3^1dy]+[[\alpha_1^1dy,\alpha_2^1dy],\alpha_3^0\frac{dx}{x}],\partial_y\rangle+\circlearrowleft=0.$

Preuve.

(i) Pour ce qui est du (i) nous avons

$$
\begin{aligned}
& \langle[[\alpha_1^0\frac{dx}{x},\alpha_2^0\frac{dx}{x}],\alpha_3^1dy]+[[\alpha_1^0\frac{dx}{x},\alpha_2^1dy],\alpha_3^0\frac{dx}{x}]+[[\alpha_1^1dy,\alpha_2^0\frac{dx}{x}],\alpha_3^0\frac{dx}{x}],\partial_y\rangle+\circlearrowleft= \\
= \ & \tfrac{\alpha_1^0}{x^2}\{x,\alpha_2^0\}\{x,\alpha_3^1\}+\tfrac{\alpha_2^0}{x^2}\{\alpha_1^0,x\}\{x,\alpha_3^1\}+\tfrac{\alpha_3^0}{x}\tfrac{\alpha_1^0}{x}\{\{x,\alpha_2^1\},x\}+\tfrac{\alpha_3^0}{x^2}\{x,\alpha_2^1\}\{\alpha_1^0,x\}+ \\
& \tfrac{\alpha_3^0}{x}\tfrac{\alpha_2^0}{x}\{\{\alpha_1^1,x\},x\}+\tfrac{\alpha_3^0}{x^2}\{\alpha_1^1,x\}\{\alpha_2^0,x\} \qquad + \\
& \tfrac{\alpha_2^0}{x^2}\{x,\alpha_3^0\}\{x,\alpha_1^1\}+\tfrac{\alpha_3^0}{x^2}\{\alpha_2^0,x\}\{x,\alpha_1^1\}+\tfrac{\alpha_1^0}{x}\tfrac{\alpha_2^0}{x}\{\{x,\alpha_3^1\},x\}+\tfrac{\alpha_1^0}{x^2}\{x,\alpha_3^1\}\{\alpha_2^0,x\}+ \\
& \tfrac{\alpha_1^0}{x}\tfrac{\alpha_3^0}{x}\{\{\alpha_2^1,x\},x\}+\tfrac{\alpha_1^0}{x^2}\{\alpha_2^1,x\}\{\alpha_3^0,x\} \qquad + \\
& \tfrac{\alpha_3^0}{x^2}\{x,\alpha_1^0\}\{x,\alpha_2^1\}+\tfrac{\alpha_1^0}{x^2}\{\alpha_3^0,x\}\{x,\alpha_2^1\}+\tfrac{\alpha_2^0}{x}\tfrac{\alpha_3^0}{x}\{\{x,\alpha_1^1\},x\}+\tfrac{\alpha_2^0}{x^2}\{x,\alpha_1^1\}\{\alpha_3^0,x\}+ \\
& \tfrac{\alpha_2^0}{x}\tfrac{\alpha_1^0}{x}\{\{\alpha_3^1,x\},x\}+\tfrac{\alpha_2^0}{x^2}\{\alpha_3^1,x\}\{\alpha_1^0,x\} \qquad +
\end{aligned}
$$

(ii) Quant à (ii) on a

$$
\begin{aligned}
& \langle[[\alpha_1^0\frac{dx}{x},\alpha_2^1dy],\alpha_3^1dy]+[[\alpha_1^1dy,\alpha_2^0\frac{dx}{x}],\alpha_3^1dy]+[[\alpha_1^1dy,\alpha_2^1dy],\alpha_3^0\frac{dx}{x}],\partial_y\rangle+\circlearrowleft \\
= \;& \tfrac{\alpha_1^0}{x}\{x,\alpha_2^1\}\{y,\alpha_3^1\}+\tfrac{\alpha_2^1}{x}\{\alpha_1^0,y\}\{x,\alpha_3^1\}+\tfrac{\alpha_3^1\alpha_1^0}{x}\{\{x,\alpha_2^1\},y\}+\tfrac{\alpha_3^1}{x}\{x,\alpha_2^1\}\{\alpha_1^0,y\}+ \\
& -\tfrac{\alpha_3^1\alpha_1^0}{x^2}\{x,\alpha_2^1\}\{x,y\}+\tfrac{\alpha_1^1}{x}\{y,\alpha_2^0\}\{x,\alpha_3^1\}+\tfrac{\alpha_2^0}{x}\{\alpha_1^1,x\}\{y,\alpha_3^1\}+\tfrac{\alpha_3^1\alpha_2^0}{x}\{\{\alpha_1^1,x\},y\}+ \\
& \tfrac{\alpha_3^1}{x}\{\alpha_1^1,x\}\{\alpha_2^0,y\}-\tfrac{\alpha_3^1\alpha_2^0}{x^2}\{\alpha_1^1,x\}\{x,y\}+\tfrac{\alpha_3^0\alpha_1^1}{x}\{\{y,\alpha_2^1\},x\}+\tfrac{\alpha_3^0}{x}\{y,\alpha_2^1\}\{\alpha_1^1,x\}+ \\
& \tfrac{\alpha_3^0\alpha_2^1}{x}\{\{\alpha_1^1,y\},x\}+\tfrac{\alpha_3^0}{x}\{\alpha_1^1,y\}\{\alpha_2^1,x\} \\
& \tfrac{\alpha_2^0}{x}\{x,\alpha_3^1\}\{y,\alpha_1^1\}+\tfrac{\alpha_3^1}{x}\{\alpha_2^0,y\}\{x,\alpha_1^1\}+\tfrac{\alpha_1^1\alpha_2^0}{x}\{\{x,\alpha_3^1\},y\}+\tfrac{\alpha_1^1}{x}\{x,\alpha_3^1\}\{\alpha_2^0,y\}+ \\
& -\tfrac{\alpha_1^1\alpha_2^0}{x^2}\{x,\alpha_3^1\}\{x,y\}+\tfrac{\alpha_2^1}{x}\{y,\alpha_3^0\}\{x,\alpha_1^1\}+\tfrac{\alpha_3^0}{x}\{\alpha_2^1,x\}\{y,\alpha_1^1\}+\tfrac{\alpha_1^1\alpha_3^0}{x}\{\{\alpha_2^1,x\},y\}+ \\
& \tfrac{\alpha_1^1}{x}\{\alpha_2^1,x\}\{\alpha_3^0,y\}-\tfrac{\alpha_1^1\alpha_3^0}{x^2}\{\alpha_2^1,x\}\{x,y\}+\tfrac{\alpha_1^0\alpha_2^1}{x}\{\{y,\alpha_3^1\},x\}+\tfrac{\alpha_1^0}{x}\{y,\alpha_3^1\}\{\alpha_2^1,x\}+ \\
& \tfrac{\alpha_1^0\alpha_3^1}{x}\{\{\alpha_2^1,y\},x\}+\tfrac{\alpha_1^0}{x}\{\alpha_2^1,y\}\{\alpha_3^1,x\} \\
& \tfrac{\alpha_3^0}{x}\{x,\alpha_1^1\}\{y,\alpha_2^1\}+\tfrac{\alpha_1^1}{x}\{\alpha_3^0,y\}\{x,\alpha_2^1\}+\tfrac{\alpha_2^1\alpha_3^0}{x}\{\{x,\alpha_1^1\},y\}+\tfrac{\alpha_2^1}{x}\{x,\alpha_1^1\}\{\alpha_3^0,y\}+ \\
& -\tfrac{\alpha_2^1\alpha_3^0}{x^2}\{x,\alpha_1^1\}\{x,y\}+\tfrac{\alpha_3^1}{x}\{y,\alpha_1^0\}\{x,\alpha_2^1\}+\tfrac{\alpha_1^0}{x}\{\alpha_3^1,x\}\{y,\alpha_2^1\}+\tfrac{\alpha_2^1\alpha_1^0}{x}\{\{\alpha_3^1,x\},y\}+ \\
& \tfrac{\alpha_2^1}{x}\{\alpha_3^1,x\}\{\alpha_1^0,y\}-\tfrac{\alpha_2^1\alpha_1^0}{x^2}\{\alpha_3^1,x\}\{x,y\}+\tfrac{\alpha_2^0\alpha_3^1}{x}\{\{y,\alpha_1^1\},x\}+\tfrac{\alpha_2^0}{x}\{y,\alpha_1^1\}\{\alpha_3^1,x\}+ \\
& \tfrac{\alpha_2^0\alpha_1^1}{x}\{\{\alpha_3^1,y\},x\}+\tfrac{\alpha_2^0}{x}\{\alpha_3^1,y\}\{\alpha_1^1,x\} \\
= \;& 0
\end{aligned}
$$

de manière analogue, on prouve le (ii). ■

Bibliographie

[Aleksandrov 2002] AG Aleksandrov. *Moduli of logarithmic connections along a free divisor.* Contemporary Mathematics, pages 1–24, 2002. (Cité en page 89.)

[Alekseevsky *et al.* 2002] Dimitri Alekseevsky, Peter. W. Michor et Wolfgang Ruppert. *Extension of Lie Algebras.* Erwin Schrodinger Institut fut Mathematishe Physik Boltzmanngasse, 2002. (Cité en page 119.)

[Atiyah & Hitchin 1988] Michael Francis Atiyah et Nigel Hitchin. The geometry and dynamics of magnetic monopoles. Princeton University Press, 1988. M. B. Porter Lectures. (Cité en page 39.)

[Boyom 2009] Michèl Nguiffo Boyom. *Quantification par déformation : une démonstration du théorème de formalité de Kontsevich.*, Janvier 2009. Acte de la Deuxième rencontre du Groupe de Topologie et Géométrie d'Afrique Centrale. (Cité en pages 17 et 94.)

[Braconnier 1977] Jean Braconnier. *Algèbres de Poisson.* C. R. Acad. Sci. Paris, vol. Sér. A-B 284, no. 21, pages A1345–1348, 1977. (Cité en pages 11 et 17.)

[Calderón-Moreno & Narváez Macarro 2005a] Francisco. J Calderón-Moreno et Luis Narváez Macarro. *A mixed associativity formula for tensor products over two Lie-Rinehart algebras.* Ann. Univ. Ferrara, Nuova Ser., Sez. VII, vol. 51, pages 105–118, 2005. (Cité en pages 10 et 12.)

[Calderón-Moreno & Narváez Macarro 2005b] Francisco. J Calderón-Moreno et Luis Narváez Macarro. *Dualité et comparaison sur les complexes de de Rham logarithmiques par rapport aux diviseurs libres*, Mai 2005. (Cité en page 10.)

[Calderón-Moreno 1998] Francisco. J Calderón-Moreno. *Logarithmic differential operators and logarithmic de Rham complexes relative to a free divisor*, Juillet 09 1998. Comment : LaTeX, 23 pages. (Cité en pages 10 et 89.)

[Deligne 1970] Pierre Deligne. *Equations Différentielles à Points Singuliers Réguliers.* Lect. Notes Math., vol. 163, 1970. (Cité en page 89.)

[Dirac 1958] P. A. M. Dirac. The principles of quantum mecanics. Oxford University Press, 1958. (Cité en pages 92 et 97.)

[Donaldson 1984] Simon Kirwan Donaldson. *Nahm's equations and the classification of monopoles.* Commun. Math. Phys, vol. 96, pages 387–407, 1984. (Cité en page 39.)

[Dongho 2011] Joseph Dongho. *Logarithmic Poisson cohomology : example of calculation and application to prequantization.* aXiv :hep-th/1012.4683v2, Janvier 2011. (Cité en page 72.)

[Goto 2002] Ryushi Goto. *Rozansky-Witten Invariants of Log Symplectic Manifolds.* Contemporary Mathematics, vol. 309, pages 69–84, 2002. (Cité en pages 2, 34 et 38.)

[Granger & Schulze 2006] Michel Granger et Mathias Schulze. *On the formal structure of logarithmic vector fields*, Mai 2006. (Cité en page 10.)

[Granger *et al.* 2009] Michel Granger, David Mond, Alicia Nieto-Reyes et Mathias Schulze. *Linear free divisors and the global logarithmic comparison theorem*, Février 2009. (Cité en page 10.)

[Grothendieck 1965] Alexander Grothendieck. Éléments de géométrie algébrique, par a. grothendieck, (rédigés avec la collaboration de jean dieudonné) : Iv. étude locale des schémas et des morphismes de schémas (2nde partie), volume 32. Presses universitaires de France, 1965. (Cité en page 44.)

[Hoschschild *et al.* 1962] G. Hoschschild, Bertram Kostant et Alex Rosenberg. *Differential Forms On Regular Affine Algebras.* Trans. Amer. Math. Soc., vol. 102, no. 3, pages 383–408, Mars 1962. (Cité en page 9.)

[Huebschmann 1990] Johannes Huebschmann. *Poisson cohomology and quantization.* J. Reine. Angew. Math., vol. 408, pages 57–113, 1990. (Cité en pages 17, 87 et 88.)

[Khoroshkin *et al.* 1993] S. Khoroshkin, A. Radul et V. Rubtsov. *A family of Poisson structures on hermitian symmetric spaces.* CMD, 1993. (Cité en page 99.)

[Kostant 1970] Bertram Kostant. *Quantization and unitary representation. Part I : Prequantization.* Lecture in moderne analysis and application, III, pages p. 87–207., 1970. (Cité en page 92.)

[Kotov 1997] Alexey Kotov. *Remarks on Geometric Quantization of R-matrix Type Poisson Brackets.* Teoret. Mat. Fz, 1997. (Cité en page 99.)

[Krasil'shchik 1988] I. S. Krasil'shchik. *Schouten bracket and canonical algebras.* Lect. Notes Math., no. 1334, pages 79–110, 1988. (Cité en pages 11 et 44.)

[L. Narváez Macarro 1996] Francesco.J Castro-Jimenez David. Mond L. Narváez Macarro. *Cohomology of the Complement of a Free Divisor.* Trans. Amer. Math. Soc., vol. 348, no. 8, pages 3037–3049, Août 1996. (Cité en pages 10 et 32.)

[Lichnerowicz 1977] A. Lichnerowicz. *Les variétés de Poisson et leurs algèbres de Lie associées.* J. Diff. Geom, vol. 12, pages 253–300, 1977. (Cité en pages 11 et 23.)

[Nato 1993] Orlando Nato. *Blow up for a Holonomlc System.* Publ. RIMS, Kyoto Univ, vol. 29, no. 8, pages 167–233, Decem 1993. (Cité en pages 2 et 37.)

[Okassa 2008] Eugène Okassa. *Algèbres de Poisson,* Juin 2008. Rapport Annuel des Séminaires du Groupe de Topologie et de Géométrie de l'Université de Yaoundé I. (Cité en page 17.)

[Okassa 2009] Eugène Okassa. *Algèbres de Poisson,* Janvier 2009. Acte de la Deuxième rencontre du Groupe de Topologie et Géométrie d'Afrique Centrale. (Cité en pages 17 et 19.)

[Polishchuk 1997] Alexander Polishchuk. *Algebraic Geometry of Poisson Brackets.* Journal of Mathematical Sciences, vol. 84, no. 5, 1997. (Cité en pages 1, 11 et 29.)

[Rinehart 1963] G. Rinehart. *Differential forms for general commutative algebras.* Trans. Amer. Math. Soc., vol. 108, pages 195–222, 1963. (Cité en page 44.)

[Rubtsov 1980] V. Rubtsov. *The cohomology of Der complex.* Russ. Math. Surv, vol. 35, no. 190, 1980. (Cité en page 69.)

[Saito 1980] Kyoji Saito. *Theory of logarithmic differential forms and logarithmic vector fields.* Sec. IA. J. Fac. Sci. Univ. Tokyo., vol. 27, pages 165–291, 1980. (Cité en pages 2, 5, 12, 25, 26, 27, 28, 29, 38 et 81.)

[Souriau 1970] J-M. Souriau. *Structure des systèmes dynamiques.* Dunod, 1970. (Cité en page 92.)

[Treibich & Verdier 1993] Armando Treibich et Jean-Louis Verdier. *Variétés de Kritchevers des solitons Elliptiques de KP.* Proceedings of the Indo-French Conference on Geometry (Bombay, 1989), Hindustan Book Agency, Delhi, pages 187–232, 1993. (Cité en page 2.)

[Urwin 1992] R. W. Urwin. *The prequantization Representation of Poisson Lie Algebra.* Adv. in Math., vol. 50, pages 126–154, 1992. (Cité en pages 3 et 93.)

[Vaisman 1994] Izu Vaisman. Lectures on the geometry of poisson manifold, volume 118. Birkhäuser Verlag, 1994. (Cité en pages 1, 10, 11, 17 et 94.)

[Vinogradov & Krasil'shchik 1975] A. M Vinogradov et I. S Krasil'shchik. *What is Hamiltonian formalism ?* Uspehi Mat. Nauk, vol. 30, no. 1, pages 173–198, 1975. (Cité en pages 2, 11 et 17.)

[Vinogradov 1972] A. M. Vinogradov. *The logic algebra of linear differebtial operators.* Soviet Math. Dokl., vol. 13(4), pages 1058–1062, 1972. (Cité en page 44.)

[Weinstein 1983] A. Weinstein. *The local structure of Poisson manifolds.* J. Diff. Geom, no. 18, pages 523–527, 1983. (Cité en page 1.)

[Woodhouse 1992] N. M. J. Woodhouse. Geometric quantization. Oxford University, second édition, 1992. (Cité en page 94.)

Résumé : L'objectif de cette thèse est de proposer des critères de préquantification des structures de Poisson à singularités portées par un diviseur libre d'une variété complexe de dimension finie.
Pour cela, nous partons d'une construction algébrique des différentielles formelles logarithmiques le long d'un idéal finiment engendré et propre d'une algèbre commutative, pour introduire la notion d'algèbre de Poisson logarithmique. Puis, nous montrons que de telles structures de Poisson induisent un nouvel invariant cohomologique ; ceci par le biais d'une structure d'algèbre de Lie-Rinehart qu'elles induisent sur le module des différentielles formelles logarithmiques. Grâce à ce dernier, nous étudions les conditions d'intégralité des telles structures de Poisson.
Tout d'abord, nous montrons que l'application hamiltonienne de toute structure de Poisson logarithmique se prolonge sur la module des différentielles formelles logarithmiques et induit une structure d'algèbre de Lie-Rinehart sur ce dernier. De plus l'image de cette application est contenue dans le module des dérivations logarithmiques. Nous appelons cohomologie de Poisson logarithmique la cohomologie induite par cette représentation.
Par la suite, nous montrons sur quelques exemples que les groupes de cohomologies de Poisson et ceux de Poisson logarithmique sont en générale différentes ; bien qu'ils coïncident dans le cas des structures de Poisson logsymplectiques.
Nous terminons par une étude des conditions d'intégralité de telles structures au moyen de cette cohomologie.

Mots clés : Structures de Poisson, cohomologie de Poisson, diviseur libre, algèbre de Lie-Rinehart, quantification, dérivation contravariante logarithmique, structure logsymplectique, structure de Poisson logarithmiques.

Abstract : The main objective of this thesis is to propose a criteria of prequantization of singular Poisson structures with singularities carried by a free divisor of a finite dimensional complex manifold.
For this, we start from an algebraic construction of formal logarithmic differentials along a finitely generated non trivial ideal of a commutative and unitary algebra. We introduce the concept of logarithmic Poisson algebra. Then, we show that these Poisson structures induce a new cohomological invariant, this is dow via the Lie-Rinehart algebra structure, that they induced on the module of formal logarithmic differentials. With the latter, we study the integrale conditions of such Poisson structures.
First, we show that the Hamiltonian map of logarithmic Poisson structure extends to the module of formal logarithmic differential and induces a structure of Lie-Rinehart algebra on it. Furthermore, we show that its image is contained in the module of logarithmic derivations. We called logarithmic Poisson cohomologie, the cohomologie induced by this representation.
Subsequently, we show on some examples that Poisson cohomologies groups and Poisson logarithmic cohomologies groups are different in general, although they coincide in the case of logsymplectic Poisson structures. We conclude with a study the prequantization conditions of all such structures by means of this cohomology.
Keywords : Poisson structures, Poisson cohomology, Free divisor, Lie-Rinehart algebra, quantization, logsymplectic structure, logarithmic Poisson structures, logarithmic contrvariant derivation.

MIX
Papier aus verantwortungsvollen Quellen
Paper from responsible sources
FSC® C105338

Printed by Books on Demand GmbH, Norderstedt / Germany